高等职业教育“互联网+”新形态教材

C语言程序设计任务式教程

赵秀芝　赵静静　董本清　主　编

崔晓军　章理登　蔡文明　徐群和　王恒心　副主编

電子工業出版社

Publishing House of Electronics Industry

北京·BEIJING

内 容 简 介

C 语言是应用范围最广、最为基础的一门程序设计语言，也是一门实践性很强的课程，作为计算机相关专业的必修专业基础课程，为后续 Java 面向对象程序设计、数据结构与算法、嵌入式开发等课程的学习奠定坚实基础。

本书共分为 11 个项目，项目 1 介绍 C 语言程序及程序编辑环境的应用；项目 2 讲解 C 语言的数据类型与运算符；项目 3 讲解选择结构的设计方法和应用程序；项目 4 讲解循环结构化程序设计；项目 5 讲解数组与应用；项目 6 讲解函数；项目 7 讲解指针；项目 8 讲解结构体与共用体；项目 9 讲解位运算；项目 10 讲解 C 语言中的文件；项目 11 讲解综合应用。

本书可作为高职高专院校和应用型本科院校计算机相关专业 C 语言程序设计课程的教材或教学参考书。

图书在版编目（CIP）数据

C 语言程序设计任务式教程 / 赵秀芝，赵静静，董本清主编. —北京：电子工业出版社，2023.8
ISBN 978-7-121-45912-2

Ⅰ. ①C… Ⅱ. ①赵… ②赵… ③董… Ⅲ. ①C 语言－程序设计－高等学校－教材 Ⅳ. ①TP312.8

中国国家版本馆 CIP 数据核字（2023）第 124301 号

责任编辑：康　静
印　　刷：固安县铭成印刷有限公司
装　　订：固安县铭成印刷有限公司
出版发行：电子工业出版社
　　　　　北京市海淀区万寿路 173 信箱　邮编 100036
开　　本：787×1 092　1/16　印张：16　字数：409.6 千字
版　　次：2023 年 8 月第 1 版
印　　次：2025 年 2 月第 2 次印刷
定　　价：49.00 元

凡所购买电子工业出版社图书有缺损问题，请向购买书店调换。若书店售缺，请与本社发行部联系，联系及邮购电话：（010）88254888，88258888。

质量投诉请发邮件至 zlts@phei.com.cn，盗版侵权举报请发邮件至 dbqq@phei.com.cn。

本书咨询联系方式：（010）88254609，hzh@phei.com.cn。

前言

“C 语言程序设计任务式教程”作为一门专业群平台课，注重理论与实践并重，教材设计中充分考虑高等职业院校学生的学习基础、学习习惯与培养目标，在教材中体现职业性特色。在算法、结构化程序设计、函数、递归、数据类型、数组、指针、编译器预处理、结构体、文件等内容上都紧扣要点，并融入课程思政，将技能传递与思政教育有机融合。本书在以下 3 个方面体现高职特色。

（1）以学生为主体，以能力为本位的设计思想

本教材的编写打破传统的以理论教学为主导的课程思路，从学习成果出发反向设计教材内容，以有职业认同感的就业为导向，突出体现“以学生为主体，以能力为本位”的核心思想，着眼于学生职业生涯发展，注重“有理想、敢担当、能吃苦、肯奋斗”的新时代素养人才培养。

教材以校企双元为基础共同设计与编排，紧扣专业培养目标及课程教学目标，明确课程思政目标，以任务驱动方式将典型案例贯穿全书，选用来自东软教育集团且与生活、生产比较贴近的实际案例为教学内容，注重生活实例与知识的链接，配套 PPT 课件、学习视频、PTA 练习等多样化教学资源，立足高职“教、学、做”一体化，设计“三位一体”的教材。

（2）以就业为导向，以技能训练为主线的教材内容

本教材共分为 11 个项目，每个项目均以任务为驱动、以目标为导向、从能力出发组织教学内容。前 4 个项目为程序设计的基础知识，包括 C 语言概述、程序设计基础知识、分支结构和循环结构四部分；中间 6 个项目为模块化程序设计，包括函数、数组、指针、字符串、位运算、结构体与共用体和文件 6 部分；最后一个为综合应用案例项目，选择机器学习中的 kNN 算法进行设计，从背景、需求、设计、模块化开发、优化等到最后完善，使学生了解项目实施的过程，掌握基础知识，在职业情境中实现知识构建，同时引导学生找寻解决现实困境的方法和答案。

（3）以任务为驱动，注重实践培养的编排思路

教材每个项目均采用“任务描述+技能要求+知识拓展+综合实践”的四位一体教学模式进行编排，多方位打造学生编程技术和能力：①任务描述——提出要求，即本项目实现的目标，后续各部分围绕任务的实现而展开；②技能要求——完成任务所必备的技能，也是本项目需要掌握的知识点，贯穿全教材的学科体系，包含相应的案例及“模仿练习”，以通过实践提高代码编写能力；③知识拓展——对知识和技能的梳理与总结，增加企业的编程经验与规范，

提升企业应用能力；④综合实践——每个项目后的综合综合实训环节，与技能要求模块中的“模仿练习”相比，综合性更强，难度更高。

本书的编写既注重知识的基础概念的阐述，又兼顾实践能力的提升和拓展，层次分明，基于 PTA 平台能开展编程能力测试，满足不同层次学生的学习需求。

本书由主编进行规划与通稿，由浙江工贸职业技术学院赵秀芝（项目 2、3）、赵静静（项目 5、9、11）；东软教育集团董本清（项目 6）、章理登（项目 1、10）；温州科技职业技术学院崔晓军（项目 7）、蔡文明（项目 8）、徐群和（项目 4）合作编写，温州市职业中等专业学校王恒心、浙江工贸技师学院汤海晨、温州职业技术学院张佐理也参与了本书的编写工作。李文华教授审阅了全书，并提出了许多宝贵的意见和建议，在此对他们的工作表示衷心的感谢。本书在构思和编写过程中得到章增优、钱冬云、金慧峰等老师的指导和帮助，特此致谢。

由于时间紧迫和编者水平的限制，书中不足之处敬请读者多提宝贵意见，编者邮箱：rgznzxz@zjitc.edu.cn。

编　者

2023 年 5 月于浙江工贸职业技术学院

目录

项目1　初识C语言……1

任务描述：打印欢迎词……1

1.1　C语言发展简史及特点……2

1.1.1　C语言的起源与发展……2

1.1.2　C语言的特点……2

1.2　开发环境介绍……3

1.2.1　主流开发工具介绍……3

1.2.2　Dev-C++的下载和安装……4

1.2.3　创建第一个C语言程序Hello world……6

1.3　C语言程序的结构和编译运行步骤……7

1.3.1　C语言程序的结构……7

1.3.2　C语言程序编译运行步骤……8

1.4　程序算法基础……9

1.4.1　算法的概念……9

1.4.2　流程图……9

知识拓展：编码规范……11

综合练习……11

拓展案例……11

项目2　显示系统时间——数据类型与运算符……13

任务描述：显示系统时间……13

2.1　基本字符、关键字和标识符……14

2.1.1　基本字符……14

2.1.2　关键字……14

2.1.3　标识符……15

2.2　常量和变量……15

2.2.1　常量……16

2.2.2 变量 ……………………………………………………………………………………………17
2.3 基本数据类型……………………………………………………………………………………19
2.3.1 整型 ……………………………………………………………………………………………19
2.3.2 浮点型 …………………………………………………………………………………………22
2.3.3 字符型 …………………………………………………………………………………………23
2.3.4 类型转换 ………………………………………………………………………………………25
2.4 基本输入和输出…………………………………………………………………………………27
2.4.1 格式化输出函数 ………………………………………………………………………………27
2.4.2 格式化输入函数 ………………………………………………………………………………30
2.4.3 字符的输入和输出 ……………………………………………………………………………33
2.5 运算符与表达式…………………………………………………………………………………33
2.5.1 算术运算符和算术表达式 ……………………………………………………………………34
2.5.2 赋值运算符和赋值表达式 ……………………………………………………………………37
2.5.3 逗号运算符和逗号表达式 ……………………………………………………………………40
2.5.4 sizeof 运算符及表达式 ………………………………………………………………………40
知识拓展：简单代码调试 ……………………………………………………………………………41
综合练习 ………………………………………………………………………………………………44
拓展案例 ………………………………………………………………………………………………45

项目 3 身份证号码归属地查询——选择结构与应用……………………………………………46

任务描述：浙江省身份证号码归属地查询 …………………………………………………………46
3.1 判定条件…………………………………………………………………………………………47
3.1.1 关系运算符和关系表达式 ……………………………………………………………………47
3.1.2 逻辑运算符和逻辑表达式 ……………………………………………………………………49
3.2 单分支和双分支选择结构………………………………………………………………………53
3.2.1 单分支 if 语句 …………………………………………………………………………………53
3.2.2 双分支 if-else 语句 ……………………………………………………………………………56
3.2.3 条件运算符和条件表达式 ……………………………………………………………………60
3.3 多分支选择结构…………………………………………………………………………………62
3.3.1 嵌套使用 if 语句和 if-else 语句 ………………………………………………………………62
3.3.2 switch 语句………………………………………………………………………………………65
知识拓展：分支结构设计规范 ………………………………………………………………………68
综合练习 ………………………………………………………………………………………………69
拓展案例 ………………………………………………………………………………………………69

项目 4 计算圆周率——循环结构与应用 ……………………………………………………………71

任务描述：计算圆周率 ………………………………………………………………………………71
4.1 简单循环语句……………………………………………………………………………………72
4.1.1 while 语句………………………………………………………………………………………72
4.1.2 do-while 语句……………………………………………………………………………………76

4.1.3 for 语句 ······ 78
4.1.4 break 语句和 continue 语句 ······ 81
4.2 嵌套循环及应用 ······ 86
知识拓展：使用 goto 语句跳出多重循环 ······ 90
综合练习 ······ 91
拓展案例 ······ 92
项目 5 国际标准书号检验——数组与应用 ······ 93
任务描述：国际标准书号检验 ······ 93
5.1 一维数组及应用 ······ 94
5.1.1 一维数组的定义和引用 ······ 94
5.1.2 一维数组的初始化 ······ 97
5.1.3 一维数组的应用 ······ 98
5.1.4 一维数组元素排序 ······ 99
5.2 二维数组及应用 ······ 102
5.2.1 二维数组的定义和引用 ······ 103
5.2.2 二维数组的初始化 ······ 104
5.2.3 二维数组的应用 ······ 104
5.3 字符数组与字符串 ······ 107
5.3.1 字符数组 ······ 107
5.3.2 字符串 ······ 107
5.3.3 字符串输入和输出函数 ······ 108
5.3.4 字符串处理函数 ······ 109
知识拓展：选择排序和插入排序 ······ 113
综合练习 ······ 117
拓展案例 ······ 117
项目 6 实现一个简易计算器——函数 ······ 118
任务描述：实现一个简易计算器 ······ 118
6.1 函数及简单应用 ······ 119
6.1.1 函数的作用 ······ 119
6.1.2 函数的定义、调用和声明 ······ 120
6.1.3 函数的简单应用 ······ 123
6.1.4 单向按值传递参数 ······ 127
6.2 数组作为函数参数 ······ 129
6.2.1 数组名作为参数的语法 ······ 129
6.2.2 传递数组首地址 ······ 130
6.2.3 数组作为参数的应用 ······ 131
6.3 递归函数及应用 ······ 134
6.4 函数的嵌套调用 ······ 138

6.5 变量的作用域及生命期 …… 139
6.5.1 作用域 …… 140
6.5.2 生命期 …… 142
6.6 编译预处理 …… 144
知识拓展：C 语言内存分配 …… 146
综合练习 …… 147
拓展案例 …… 148

项目 7 拆分实数——指针 …… 150

任务描述：拆分实数 …… 150
7.1 指针的基础知识 …… 151
7.1.1 地址和指针 …… 151
7.1.2 指针变量的定义和初始化 …… 152
7.1.3 指针的基本运算 …… 153
7.2 指针的进阶应用 …… 157
7.2.1 指针与函数 …… 157
7.2.2 指针与数组 …… 160
7.3 安全地使用指针 …… 164
知识拓展：动态分配堆区内存 …… 165
综合练习 …… 167
拓展案例 …… 167

项目 8 统计一组学生成绩的最高分、最低分和平均分——结构体与共同体 …… 169

任务描述：统计一组学生成绩的最高分、最低分和平均分 …… 170
8.1 结构体类型 …… 170
8.1.1 结构体类型的定义 …… 170
8.1.2 结构体类型变量的定义 …… 172
8.1.3 结构体成员的引用 …… 173
8.1.4 结构体在函数中的应用 …… 173
8.2 类型定义 typedef …… 177
8.3 共同体类型 …… 179
8.3.1 共同体的概念、定义及变量 …… 179
8.3.2 共同体的应用 …… 179
8.4 枚举类型 …… 181
8.5 链表※ …… 183
8.5.1 链表的概念 …… 183
8.5.2 链表的创建和销毁 …… 183
8.5.3 链表的插入和删除操作 …… 186
知识拓展：线性表 …… 190
综合练习 …… 191

拓展案例 …… 191

项目 9 不使用第三个变量交换两个变量——位运算 …… 192

任务描述：不使用第三个变量交换两个变量 …… 193
9.1 位运算符 …… 193
9.2 位运算的应用 …… 196
9.3 位段及其应用 …… 199
9.3.1 位段结构体的定义 …… 199
9.3.2 位段的应用 …… 200
知识拓展：使用位运算为字符串加密 …… 201
综合练习 …… 203
拓展案例 …… 203

项目 10 存取学生信息——文件 …… 205

任务描述：存取学生信息 …… 205
10.1 文件的概念 …… 206
10.2 文本文件和二进制文件 …… 207
10.3 文件的操作函数 …… 207
10.3.1 文件的打开和关闭 …… 208
10.3.2 文件的读写 …… 209
知识拓展：文件类型与编码方式 …… 217
综合练习 …… 218
拓展案例 …… 219

项目 11 最近邻算法的实现与验证——综合应用案例 …… 221

任务描述：最近邻算法的实现与验证 …… 221
11.1 开发背景 …… 222
11.2 开发需求 …… 224
11.3 整体设计 …… 225
11.4 程序实现 …… 226
11.5 程序拓展 …… 233
综合练习 …… 236
拓展案例 …… 236

附录 A ASCII 码对照表 …… 237

附录 B 运算符优先级和结合性 …… 238

附录 C 配套 PTA 题目集 …… 239

项目 1

初识 C 语言

学习目标

❖ **知识目标**

- 了解 C 语言的特点
- 掌握 DevC++创建项目的方法
- 了解 C 语言程序的基本结构
- 理解算法的概念
- 了解程序流程图的基本元素

❖ **技能目标**

- 能够独立完成开发工具 DevC++的安装及使用
- 能够编写简单的 C 语言代码

❖ **素质目标**

- 践行职业精神，培养良好的职业品格和行为习惯

本项目的内容包括五个部分，第一部分简要介绍 C 语言的发展历史和特点；第二部分介绍 DevC++软件的安装，以及使用 DevC++创建项目的方法；第三部分利用一段简单的代码介绍 C 语言程序的结构和开发步骤；第四部分介绍算法的概念以及描述算法的工具——流程图；第五部分为知识拓展部分，介绍一些基础的 C 语言编码规范，教导初学者尽早形成良好的职业品格和行为习惯。

任务描述：打印欢迎词

本项目的实践任务是使用 C 语言程序打印属于你自己的欢迎词，具体要求如下：

（1）下载并安装 DevC++软件。

（2）使用 DevC++创建一个 Hello world 控制台项目。

（3）修改系统默认生成的代码，打印属于你自己的欢迎词。

技能要求

1.1 C 语言发展简史及特点

1.1.1 C 语言的起源与发展

1970 年，美国贝尔实验室的肯·汤普森，以 BCPL 语言为基础，设计出很简单且很接近硬件的 B 语言（取 BCPL 的首字母），并且他用 B 语言写了第一个 UNIX 操作系统。

1971 年，丹尼斯·里奇加入了肯·汤普森的开发项目，合作开发 UNIX，他的主要工作是改造 B 语言，使其更成熟。

1972 年，丹尼斯·里奇在 B 语言的基础上最终设计出了一种新的语言，他取了 BCPL 的第二个字母作为这种语言的名字，这就是 C 语言。

1973 年初，肯·汤普森和丹尼斯·里奇使用 C 语言完全重写了 UNIX。

1978 年贝尔实验室正式发表了 C 语言。

肯·汤普森和丹尼斯·里奇两位伟大的计算机科学家，发明了改变计算机世界的两大“神器”——UNIX 操作系统和 C 语言，为此他们获得了 1983 年的图灵奖（图灵奖在计算机界相当于自然科学界的诺贝尔奖）。C 语言不仅几十年来长盛不衰，而且对后来的编程语言如 C++、C#、Objective-C、Java 和 JavaScript 有着极大的影响。

起初，C 语言没有官方标准，1978 年丹尼斯·里奇与布莱恩·科尔尼干一起出版的名著《C 程序设计语言》（*The C Programming Language*），被当作 C 语言的非正式的标准说明。但由于 20 世纪 70 年代～80 年代，C 语言被广泛应用，衍生了 C 语言的很多不同版本。在 1982 年，很多有识之士和美国国家标准学会（ANSI）为了使这个语言健康地发展下去，决定成立 C 标准委员会，建立 C 语言的标准。

1983 年，委员会成立，开始为 C 语言创立标准。经过漫长而艰苦的过程，该标准于 1989 年完成。这个版本经常被称作 ANSI C，或称为 C89。1990 年，国际标准化组织（ISO）和国际电工委员会（IEC）把 C89 标准定为 C 语言的国际标准，即 C90。因此 C89 和 C90 几乎为同一标准。

1999 年，ISO/IEC 发布了 C 标准的第二个重要版本 C99。2011 年和 2018 年，ISO/IEC 又发布了 C11 和 C18。本书作为 C 语言的入门读物，内容符合 C99 标准，而 C11、C18 对 C99 新增的特性属于深入学习 C 语言的部分，本书不会涉及。

1.1.2 C 语言的特点

自 1972 年 C 语言诞生至今，一直活跃在“程序设计语言界”的顶峰。不仅 C 语言本身很受欢迎，直接从 C 语言衍生出来的 C++语言曾统治桌面应用程序领域和游戏领域，间接衍生出来的 Java 至今还统治着互联网编程世界。C 语言之所以受到程序员的大力追捧，与其自身的特点是密不可分的。

1. 简洁紧凑、灵活方便

C 语言拥有较少的关键字和控制语句，但却有丰富的运算符，对问题的表达可通过多种途径获得，其程序设计更主动、灵活。换句话说，C 语言语法简单，容易学习和掌握；语义却很丰富，能满足不同场合程序设计需要。

2. 程序运行速度快

在用相同算法解决相同问题时，使用 C 语言编写出来的程序比使用其他高级语言编写出来的程序，运行速度更快。因此，C 语言是系统软件开发的首选，许多经典操作系统的内核、其他高级语言的编译器都是使用 C 语言编写的。在应用软件方面，许多需要大量计算的数学工具软件、数据统计软件、数值分析软件、科学或工程的计算程序、图像处理软件、模式识别程序、具有丰富图像渲染的游戏等，为保证其运行速度都会选用 C 语言开发。

3. 深入操作系统底层，直接控制硬件

许多操作系统的内核由 C 语言编写，还有许多操作系统提供的应用程序编程接口也是针对 C 语言的。这使得，如果使用 C 语言开发外围设备的驱动程序，不仅开发效率高，也能使设备很容易地接入计算机系统，并发挥最大的性能。

凡事都有正反两面，上述 C 语言的优点，从另一个角度看也是 C 语言的缺点。C 语言语法简单，仅支持面向过程的结构化编程，不支持面向对象程序设计，这使得计算量较小、业务逻辑却复杂的企业级应用，特别是企业级应用的表层和中间层，往往使用 C#、Java 等语言开发，而不会选择 C 语言。另外，C 语言语法限制少，同时又能够深入操作系统底层。这使得 C 是一种“不安全但什么都能做”的语言。这就对使用 C 语言的程序员提出了更高的要求，代码安全靠程序员保证。

1.2 开发环境介绍

1.2.1 主流开发工具介绍

所谓的计算机程序，就是一些数据加上操作数据的指令。目前的电子计算机使用二进制表示信息，所以计算机程序就是一个由 0 和 1 构成的序列。

计算机产生初期，程序员直接使用 0、1 形式的“机器语言”去编写程序，这个过程十分痛苦。随着一些“高级语言”的出现（C 语言就属于高级语言），使得程序员可以使用类似于英语的形式进行编程。但是，计算机能够“识别”的仍然是机器语言，使用高级语言编写的源代码要转化成机器语言目标代码后，才能在计算机上运行。将源代码（高级语言）转换为目标代码（机器语言）的过程，被称为编译，完成编译工作的软件被称为编译器。

在 C 语言的发展过程中，出现了许多著名的编译器。例如，Borland 公司的 Turbo C、自由操作系统 GNU 中的 GCC、BSD 系统下的 Clang、Microsoft 公司的 cl.exe 等。值得说明的是，GCC 现在的名字是 GNU Compiler Collection，译为 GNU 编译器套件，而它最初的名字

是 GNU C Compiler，译为 GNU 的 C 语言编译器。

程序开发除了需要编译器外，至少还需要一个文本编辑器，用于编辑源代码。一种被称为集成开发环境（Integrated Development Environment，简称 IDE）的软件包可满足程序开发的全部需求。通常一个 IDE 包括文本编辑器、编译器、程序调试器等组件。

在不同的系统环境下，开发 C 语言程序一般会选择不同的集成开发环境，例如，Windows 环境下，可以使用内置 cl.exe 编译器的 Microsoft Visual C++；苹果 OS X 环境下，可以使用 XCode，它包含了 GCC 编译器；Linux 环境下，可以直接使用文本编辑器编辑代码，然后再使用 GCC 进行编译，或者使用一些跨平台的 IDE，如 QT Creator 等。

另外，如果仅作为学习使用，一些轻量级的自由软件可能是更好的选择，例如，Dev-C++、Code::Blocks 等，这些免费的 IDE 都默认使用 GCC 作为编译器。

1.2.2　Dev-C++的下载和安装

Dev-C++安装

在互联网上有很多地方可以下载 Dev-C++，这里推荐 SourceForge.net 官网。SourceForge.net 是目前全球最大的开源软件开发平台和仓库。

Dev-C++是轻量级的 C 和 C++语言开发工具，下载的安装压缩包只有不到 50MB。下载完成后，双击下载文件即可开始安装，安装和配置过程如图 1.1～图 1.7 所示。

解压缩完成后，会见到选择语言的提示窗口，如图 1.2 所示。

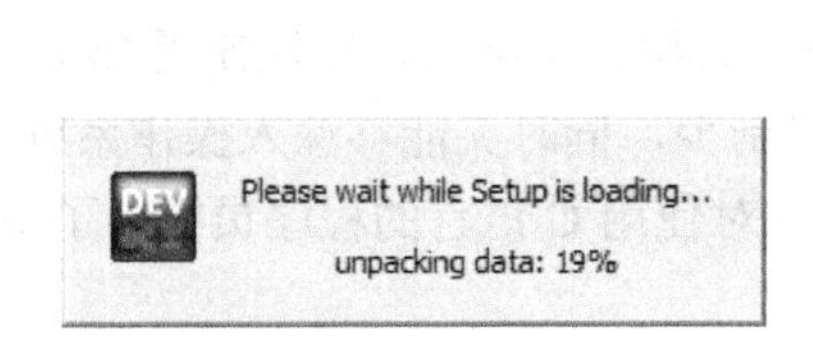

图 1.1　安装开始

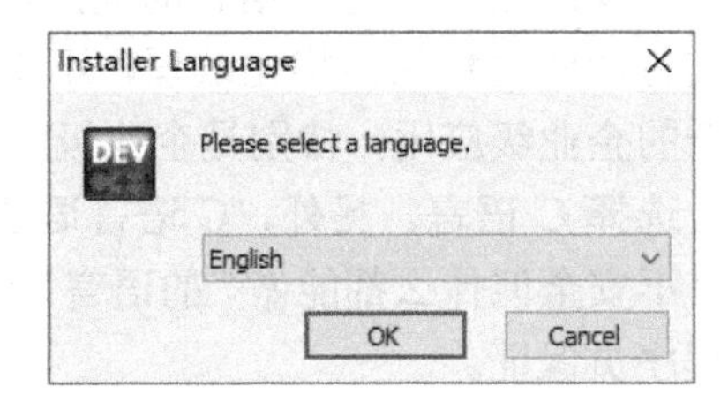

图 1.2　选择语言

在选择语言窗口中选择 English（此处没有中文选项），单击“OK”按钮。

在许可协议窗口，单击“I Agree”按钮，如图 1.3 所示。

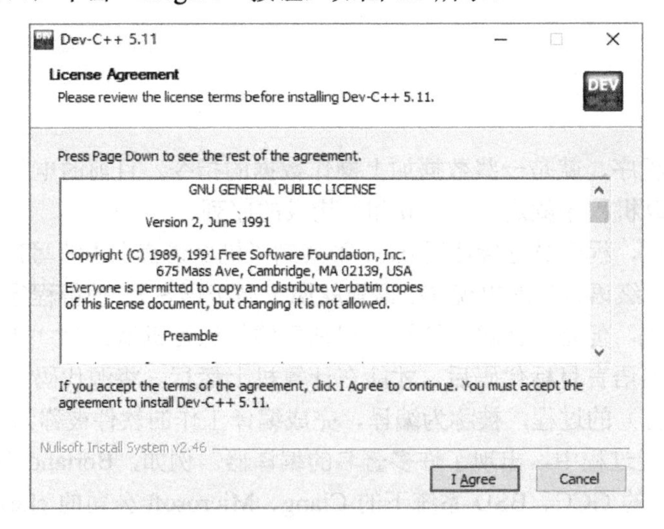

图 1.3　许可协议

在选择安装组件窗口中直接单击“Next”按钮，如图 1.4 所示。

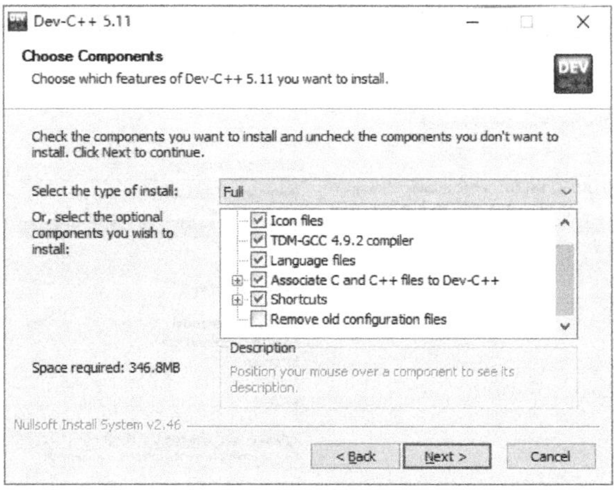

图 1.4　选择安装组件

图 1.5 所示的窗口是让用户选择软件的安装位置，这里建议不要进行更改，将软件安装在默认路径即可。在选择安装位置之后，单击“Install”按钮开始安装。

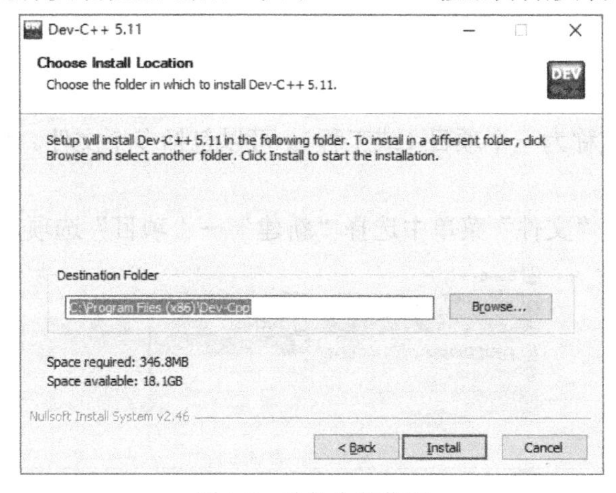

图 1.5　选择安装位置

几分钟后，即可见到如图 1.6 所示的安装完成提示窗口，单击“Finish”按钮，运行 Dev-C++。

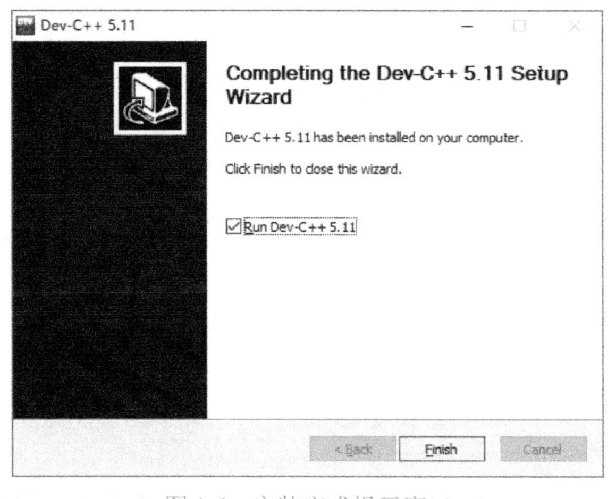

图 1.6　安装完成提示窗口

首次运行 Dev-C++可以配置语言环境，这次可以选择“简体中文/Chinese”选项，如图 1.7 所示。单击“Next”按钮会进入下一个环境配置窗口，继续单击每个窗口中的“Next”按钮，直至完成配置。

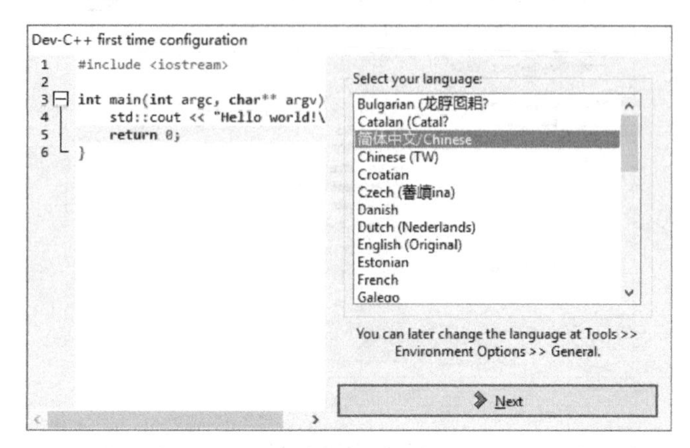

图 1.7　首次运行前选择语言

1.2.3　创建第一个 C 语言程序 Hello world

第一个程序

一个 C 语言程序被称为一个项目（或工程），可以包括多个文件。本节介绍使用 Dev-C++创建控制台项目的方法。

打开 Dev-C++，在“文件”菜单中选择“新建”→“项目”选项，如图 1.8 所示。

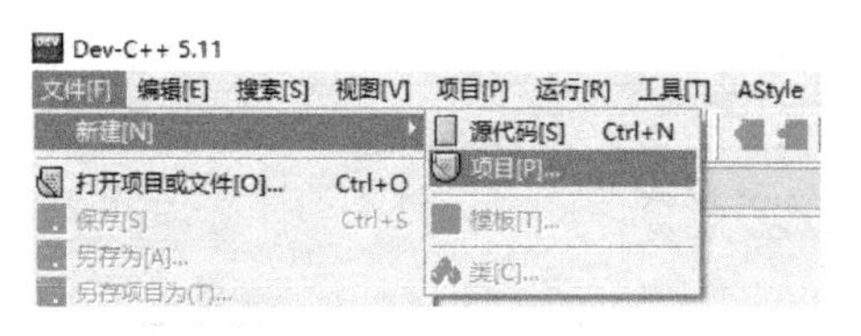

图 1.8　新建项目

在为项目命名前，需要选择图 1.9 中被矩形框框住的选项。其中，“C 项目”表示该项目使用 C 语言，“Console”表示这是一个控制台项目，“Hello World”是最简单的代码模板。输入项目名称后，单击“确定”按钮即可。

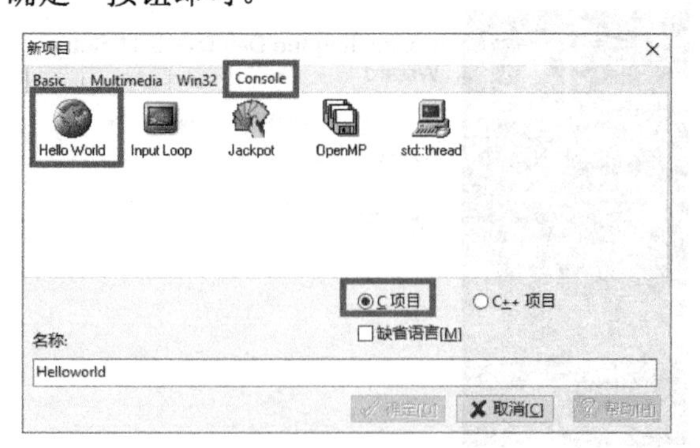

图 1.9　为项目命名

完成项目命名后，会回到 Dev-C++的主界面。如图 1.10 所示，Dev-C++已经生成了一些代码，直接运行该代码，就可以在控制台窗口中输出文字“Hello world!”。

```
1 #include <stdio.h>
2
3 int main(int argc, char** argv) {
4     printf("Hello world!\n");
5     return 0;
6 }
```

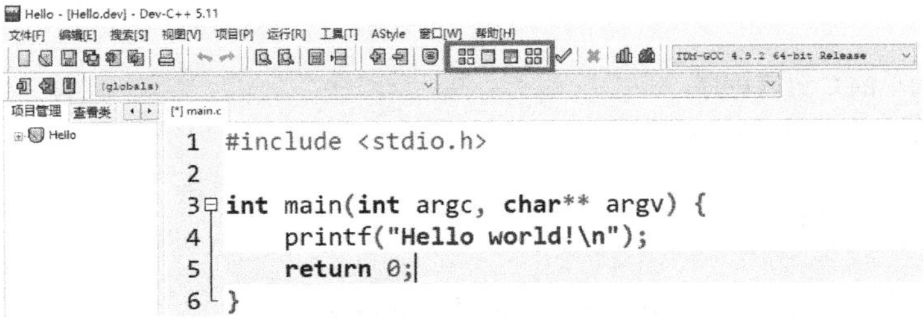

图 1.10 Dev-C++自动生成的代码

图 1.10 中，被矩形框框住的 4 个按钮用于编译运行程序。从左侧开始，第 1 个按钮的功能是“编译当前文件”；第 2 个按钮的功能是“运行程序”；第 3 个按钮的功能是“编译当前文件后，运行程序”，单击该按钮相当于先单击第 1 个按钮后，再单击第 2 个按钮；第 4 个按钮的功能是“编译项目中的所有文件”。

在练习程序设计的阶段，可以把所有代码都放在一个文件之中。所以，在代码编写好后，直接单击第 3 个按钮就可以了。

单击第 3 个按钮后，如果当前的文件处于“新建”状态，则将出现文件保存的提示窗口。在该窗口中，用户可以选择文件保存的位置，以及为文件重新命名。文件保存后，就会出现运行程序窗口，如图 1.11 所示。

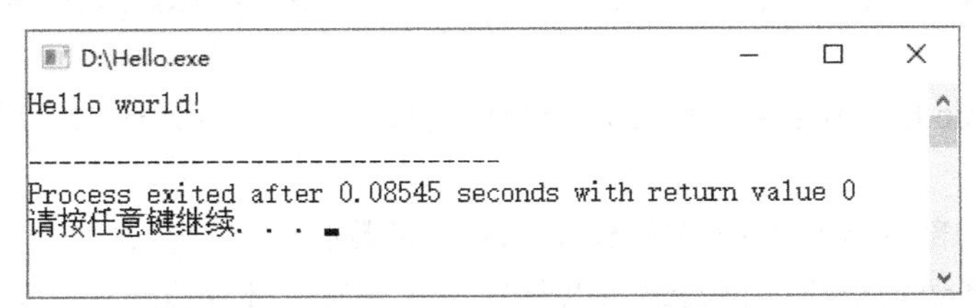

图 1.11 控制台运行程序窗口

在图 1.11 所示的运行程序窗口中，可以看到程序成功输出文字“Hello world!”。就像窗口中提示的那样，此时只要按下任意键，该窗口自动关闭。

在未来的编程练习中，可以模仿本节介绍的方法创建项目，在系统生成代码的基础之上进行修改。

1.3 C 语言程序的结构和编译运行步骤

1.3.1 C 语言程序的结构

C 语言程序由若干个函数构成，一个函数就是一段独立的代码单元。在构成程序的多个函数中，有且只有一个命名为 main 的函数，被称为主函数，程序的执行就是从主函数的第一行代码开始的。在下面的案例 1 中，先给出一个简单的程序，然后使用此程序的代码介绍 C 语言程序的结构。

【案例 1】输出“Hello,world!”。

源程序：

```
/*这是一个简单的 C 语言程序，
功能是在屏幕上输出 Hello,world! */
#include<stdio.h>
int main()        //主函数
{
    printf("Hello world!");        //在屏幕上输出 Hello,world!
    return 0;    //程序执行到此结束
}
```

运行结果：

```
Hello world!
```

解析：

本例程序的功能是在屏幕上（控制台窗口）输出“Hello world!”。“源程序”下方到“运行结果”上方的部分是该程序的源代码。

源代码中以“/*”开始，以“*/”结束的部分被称为注释。注释不属于“可执行代码”，将其放在源代码中的目的是对代码进行解释和说明，这有利于代码的阅读者理解代码含义。C 语言支持两种添加注释方法，“/*”和“*/”包含的是多行注释，放在“//”之后的是单行注释。

“#include<stdio.h>”中的#include 是一个预处理命令，该行代码的意思是“包含库文件 stdio.h”。

源代码剩下的部分就是本程序的 main 函数。函数的内容被包含在一对大括号（{}）之间，由一条或多条语句构成，每条语句以分号（;）结束。本例 main 函数中有两条语句，其中“printf("Hello world!");”调用库函数 printf 输出文字“Hello world!”，之前包含文件 stdio.h 的目的就是要使用 printf 这个函数。另一条语句是“return 0;”表示 main 函数执行至此结束。由于 C 语言只执行 main 函数和 main 函数调用的函数，所以 main 函数的执行结束也就意味着整个程序执行结束。

练一练

【练习 1】模仿案例 1，在屏幕上输出“我爱你，中国！”。

程序的运行步骤

1.3.2 C 语言程序编译运行步骤

在 IDE 提供的代码编辑界面中完成代码编写后，就可以使用 IDE 提供的相关功能对代码进行编译及调试运行。现代编译器的工作流程如图 1.12 所示。

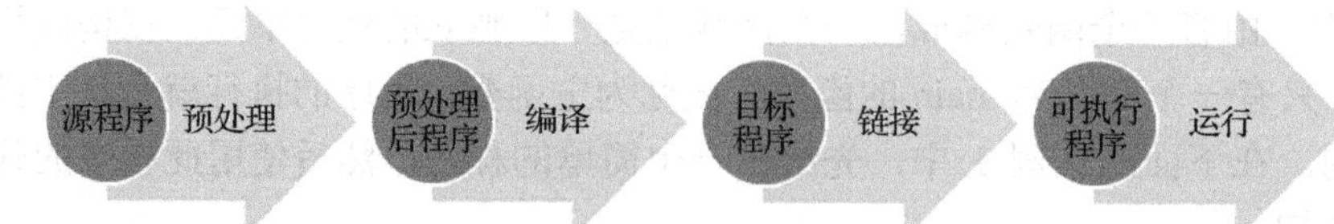

图 1.12 编译器工作流程

首先，编辑好的源代码要提交给预处理器，预处理器的工作包括删除注释、导入包含文件等。预处理结束后，编译器会将源代码中的不同函数分别编译成目标程序。最后，链接器将多组目标程序链接成一个可执行的程序。至此，程序就可以运行了。

思考：代码修改后是否可以直接运行？

提示：运行的是可执行程序，可执行程序是编译和链接后生成的，如果不重新编译，则不会生成新的可执行程序。

注意：如果运行的可执行程序不能得到正确的结果，则需要修改源程序，重新编译和链接。在编译的过程中，可能出现一些语法等问题导致不能编译通过，此时需要根据错误提示定位查找问题，修改源程序后再重新编译。

1.4 程序算法基础

1.4.1 算法的概念

程序是数据与操作的组合，著名计算机科学家沃思曾给出关于程序的著名公式：

程序=数据结构+算法

其中，数据结构是指程序中数据的组织形式，是程序的静态属性；而算法是指操作数据的方法和步骤，是程序的动态属性。

严格地讲，算法是指解决问题方案的准确而完整的描述，是一系列清晰指令，每一条指令对应一个或多个操作，按照算法要求去执行这些操作，便能解决这个特定问题。例如，交换两杯水（容量相同）的算法用自然语言描述如下：

（1）取一只同样容量的空杯子 C，将杯子 A 中的水倒入杯子 C。

（2）将杯子 B 中的水倒入杯子 A。

（3）将杯子 C 中的水倒入杯子 B，交换成功，算法结束。

一般情况下，计算机程序算法需要满足以下 5 个性质。

（1）有穷性：算法必须能在执行有限个步骤之后终止。

（2）确切性：算法的每一步骤必须有确切的定义。

（3）输入项：一个算法有 0 个或多个输入，以刻画运算对象的初始情况，所谓 0 个输入是指算法本身定义了初始条件。

（4）输出项：一个算法有 1 个或多个输出，以反映对输入数据加工后的结果，没有输出的算法是毫无意义的。

（5）可行性：算法中执行的任何计算步骤都是可以被分解为基本的、可执行的操作。

1.4.2 流程图

描述算法可以采用自然语言、流程图、NS 图以及伪代码等多种形式，其中，流程图是比较常用的描述形式。

流程图是用一组规定的图形符号、流程线和文字说明来表示算法的方法。ANSI 规定了一些常用的流程图符号，如表 1.1 所示。

表 1.1　流程图常用符号

符　号	名　称	含　义
（圆角矩形）	起/止框	表示算法的开始和结束
（矩形）	基本操作框	表示算法中的操作步骤
（平行四边形）	输入/输出框	表示对算法的输入和输出
（菱形）	判断框	表示条件判断
（箭头）	流程线	表示流程的方向
（圆圈）	连接点	流程图换页时使用，相当于流程片段的起止点

1.4.1 节中交换 A、B 两杯同容量水的算法，使用流程图表示如图 1.13 所示。

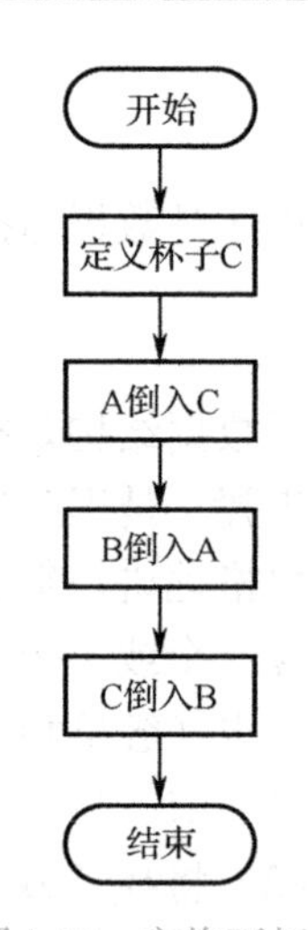

图 1.13　交换两杯水流程图

在结构化程序设计中，程序代码有顺序、选择和循环三种基本结构。其中，顺序结构是指程序中各个操作按照在源代码中的排列顺序，自上而下依次执行，图 1.13 描述的算法就需要使用顺序结构的代码实现。

选择结构是指程序有多个分支，需要根据某个特定的条件进行判断后，选择其中一支执行。使用流程图表示选择结构时，需要使用菱形判断框。图 1.14 给出了两种选择结构的流程图。本书项目 3 将介绍选择结构。

循环结构是指，程序中反复执行某个或某些操作，直到条件不成立时才停止循环。使用流程图表示循环结构时，不仅需要使用菱形判断框，还需要有“回指”的流程线。图 1.15 给出两种循环结构的流程图。本书项目 4 将介绍循环结构。

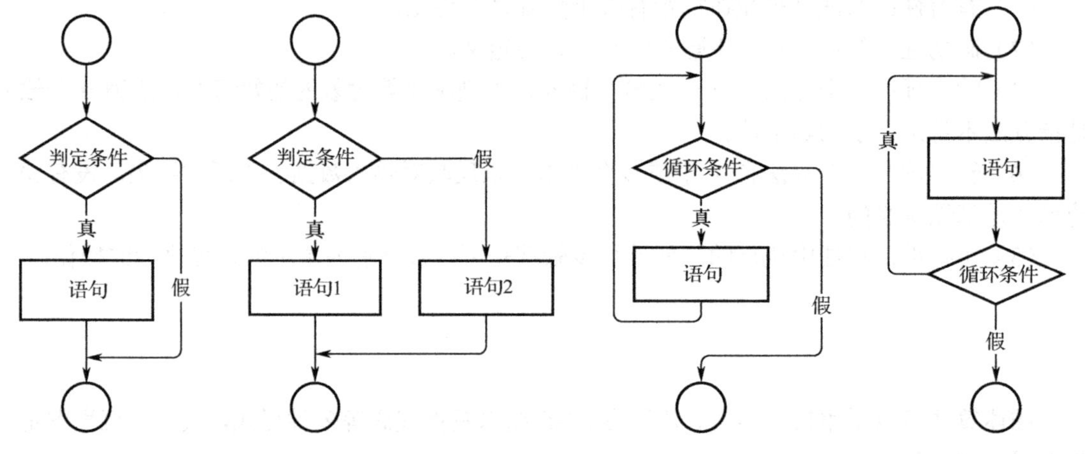

图 1.14　选择结构　　　图 1.15　循环结构

知识拓展：编码规范

明文规定或约定俗成的标准，被称为规范。每一个行业都有自己的工作规范，作为程序员，编写代码也要遵守编码规范。

这里所说的编码规范，并不是C语言的语法规则，而是一些约定俗成的编码习惯。编写程序时，不遵守编码规范不一定出错，但遵守编码规范起码会有三点好处：一是，降低出错的概率；二是，出错后容易查错和改错；三是，代码容易被阅读和维护。

以下四点是初学者在刚一开始接触程序设计时，就应养成的编码习惯。

（1）注释

为代码加注释的目的是帮助其他人和一段时间后的自己理解代码的含义。所以编写代码的同时，就应该为关键代码加上注释，修改代码时，也不要忘记修改注释。

（2）命名

在编写程序的过程中，经常会给变量、函数、类型、宏等代码实体命名。命名时，首先要做到的就是"见名知义"；其次，为宏命名时尽量大写全部字母，为类型命名时尽量首字母大写其他位置小写，为函数和变量命名的使用小写字母；再次，使用多个单词组合在一起为一个变量或函数命名时，使用下画线分割两个单词（如date_time），或者使用"驼峰法"（如dateTime）。以上提及的变量、函数、类型、宏等概念将在后续章节一一介绍。

（3）成对书写一些符号

C语言中，三种括号（()、[]、{}）和两种引号（'和"）需要成对出现，所以为了避免遗漏，编写代码时要养成成对书写这些符号的习惯。例如，输入左括号后，就立即输入右括号，然后再输入括号之间的内容。

（4）保持代码清晰整齐

一行只写一条语句，各行代码不同层次要缩进，相同层次要对齐；在表达式中应适当使用空格，例如，1+2*x 写成 1 + 2*x，会更加清晰；在较复杂的表达式中适当使用括号；在完成不同功能的代码段间，加入空行，等等。

综合练习

1．使用流程图描述求两个整数 x 和 y 最大值的算法。

2．程序设计的一般步骤是什么？

拓展案例

超越时代的计算机天才

——计算机奠基人的卓越贡献

艾伦·图灵于1912年6月23日出生在英国，是英国计算机科学家、数学家、逻辑学家、密码分析学家和理论生物学家，他被誉为计算机科学与人工智能之父。

第二次世界大战期间，图灵加入了英国政府通信总部，致力于破解纳粹德国的密码系统 Enigma。图灵领导了团队，研究和改进了一种机械设备，被称为图灵机（Turing Machine），这是现代计算机的理论基础之一，为现代计算机的逻辑工作方式奠定了基础。他的工作为反法西斯战争的胜利做出了巨大的贡献。

图灵对于人工智能的发展亦有诸多贡献。他曾写过一篇名为《计算机器和智能》的论文，提问“机器会思考吗？”，作为一种用于判定机器是否具有智能的测试方法，即大名鼎鼎的图灵测试。这展现了他卓越的创造力和创新精神，值得我们学习。图灵是计算机科学和人工智能领域的先驱者之一，他的思想和贡献对计算机的发展和现代社会产生了深远的影响。

艾伦・图灵的故事体现了勇气、创造力和智慧，以及对知识和追求的热爱。他在战争期间展现出了非凡的创造力和智慧。他不畏艰险，勇于面对挑战，追求自己的目标，并且付出了巨大的努力和奉献。

项目 2

显示系统时间——数据类型与运算符

学习目标

❖ 知识目标

- 理解变量、常量、标识符和关键字的概念
- 掌握整数、字符和浮点类型的使用方法
- 掌握 scanf 和 printf 格式化输入和输出
- 掌握数据类型隐式转换规则
- 掌握算术、赋值等运算符

❖ 技能目标

- 能够运用 scanf 和 printf 进行格式化输入和输出
- 能够运用变量、常量、赋值运算、算术运算进行简单的程序设计

❖ 素质目标

- 培养良好的信息素养能力和精益求精的职业品格
- 培养科学严谨、一丝不苟的工作态度

一个 C 语言源程序由若干个函数构成，在每一个函数之中又包含若干条语句。如果将语句继续细分，语句中可能包括关键字、常数、变量、运算符等基本元素。首先从学习 C 语言最基础的标识符、关键字、常量和变量入手，重点在于基本规范的描述，然后介绍 C 语言的数据类型，总结 C 语言常见的输入/输出实现方式，最后介绍算术、赋值等运算符的使用方法和注意事项，让学习者可以为后续程序的编写打下坚实的基础。

通过数据类型、输入/输出格式的严谨定义，培养良好的信息素养能力和精益求精的职业品格；通过由“整数溢出”导致的 1996 年阿丽亚娜 5 型火箭发射事故，引导学生养成科学严谨、一丝不苟的工作态度。

任务描述：显示系统时间

在 C 语言程序中，调用库函数 time(0)，可以以整数形式获得当前的系统时间。这个整数是从 1970 年 1 月 1 日 0 时 0 分 0 秒起，到调用函数 time 那一刻的总秒数。虽然这个数很大，

但通过对 3600×24 取余数后，余数部分即表示从当日 0 时 0 分 0 秒到此刻的秒数。例如，余数 3723 表示当日的 1 时 2 分 3 秒。

此任务是使用本项目介绍的算术运算符、赋值运算符以及格式化输出函数，以“时：分：秒”的格式显示系统的北京时间。具体提示和要求如下。

（1）程序中包含文件 time.h，以便使用函数 time。

（2）在 main 函数中最靠前的位置加入类似于“int now= time(0);”的语句，暂时不用深入了解 time 函数的详细信息，能够理解此时的变量 now 以总秒数的形式保存了当前的系统时间即可。

（3）变量 now 保存的时间是格林尼治标准时间，需要转换为北京时间，转换方法是：为变量 now 增加 3600×8 秒。

（4）运用除法和模运算，在变量 now 中提取系统时间的“时、分、秒”。

（5）使用 printf 函数，以“时：分：秒”的格式显示北京时间。

技能要求

2.1　基本字符、关键字和标识符

关键字与标识符

2.1.1　基本字符

C 语言源代码可以看成是由基本字符按照一定规则组成的一个序列。C 语言中的基本字符包括：

（1）数字字符 0～9。

（2）大小写英文字母 A～Z 和 a～Z。

（3）其他可打印字符（!、+、*等）。

（4）起到分隔作用的空白符（空格、换行等）。

如果将源代码中的空白符、标点符号、运算符和常数等内容去掉，剩下的单词以及类似于单词的词汇，不是关键字，就是标识符。关键字和标识符的区别在于：前者属于 C 语言自身，后者由程序员定义。

2.1.2　关键字

关键字（keyword）是具有特定含义的、专门用来说明 C 语言的特定成分的一类单词、单词缩写或单词组合。C 语言的大部分关键字是用小写字母来书写的。

关键字是 C 语言为自身保留的词汇，每个关键字都有其特定的含义，不同关键字在源代码中起的作用不同。例如，int、double 等关键字用于表示特定的数据类型，if、for 等关键字用于控制程序中语句的执行顺序，sizeof 关键字代表一个运算符，等等。表 2.1 展示了 C99 标准中的 37 个关键字，常用关键字有 32 个，其中，最后一行是 C99 标准在 C90 标准之上新增加的关键字。

表 2.1 ISO C99 标准关键字

auto	break	case	char	const	continue	default	do
double	else	enum	extern	float	for	goto	if
int	long	register	return	short	signed	sizeof	static
struct	switch	typedef	union	unsigned	void	volatile	while
inline	restrict	_Bool	_Complex	_Imaginary			

2.1.3 标识符

现实生活中，“名字”是用来“标识”实体的符号，起到与其他实体进行区分的作用。例如，“张三”标识了叫张三的这个人，“温州”标识了浙江省的一个城市，等等。

在程序设计中，程序员需要为自定义的变量、函数等代码实体命名，以方便在后续代码中引用。这些由程序员给出的变量名、函数名、类型名、宏名、标号名等，统称为标识符（identifier）。

通俗地说，标识符就是用户为变量、函数等实体起的“名字”。但在 C 语言程序中，命名标识符不能像生活中给自家宠物起名一样随意，需要遵循以下规则：

（1）不能使用关键字命名标识符。

（2）标识符只能由下画线（_）、英文字母（A～Z 和 a～z）以及数字字符（0～9）构成，并且不能以数字字符开头。

（3）标识符区分英文字母的大小写。

思考： count、Count、COUNT 是否为相同的标识符？

提示： 为了保证程序的可移植性，建议标识符的命名不要超过 8 个字符。

注意： 定义标识符时，尽量做到“见名知义”，增加程序的可读性。例如在定义求和变量时，最好把变量名取为标识符 sum。

练一练

【练习 1】指出表 2.2 中的词汇，哪些可以作为标识符，哪些不可以作为标识符，并给出原因。

表 2.2 判断哪些可以作为标识符

int	INT	hello	Hello	hello2	hello2.8	#hello	2hello
C	C++	Python3.7	x+y	x<y>	windows	iOS	x=?

【练习 2】许多编译器允许美元符号$出现在标识符之中，例如，$、$1、a$等，在编译环境中这些都是合法标识符。测试你使用的编译器是否支持在标识符中使用美元符$。

2.2 常量和变量

常量与变量

本质上，计算机程序就是一些数据和操作的有序组合。例如，简单的代码 2+x，其中的 2

和 x 属于数据，+是要对数据进行的操作。特别地，2 的值不可以改变，它属于常量数据；而 x 可以指代任意数值，属于变量数据。本节介绍 C 语言中常量数据和变量数据的表示方法。

2.2.1 常量

在程序源代码中，使用一些承载信息的数字和字符来表示数据。有些数据的值在编写程序时已经设定好，程序执行期间不允许变化，这样的数据称为常量（constant）。例如，2 是一个常量，不论程序如何执行，2 的值都不会发生变化。

为保证常量值不变，C 语言规定常量不能出现在赋值号=的左侧。例如：

```
2=100;    //编译错误
```

其中的 2 和 100 都是常量，将 2 放在赋值号（=）的左侧无法通过编译。C 语言中的常量有字面常量和符号常量两种形式。

1. 字面常量

在源代码中，直接使用“常数”形式表示的常量，称为字面常量。例如，2、3.14、'A'、"hello"等，都属于字面常量。C 语言中的字面常量区分数据类型，例如 2 是一个整数，3.14 是一个实数，'A'是一个字符，"hello"是 5 个字符构成的字符串，等等。

2. 符号常量

所谓符号常量是指使用一个标识符与一个字面常量对应，在后续代码中使用标识符代替相应的字面常量。C 语言中，可以通过宏、常变量以及枚举常量等方式定义符号常量。这里先介绍使用宏定义符号常量的方法，另外两种方法的介绍放在后续章节。

宏是一种文本替换模式，C 语言使用预处理命令#define 定义宏，其形式如下：

```
#define   宏名   文本
```

在将源代码编译成目标代码之前，编译器的预处理模块会先将当前源代码中所有出现的“宏名”替换为“文本”。例如：

```
#define PI 3.14
```

后续代码中出现的 PI，将被 3.14 代替。这个替换过程是编译器自动完成的，不需要人为干预。由于宏名 PI 将被替换为文本 3.14，所以将 PI 放在赋值号（=）的左侧同样属于编译错误。

提示：一旦宏定义一个常量后，该标识符将永久地代表此常量，常量标识符一般用大写字母表示。

知识升级：宏定义可以嵌套。例如，

```
#define WAGES 10000
#define BONUSES 5000
#define INCOMES WAGES + BONUSES
```

宏 WAGES 和 BONUSES 分别表示工资和奖金，宏 INCOMES 表示收入等于工资与奖金之和。定义 INCOMES 时，嵌套使用了 WAGES 和 BONUSES。

想一想：试分析 INCOMES*0.1 会等于多少呢？

为什么要使用符号常量来代替字面常量呢？首先，符号常量比字面常量表达更多的信息，能起到“见名知义”的作用。例如，看到 PI 就知道其代表圆周率。

其次，在代码中反复出现相同常量时，符号常量又能起到“一处修改，多处生效”的作用。例如，代码中多次使用 3.14 表示圆周率，用以计算圆的周长和面积。测试运行后，发现计算结果的精度达不到要求。此时，希望将代码中所有的 3.14 改成 3.14159265，以提高计算结果的精度。如果最初使用的是字面常量，则需要逐一修改代码中的每个 3.14，这样做不仅费事，还增加了出错的风险；如果最初使用的是符号常量，则只需要修改符号常量定义的那一行代码。

2.2.2 变量

在数学公式中，经常使用 x、y 等符号代表可以改变的量，程序设计中亦如此。

与常量相对应，变量（variable）是指在程序执行期间，其值可以改变的量。一个变量对应一段内存中的存储单元，用于存放变量的值。可以将变量占用的内存空间想象成一块黑板，黑板上的内容可以根据需要随时进行改变。

1. 初识变量

变量通常具备以下 4 个要素，如图 2.1 所示。

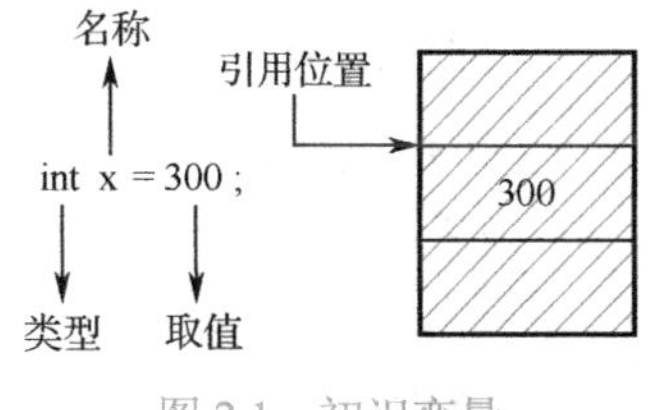

图 2.1 初识变量

（1）类型：C 语言中的常量、变量等数据都有确定的类型，数据类型决定了数据的尺寸（占用内存空间的大小）、编码方案以及运算规则。2.3 节将介绍 C 语言的基本数据类型。

（2）取值：在程序运行的某一时刻，变量代表着一个确定的数值，随着程序的继续运行，变量的值可能发生变化。例如，图 2.1 中变量 x 对应的内存空间中，当前存放数值 300，随着程序的继续运行该空间可能存放其他数值。这就是变量之所以称之为“变”量的原因。

（3）名称：大部分情况下，定义变量时需要给变量命名，方便后续代码访问变量对应的内存空间。变量名属于标识符，命名时需要遵循标识符命名规则。

（4）引用位置：是指变量在内存中的存储地址。程序中无法通过名称直接访问变量时，可以通过地址间接访问。这就像课堂上，老师想找某位不知道姓名的同学回答问题时，能使用类似“第 5 排靠窗同学”这样的地址访问方式进行提问。通过地址间接访问变量的方法将在项目 5 和项目 7 中介绍。

2. 定义变量

C 语言可以采用如下几种形式定义变量：

```
数据类型 1   变量名 1;                          //定义 1 个变量
数据类型 2   变量名 2=初始值 1;                 //定义 1 个变量并初始
数据类型 3   变量名 3=初始值 2 , 变量名 4;      //定义多个变量
```

定义变量的语句从代表数据类型的关键字开始，以一个分号结束。在一条定义语句中，可以定义 1 个或多个同类型变量，定义多个变量时需要使用逗号分隔。定义变量的同时，也

可以为变量设置初始值。不同类型的变量不能在一条语句中定义。例如：

```
int a;
double b=0.4;
int c=9,d;
```

以上代码定义了 4 个变量，其中 a、c 和 d 的类型是 int，b 的类型是 double。另外，变量 b 和 c 有显式的初始值。变量被定义后，可以通过赋值语句或输入函数改变变量的取值。

【案例 1】键盘输入两个整数，对这两个整数求和，并输出到屏幕上。

案例 1-两个整数求和

源程序：

```
#include<stdio.h>
int main()
{
    int x,y,sum;                          //定义整型变量 x，y，m
    printf("请输入 x 和 y\n");            //输出提示信息
    scanf("%d%d",&x,&y);                  //读入两个整数，赋给 x，y 变量
    sum=x+y;                              //计算两个乘数的和，赋给变量 sum
    printf("%d + %d = %d\n",x,y,sum);     //输出结果
    return 0;
}
```

运行结果：

```
请输入 x 和 y
1 2
1 + 2 = 3
```

解析：

案例 1 的语句“int x,y,sum;”中，定义了三个整数类型的变量 x、y 和 sum，其中关键字 int 是这三个变量的数据类型。之后语句中的 scanf 和 printf 分别用于数据的输入和输出，详细的使用方法将在 2.4 节中介绍。语句“sum=x+y;”的作用是计算 x 和 y 的和，并将结果保存在变量 sum 之中，其中涉及的运算符+和=将在 2.5 节中介绍。

多学一点：

除了宏之外，C 语言还提供了另外一种定义符号常量的方式——常变量。

在变量定义前加入关键字 const，可以限制被定义变量的值在初始化以后不被修改。这种变量被称为常变量。例如：

```
const double PI=3.14;
PI=3.14159265;        //编译错误
```

上面代码片段中的 PI 是常变量。常变量不能出现在赋值号（=）的左侧（定义时的初始化除外），以保证常变量的值在程序执行期间不发生改变。

练一练

【练习 3】使用宏定义和常变量两种方式分别定义符号 N，令 N 代表 100。

2.3 基本数据类型

C 语言是区分数据类型的语言，例如，123 是整型数据、123.0 是实数型数据、"123"是字符串，等等。如图 2.2 所示，C 语言的数据类型可分为基本类型、构造类型、指针类型和空类型等四个大类。本节介绍 C 语言基本类型中表示数值的整型和浮点型，以及表示文本的字符型。

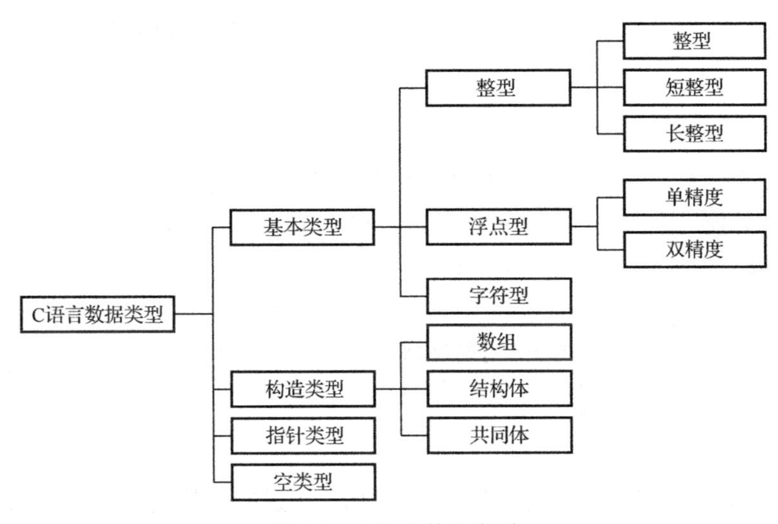

图 2.2　C 语言数据类型

2.3.1 整型

整型就是表示整数的数据类型，有时称为整数类型。关键字 int 取自单词 integer（整数的意思）的前 3 个字母，代表 C 语言中最常用的整数类型。例如：

```
int x;
```

其中，变量 x 的类型就是 int，用于存储整数。在目前的大部分系统中，一个 int 变量占用 4 字节（32 位）空间，可以表示-2147483648～2147483647（即 $-2^{31}\sim2^{31}-1$）之间的任何一个整数。

1．不同长度的整型

虽然数学中的整数有无穷多个，但计算机中使用有限的存储单元所能表示的整数也是有限的。使用的存储单元越多，表示的整数就越多。例如，2 字节（16 个二进制位）的存储单元最多表示 65536（2^{16}）个不同的整数，4 字节的存储单元最多表示 4294967296（2^{32}）个不同的整数，等等。

为满足不同任务的需求，除了基本整型 int 外，C 语言还提供关键字 short 和 long 与 int 组合使用，代表不同长度的整数类型。不同系统中各个整数类型占用内存空间的大小存在差异，表 2.3 中“占用字节”和“取值范围”两列仅适用于 32 位系统和部分 64 位系统。

表 2.3　不同长度的整数类型

类　型	缩　写	占用字节	取值范围
short int	short	2	-2^{15}～$2^{15}-1$
int	int	32 位系统中占 4 字节（-2^{31}～$2^{31}-1$）	
long int	long	4	-2^{31}～$2^{31}-1$
long long int	long long	8	-2^{63}～$2^{63}-1$

表 2.3 中“缩写”一列表示类型的简略写法，例如，short 表示 short int 类型，long long 表示 long long int 类型，等等。

2．整型的字面常量

除了十进制外，C 语言允许使用八进制和十六进制表示整数常量。使用八进制表示的整数需要以 0 开头，使用十六进制表示的整数需要以 0X 或 0x 开头，并增加数字符号 A～F（或 a～f），分别对应十进制的 10～15。例如：

```
int x=158;        //十进制数 158
int y=0236;       //八进制数 236 等于十进制数 158
int z=0X9E;       //十六进制数 9E 等于十进制数 158
```

多学一点：

计数制中的基数：几进制的基数就是几。例如，十进制的基数就是 10，八进制的基数就是 8，等等。

计数制中的位权：位权是指计数制中某一位上的 1 所表示“真值”的大小，表示为 R^i，其中 R 表示基数，i 是从右向左从 0 开始对数位的编号。例如，十进制从右向左各个位的位权为 1（10^0）、10（10^1）、100（10^2）、……，十六进制从右向左各个位的位权为 1（16^0）、16（16^1）、256（16^2）、……，等等。

其他进制转换十进制：各位上数码与位权相乘后求和。例如，

$(236)_8 = 2\times8^2 + 3\times8^1 + 6\times8^0 = 2\times64 + 3\times8 + 6\times1 = (158)_{10}$

$(9E)_{16} = 9\times16^1 + 14\times16^0 = 9\times16 + 14\times1 = (158)_{10}$

十进制数转换其他进制：除基数（R）取余法。将十进制数不断地整除以 R，直到商等于 0 为止，将每一步获得的余数倒序排列即为转换结果。图 2.3 演示将十进制数 158 转换为八进制数和十六进制数的方法。

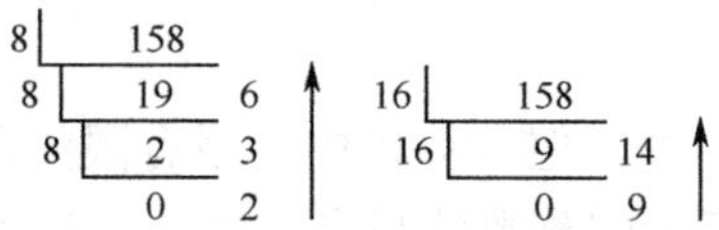

8 | 158
8 | 19　6
8 | 2　3
0　2

16 | 158
16 | 9　14
0　9

图 2.3　十进制数 158 转换为八进制数和十六进制数

图 2.3 右图中，十进制余数 14 转换为十六进制数后是一个“个位数”，用字母 E 表示即可。

3．无符号整型和有符号整型

之前提到的 int、short、long 和 long long 等类型全部属于有符号整型，另外还有无符号整型。有符号整型的表示范围包含正数、零和负数，无符号整型的表示范围包含正数和零。定

义无符号整型变量时需要使用 unsigned 说明。例如：

```
unsigned int x;          //x 是无符号 int 类型变量
unsigned short y;        //y 是无符号 short 类型变量
```

长度相同的有符号整型和无符号整型表示整数的个数相同，只是表示范围发生了偏移。图 2.4 借用生活中的表盘来说明有符号整数和无符号整数的关系。

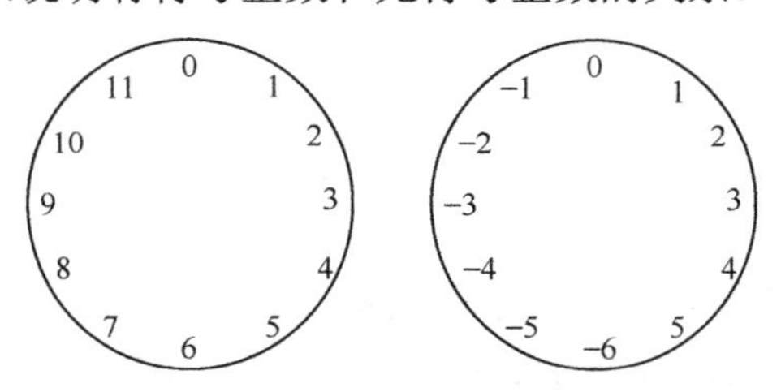

图 2.4　计算机整数存储示意图

生活中的表盘上有 12 个刻度，可以表示 1～12 这些整数。在图 2.4 左图中，将生活中表盘上的 12 换成了 0（12 点就是 0 点），此时表盘的表示范围是 0～11，这就是所谓的“无符号数”；右图中，将左图表盘中的 6～11 换成了−6～−1，表示范围变成了−6～5，这就是所谓的“有符号数”。图 2.4 两个表盘能够表示的整数都是 12 个（12 个刻度），但却有不同的表示范围。

计算机表示整数的方式类似于如图 2.4 所示的表盘，只不过计算机中的“表盘”更大，上面的刻度更多。

4. 整型的溢出

生活中存在一些“物极必反”的现象，例如，晚上 11 点再过 1 小时是第二天 0 点，到达环形跑道上一圈的终点相当于到达了下一圈的起点，等等。C 语言程序中，如果为整型变量存入其类型取值范围之外的数值，就会出现这种“物极必反”的现象。

在程序设计的术语中，这种超出类型表示范围的现象被称为“溢出”。特别地，超过取值范围上限称为“上溢”，低于取值范围下限称为“下溢”。图 2.5 演示有符号数上溢的情况，图中的指针原来指向 5，在加 1 之后，指针指向−6。

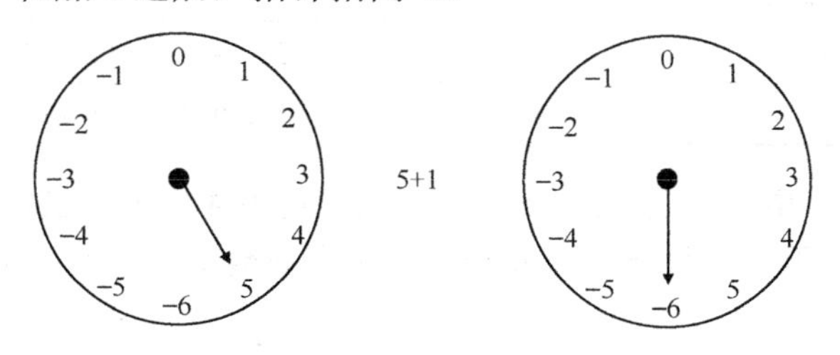

图 2.5　有符号数上溢示意图

由于计算机采用“表盘”的方式循环表示整数，所以上溢发生时“大数会变成小数”，而下溢发生时“小数会成变大数”。

【案例 2】阅读代码，观察程序运行结果，理解整数溢出。

源程序：

```
#include<stdio.h>
int main()
```

```
{
    int x = 2147483647 + 1;        //x 等于-2147483648，而不等于 2147483648
    short y = -32768 - 1;          //y 等于 32767，而不等于-32769
    printf("x=%d,y=%d\n",x,y);
    return 0;
}
```

运行结果：

```
x=-2147483648,y=32767
```

解析：

代码中，变量 x 的类型是 int，表示范围是-2147483648～2147483647，为其存入超过取值范围的 2147483647+1 后，x 表示的是整数-2147483648；变量 y 的类型是 short，表示范围是-32768～32767，为其存入-32768-1 后，y 表示的是 32767。

1996 年 6 月 4 日，欧洲航天局计划首次发射新的阿丽亚娜（Ariane）5 型火箭，火箭在升空 40 秒后，发生爆炸。事故原因其实非常简单，就是制导系统的程序中存在整数溢出的逻辑错误，结果导致造价 5 亿欧元的火箭被当成“大炮仗”给放了。阿丽亚娜火箭事故告诉我们，作为程序员必须具备科学严谨、一丝不苟的工作态度，每一项工作都需要精确的计算和反复的验证，小小的误差都将会带来巨大的损失。

2.3.2 浮点型

浮点型又称实型，用于表示实数。C 语言提供了 float、double 和 long double 三个浮点型，但不同系统中对 long double 的支持和实现不尽相同，这里不做介绍。表 2.4 给出了两种浮点型的表示方法和取值范围。

表 2.4 浮点型

类 型	字面常量	占用字节	取值范围	有效数位
float	3.14F 或 3.14f	4	约-3.4×10^{38}～3.4×10^{38}	6
double	3.14	8	约-1.8×10^{308}～1.8×10^{308}	15

关键字 float 表示单精度浮点型，一个 float 变量占用 4 字节，虽然 float 类型的取值范围很大，但该类型的精度不高，只能保证 6 个十进制有效数位。注意，这里的 6 位不是指小数点后 6 位，而是一共 6 位。

关键字 double 表示双精度浮点型，一个 double 变量占用 8 字节，double 类型能保证 15 个十进制有效数位。由于精度高的原因，程序设计中 double 比 float 更加常用。C 语言将简便的字面常量写法留给 double 类型，当需要强调常数为 float 类型时，需要在常数尾部加入 F 或 f，例如，1.2F、2.3f 等。

另外，十进制科学计数法也可以用于浮点型字面常量。字母 E 或 e，用于分隔尾数和指数，例如，123.456 可写成 1.23456E2、123456E-3 等。

【案例 3】阅读代码，观察运行结果，对比 float 和 double 类型的精度。

源程序：

```
#include<stdio.h>
int main()
{
    float x = 123456.123456;          //float 变量
    double y = 123456.123456;         //double 变量
    printf("x=%f,y=%f\n",x,y);
    return 0;
}
```

运行结果：

```
x=123456.125000,y=123456.123456
```

解析：

代码中，变量 x 的类型是 float，变量 y 的类型是 double，它们都被初始化为 123456.123456。但通过运行结果可发现，x 的值为 123456.125000，与初始值相差很多。造成这一现象的原因是，float 类型的精度较低，仅可以保证 6 个十进制数位的有效性。这个例子告诉我们，float 类型的应用范围很有限，在真实的程序设计中，float 仅可用于表示“身高”“体重”“考试成绩”等，这种不需要较高精度的实数信息，而像“工资”“产值”“两地距离”等信息则要使用 double 类型表示。

多学一点：

不论是有理数，还是无理数，计算机都无法精确地表示它们的小数部分，哪怕是像 0.1、0.2 这样简单的小数都不例外。例如，十进制数 0.2 转换为二进制后是一个无限循环小数 $0.\dot{0}01\dot{1}$（上方有点的部分是循环节）。由此例可知，使用无数个二进制位都不能精确表示十进制小数 0.2，计算机能做的只是尽可能地接近它。

2.3.3　字符型

计算机除了需要处理整型和浮点型数据之外，还需要存储和表示像“Ab,12”这样的文本信息。文本中单个的字母、数字符号以及标点符号等被称为字符，例如，在“Ab,12”中，字母 A 和 b，数字符号 1 和 2，以及逗号都是字符。

1. 字符类型及字符字面量

C 语言提供关键字 char 表示字符类型，char 取自单词 character（字符的意思）的前 4 个字母。每个 char 类型变量占 1 字节的空间，能够保存 1 个西文字符。例如：

```
char c = 'A';
```

其中，变量 c 的类型为 char，'A'是字符 A 的字面表达。

为了与源代码中用户定义的标识符以及数值常数区分，C 语言要求使用字符本身作为字符字面常量时，需在字符两侧加单引号。例如，'A'表示字符 A，'0'表示字符 0，等等。

2．字符型和整型的关系

为使计算机能够存储和表示文本信息，一些标准化组织对自然语言中的字符进行了数字编码。这种编码实际上就是整数和字符的对应关系，即用特定的整数表示特定的字符。例如，65 与'A'相对应，计算机中保存字符 A，实际上保存的就是整数 65。所以，之前介绍的 short、int 等整数类型，也属于字符型；反过来，字符型 char 也是一种整数类型，只是所表示的范围比较小而已（-128～127）。

多学一点：

虽然写法'A'被读作字符 A，但严格地讲，字面常量'A'的数据类型不是 char，而是 int，'A'就是 65 的另一种表示方法。语句“char c = 'A';”与语句“char c = 65;”完全等价。

3．ASCII 码

美国信息交换标准代码（ASCII 码）是世界范围内应用最广泛的字符编码系统。标准 ASCII 码使用整数 0 至 127 表示大写和小写英文字母、数字符号 0～9、标点符号，以及在美式英语中使用的特殊控制字符。例如，十进制整数 65 代表字母 A，十进制整数 97 代表字母 a，十进制整数 48 代表数字字符 0、十进制整数 32 代表空格，等等。本书的附录 A 提供了标准 ASCII 码对照表。

4．转义字符

ASCII 码中除了字母、数字符号、标点符号外，还存在一些特殊含义的非打印字符，例如换行符、退格符（按键盘上的 Backspace 产生的效果），等等。这些字符无法在源代码中使用单引号包含的方式书写。另外，单引号、双引号、反斜杠等字符在 C 语言源代码中有特殊含义，它们也无法像其他字符那样，直接被一对单引号包含。于是，C 语言为这些特殊字符定义了转义写法，转义写法需要使用反斜杠。例如，'\n'表示换行符、'\\'表示一个反斜杠，等等。表 2.5 列举了一些特殊字符的转义方法。

表 2.5　字符转义

符　号	含　义	符　号	含　义	符　号	含　义	符　号	含　义
\0	空字符	\b	退格	\n	换行	\r	回车
\t	水平制表	\\	反斜杠	\'	单引号	\"	双引号
\ooo	八进制整数描述的 ASCII 码			\xhh	十六进制整数描述的 ASCII 码		

在反斜杠转义表示方法中，还提供了以八进制整数、十六进制整数表示字符的方法。'\ooo'表示以八进制给出 ASCII 码值，其中字母 o 代表八进制数符（0～7）；'\xhh'表示以十六进制给出 ASCII 码值，其中字母 h 代表十六进制数符（0～9、A～F 或 a～f）。例如：

```
char c1 = 65 , c2 = 0101 , c3 = 0x41 , c4 = 'A' , c5 = '\101' , c6 = '\x41';
```

上面代码中展示了十进制整数 65 的 6 种写法。这里的 6 个变量全部表示字母 A，初始值部分分别使用了十进制常数、八进制常数、十六进制常数、字符、转义八进制字符以及转义十六进制字符等不同的 6 种方法。

5. 字符串

字符串就是连续多个字符的组合，C 语言使用一对双引号包含字符的形式表示字符串。例如，"hello"表示由 h、e、l、l 以及 o，共 5 个字符组成的字符串。

注意：不要混淆字符和字符串的表达方式，例如，'A'是一个字符，而"A"是一个字符串。

虽然，C 语言提供了字符串的字面写法，但在 C 语言中却不存在专门表示字符串的数据类型。至于 C 语言如何存储类似"hello"这样的字符串，将在后续与数组、指针相关的章节中介绍。读者暂时不用深究，目前能使用这种方式表示字符串即可。

数据类型转换

2.3.4 类型转换

在实际的程序设计中，难免会出现一个表达式包含不同类型数据的情况。例如，在计算圆面积的表达式 10*10*3.14 中，常量 10 和 3.14 的数据类型不一致。另外有些情况下，程序员希望改变表达式的数据类型。例如，某班级成绩总分 2502，人数 30，这里的 2502 和 30 都是整数类型，但程序员却希望 2502 除以 30 能够得到浮点型的平均分。

出现以上情况时，需要使用类型转换来解决。C 语言的类型转换从表现形式上，可分为显式类型转换和隐式类型转换。掌握不好类型转换的规律，很容易出现逻辑错误。

1. 显式类型转换

显式类型转换又称强制类型转换，是指使用书面形式明确地指定将某种类型的表达式转换为另一种类型的表达式。显式类型转换的一般形式如下：

```
(目标类型)表达式
```

C 语言并没有为显式类型转换提供专门的运算符和关键字，进行类型转换时，只需要将目标类型加上括号后，放在要转换类型的表达式之前即可。例如：

```
(int)1.5 ;          //返回 1，是 double 到 int 的转换
(double)1;          //返回 1.0，是 int 到 double 的转换
```

注意：C 语言将浮点数转换为整数采用取整的方式，即直接保留浮点数的整数部分。取整不同于四舍五入，例如 1.5 取整等于 1，而 1.5 四舍五入等于 2。

另外，取整的方向既不是向上，也不是向下，而是向零。对正数来说，取整相当于向下取整，例如，1.5 取整和向下取整均等于 1，而 1.5 向上取整等于 2；对负数来说，取整相当于向上取整，例如，-1.5 取整和向上取整均等于-1，而-1.5 向下取整等于-2。

2. 隐式类型转换

与显式类型转换相比，隐式类型转换是由编译器根据相关规则自动完成的，很容易被程序员忽视。下面介绍 C 语言中可能发生隐式类型转换的两种场景。

（1）赋值过程中的“向左转换”

在定义变量或者为变量赋值时，变量类型与赋值号（=）右侧表达式类型不同，在类型兼容的情况下（目前介绍的数据类型全部相互兼容），会发生右侧类型到左侧类型的转换。如果右侧类型的精度高于左侧类型，则精度损失在所难免。例如：

```
int pi = 3.14;
```

其中，变量 pi 的类型是 int，而 3.14 的类型是 double，double 类型的 3.14 将自动转换为 int 类型的 3。再如：

```
char c=65+256;
```

其中，变量 c 的类型是 char，而表达式 65+256 的类型是 int。虽然，char 和 int 同属整数类型，但 int 有 4 字节，char 只有 1 字节。现在要把一个占 4 字节的数存入 1 字节的空间，只好把高位 3 字节截掉，变量 c 存入的是 65，而不是 321。十进制数 321 转换为二进制后为 101000001，代表 256 的那个 1 不属于低 8 位，会被截掉，变量 c 只保存 01000001，表示成十进制数就是 65。

（2）精度提升“向上转换”

精度提升隐式类型转换可能会发生在数值型数据的双目运算之中。例如，在两数相加、两数比较大小等情况之下，为保证计算结果更精确，编译器可能会通过类型转换来提升操作数的精度。C 语言精度提升规则如图 2.6 所示。

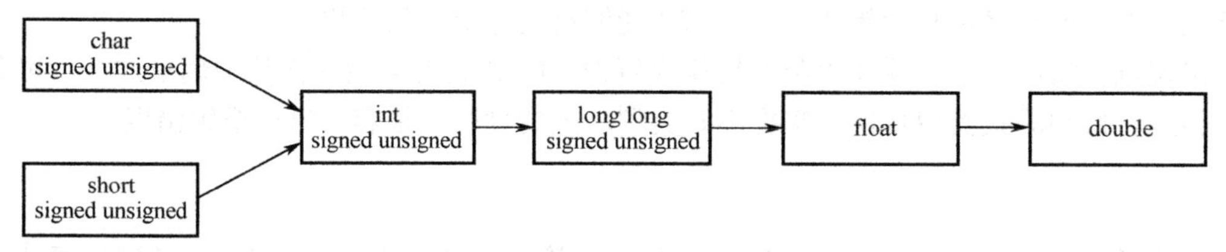

图 2.6　精度提升规则示意图

从图 2.6 可以看出，浮点型精度级别高于整型；同为浮点型或同为整型的情况下，占用字节多的类型精度级别更高；在占用字节相同情况下，无符号整型精度级别高于有符号整型精度级别。

在明确各数值类型的精度级别后，双目运算中的精度提升规则可概括为：当两个操作数类型精度级别低于 int 时，两个操作数全部提升为 int 类型；当两个操作数类型精度级别不同时，低级别类型的操作数提升为高级别类型。例如，两个 char 类型变量 a 和 b 进行加法运算前，会将 a 和 b 都转换为 int 类型；再如，在 1+1.5 中，int 类型的 1 将自动转换为 double 类型的 1.0 后，再与 1.5 进行加法运算。

【案例 4】阅读代码，观察运行结果，理解类型转换。

源程序：

```
#include<stdio.h>
int main()
{
    double x = 2502/30;        //错误的平均数
    double y = 2502/30.0;      //正确的平均数
    printf("x=%f,y=%f\n",x,y);
    return 0;
}
```

运行结果：

```
x=83.000000,y=83.400000
```

解析：

代码中，变量 x 初始等于 2502/30，2502/30 是两个 int 类型数据相除，这里进行除法运算时没有隐式类型转换，得到结果 83，int 类型的 83 转换为 83.0 后为 double 变量 x 赋值。变量 y 初始等于 2502/30.0，2502/30.0 是整数除以浮点数，这里需要将 2502 隐式转换为 2502.0 后再进行除法运算，得到更加精确的结果 83.4，存入变量 y 之中。

练一练

【练习 4】尝试给出表 2.3 中各个类型对应的无符号整型的取值范围。

【练习 5】为表 2.6 中的属性填写合适的数据类型，并给出理由。

表 2.6　为属性填写合适的数据类型

属　性	类　型	理　由
年龄		
月工资		
考试分数		
性别		
跳高成绩		

【练习 6】在程序中定义一些变量，表示某人的出生日期、身高和体重信息，并使用自己的信息作为初始值。

【练习 7】指出表达式 2.5f+(int)7.8%2 中存在的类型转换。

【练习 8】指出下面代码片段中存在的隐式类型转换。

```
char a = 'A';
short b = 32;
int c = 1+1.5;
double d = a+b;
```

2.4　基本输入和输出

本节介绍 C 标准库中的格式化输出函数 printf、格式化输入函数 scanf、字符输入函数 getchar 以及字符输出函数 putchar 的使用方法。完成本项目的实践任务需要使用 printf 函数。

另外，本节介绍的这些函数均被声明在库文件 stdio.h 之中，在程序中使用它们之前，需要使用预处理命令#include<stdio.h>包含这个文件。

2.4.1　格式化输出函数

格式化输出

1. printf 函数调用的一般形式

C 语言提供的格式化输出函数 printf 用于输出指定格式的字符序列。默认情况下，输出的字符序列将被显示在控制台窗口之中。调用 printf 函数的一般形式如下：

```
printf("格式控制字符串",输出列表)
```

函数 printf 可以接受 1 个或多个参数，其中第 1 个参数必须是双引号包含的字符串，这个字符串就是 printf 输出的内容。

【案例 5】以“时：分：秒”的格式输出时间。

源程序：

```
#include<stdio.h>
int main()
{
    printf("北京时间 12:13:14");        //输出一段文字
    return 0;
}
```

运行结果：

```
北京时间 12:13:14
```

解析：

本例的代码中，printf 的参数部分是字符串"北京时间 12:13:14"，其中的 12、13 和 14 并不是整数，而是字符串中的字符。

2. printf 中的类型说明

输出格式类型说明

案例 5 输出字符串中的 12、13 和 14 都是“固定值”，而在实际任务中，往往希望出现在相应位置上的是“任意数值”。为达到这样的目的，需要在 printf 函数的第 1 个参数中，以“%类型说明”的形式加入“占位符”，并将要输出的表达式作为 printf 后续的参数。例如：

```
printf("北京时间%d:%d:%d",12,13,14);        //与案例 5 输出结果相同
```

其中，%d 就是类型说明，表示要输出数据的类型是整数，上例中的 3 个%d 分别为后面参数中的 12、13 和 14 在输出的字符串中“占位”。

除了字母 d 之外，字母 f、c 和 s 也被用于类型说明，分别表示浮点数、字符和字符串。案例 6 输出小明同学基本信息时使用了%d、%f、%c 以及%s，更多的类型说明参见表 2.7。

【案例 6】输出小明同学的基本信息。

源程序：

```
#include<stdio.h>
int main()
{
    int age=18;                                 //定义变量保存年龄
    float weight=70.25f;                        //定义变量保存体重
    double height=1.85;                         //定义变量保存身高
    char gender='M';                            //定义变量保存性别
    printf("年龄：%d\n",age);                   //输出年龄
    printf("体重（公斤）：%f\n",weight);        //输出体重
    printf("身高（米）：%f\n",height);          //输出身高
```

```
    printf("性别（男 M/女 F）%c\n",gender);      //输出性别
    printf("爱好：%s\n","编程序、打游戏");      //输出爱好
    return 0;
}
```

运行结果：

```
年龄：18
体重（公斤）：70.250000
身高（米）：1.850000
性别（男 M/女 F）：M
爱好：编程序、打游戏
```

解析：

本例中，首先定义变量 age、weight、height 和 gender，类型分别为 int、float、double 和 char，分别表示年龄、体重、身高和性别。实际上，身高也可以使用 float 类型，这里使用 double 仅仅是为了示范该类型数据的输出方法。

本例中使用了 4 种类型说明符号，其中%d 表示以有符号十进制输出整数，适用于 long long 外的整数类型；%f 表示以浮点形式输出实数，适用于 float 和 double 类型，默认保留小数点后 6 位小数；%c 表示以字符形式输出整数（输出 ASCII 码对照表中与整数相对应的字符）；%s 用于输出字符串。

通过运行结果可发现，所有的输出都和相应变量的存储值相同。

表 2.7　格式化输出中的类型说明

符　号	适 用 类 型	说　明
d/i	整数	十进制形式输出有符号整数，d 和 i 作用相同
u	整数	十进制形式输出内存中二进制位，适合无符号数
o	整数	八进制形式输出内存中二进制位，适合无符号数
x	整数	十六进制形式输出内存中二进制位，相关字母小写，适合无符号数
X	整数	十六进制形式输出内存中二进制位，相关字母大写，适合无符号数
f	浮点数	十进制输出浮点数
e	浮点数	科学计数法输出浮点数，使用十进制数符，相关字母小写
E	浮点数	科学计数法输出浮点数，使用十进制数符，相关字母大写
g/G	浮点数	在 f 和 e 中选择较简短方式，且不输出不必要的 0
a	浮点数	以 2 为底科学计数法输出浮点数，使用十六进制数符，相关字母小写
A	浮点数	以 2 为底科学计数法输出浮点数，使用十六进制数符，相关字母大写
c	字符	将整数低 8 位按照 ASCII 码对应为字符输出
s	字符串	输出字符串
p	内存地址	十六进制形式输出内存地址
%		%%将输出 1 个%

多学一点：

字母 l 在类型说明中表示“长”，可以和 d 或 f 一起使用。例如，%lld 用于输出 long long

类型的整数；%lf 与%f 作用相同，均可输出 float 或 double 类型的数据。

虽然，printf 的格式控制中不区分%lf 与%f，但在输入函数 scanf 的格式控制中，二者却不可混用。

3．控制输出内容的宽度和精度

在类型说明之前加入数字，可指定输出数据的宽度和精度。例如，%5d 代表输出的十进制整数要转换成至少 5 个字符，不足 5 个字符时，使用空格填充；%.3f 表示以四舍五入的方式保留 3 位小数后输出浮点数；%8.2f 代表输出的浮点数要转换成至少 8 个字符，同时保留 2 位小数。

2.4.2 格式化输入函数

格式化输入

1．scanf 函数调用的一般形式

C 语言提供的格式化输入函数 scanf 用于按照指定格式，将输入设备中的数据存入程序中的变量。默认情况下，scanf 关联的输入设备是键盘。调用 scanf 函数的一般形式如下：

```
scanf("格式控制字符串",输入变量地址列表)
```

函数 scanf 与 printf 的调用形式非常相似，第 1 个参数表示格式的字符串，后面的参数需要与格式字符串中的“%类型说明”一一对应。

与 printf 函数不同的是，scanf 的第 2 个及以后的参数必须是变量地址。scanf 作为为变量输入数据的函数，它需要像快递员一样，根据寄件地址投放快递。C 语言中获得变量的地址需要使用取地址符&。例如：

```
scanf("%d",&x);        //为整型变量 x 输入数据
```

其中，&x 表示变量 x 的地址。关于内存地址的详细介绍参见项目 7。

注意：在 scanf 函数中，如果误把变量地址写成变量名（例如，&x 写成 x），并不属于编译错误。但到了运行时刻，程序将“崩溃”。

2．scanf 中的类型说明

scanf 函数中使用的类型说明与 printf 类似，但类型与说明的对应更加严格。表 2.8 给出了 scanf 类型说明与类型的对应关系。

表 2.8　scanf 类型说明与类型的对应关系

类型说明	对应类型
%c	char、unsigned char
%hd	short、unsigned short
%d	int、unsigned
%lld	long long、unsigned long long
%f	float
%lf	double

【案例 7】输入年龄、身高和体重信息，再显示在屏幕上。

案例 7-格式化输入

源程序：

```
#include<stdio.h>
int main()
{
    int age;
    float weight;
    double height;
    printf("输入年龄、体重和身高，使用逗号分隔数据\n");
    scanf("%d,%f,%lf",&age,&weight,&height);//输入年龄、体重和身高
    printf("年龄=%d,体重=%f,身高=%f\n",age,weight,height);
    return 0;
}
```

运行结果 1：

```
输入年龄、体重和身高，使用逗号分隔数据
20,65,1.87
年龄=20,体重=65.000000,身高=1.870000
```

运行结果 2：

```
输入年龄、体重和身高，使用逗号分隔数据
20,65 1.87
年龄=20,体重=65.000000,身高=0.000000
```

解析：

本例中定义变量 age、weight 和 height，类型分别为 int、float 和 double。代码中使用函数 scanf 为这 3 个变量输入数据。在 scanf 的第 1 个参数中，%d、%f 和%lf 分别与后面参数&age、&weight 和&height 相对应。

scanf 之所以被称为格式化输入函数，是因为该函数要求用户（这里用户是指使用程序的人），一定要按照指定格式输入数据。本例中 scanf 的格式为："%d,%f,%lf"，即先输入一个整数，接下来输入一个逗号，再输入一个浮点数，再次输入一个逗号，最后还要输入一个浮点数。

运行结果 1 演示输入成功的情况，运行结果 2 演示输入失败的情况。在运行结果 2 中，用户输入 20,65 1.87，注意 65 和 1.87 之间有一个空格，不是格式要求中的逗号。由此产生的结果是 20，正确存入变量 age，65 正确存入变量 weight，而变量 height 却没有获得 1.87。

3．使用空白符分隔输入数据

大多数情况下，使用一条 scanf 语句输入多个变量时，不需要在格式中指定分隔符号，即类型说明之间没有其他符号。例如，"%d,%f,%lf"可写成"%d%f%lf"。用户输入时，使用空格、换行或制表符（键盘上的 Tab 键）分隔数据，scanf 将自动忽略这些分隔符号。

【案例 8】输入时使用空白符分隔数据。

源程序：

```
#include<stdio.h>
int main()
```

```
{
    int i1,i2;
    scanf("%d%d",&i1,&i2);          //输入两个整数，格式之间没有分隔符
    printf("i1=%d,i2=%d\n",i1,i2);
    return 0;
}
```

运行结果1：

```
1 2
i1=1,i2=2
```

运行结果2：

```
1
2
i1=1,i2=2
```

解析：

在运行结果1中，用户输入1和2时使用空格分隔；运行结果2中，用户使用换行分隔数据。这两种输入方式可以达到相同的效果。

4. %c不会忽略空白符

使用%d、%f和%s等输入数据时，scanf自动忽略分隔符。但这种方法对char类型数据的输入并不适用，因为空格、换行和制表符等也属于一个字符。若格式中存在%c，scanf将不再忽略任何字符，而是为相应变量读取这个字符。如果实际问题中不想读入这些表示分隔的符号，则往往需要在程序中对输入的字符数据"多读一次"。

【案例9】 输入年龄和性别。

源程序：

```
#include<stdio.h>
int main()
{
    int age;
    char gender,tmp;
    printf("输入年龄和性别（F/M）\n");
    //在读入年龄和性别之间多读一个字符
    scanf("%d%c%c",&age,&tmp,&gender);
    printf("您的年龄是%d 岁，性别%c\n",age,gender);
    printf("分隔符的 ASCII 是%d\n",tmp);
    return 0;
}
```

运行结果1：

```
输入年龄和性别（F/M）
18 F
您的年龄是18 岁，性别F
分隔符的ASCII 是32
```

运行结果 2：

```
输入年龄和性别（F/M）
18
M
您的年龄是 18 岁，性别 M
分隔符的 ASCII 是 10
```

解析：

本例的代码中 int 类型变量 age 用于保存年龄，char 类型变量 gender 用于保存代表性别的字符，char 类型变量 tmp 用于保存分隔符。为了能够在读入 age 变量后，再为变量 gender 读入正确的字符，scanf 中的%d 后面连续使用了两个%c。第一个%c 对应变量 tmp，第 2 个%c 对应变量 gender。

运行结果 1 中，用户使用空格分隔输入的年龄和性别；运行结果 2 中，分隔符使用了换行符。另外，运行结果的最后部分显示了分隔符对应的 ASCII 码值。

2.4.3 字符的输入和输出

字符的输入与输出

除 scanf 和 printf 函数外，标准库中的 getchar 和 putchar 函数专门用于字符的输入和输出。下面的代码片段演示了这两个函数的使用方法：

```
char c;
c=getchar();      //与 scanf("%c",&c);作用相同
putchar(c);       //与 printf("%c",c);作用相同
```

【练习 9】模仿案例 6 使用 printf 输出今天的天气情况，温度、湿度、风力等变量数据利用“占位”形式输出。

【练习 10】改写案例 6，要求输出小明体重和身高信息时保留 2 位小数。

【练习 11】使用%u、%o 和%x 分别输出 123 和-1，并观察显示结果，分析原因。

【练习 12】尝试分别使用%d 和%lld 输出 long long 型数据 9876543210，并观察显示结果。

【练习 13】定义 double 变量 d，输入变量 d，用四舍五入方法输出整数部分。

【练习 14】在程序中定义一些变量，表示某人的出生日期、身高和体重信息，将自己的信息输入这些变量，并输出。

2.5 运算符与表达式

形如“1+x”的式子，称为表达式，其中的符号+是运算符（也称操作符）。特别地，“1+x”中的常量 1 和变量 x，也都是表达式（表达式中的子表达式）。

C 语言中，单独的常数、变量以及有返回值的函数调用被视为简单表达式，简单表达式和运算符按照一定规则组合起来称为复合表达式。学习运算符和表达式时，需要关注运算符的 3 个要素。

（1）符号：C 语言的运算符可能使用一个符号表示，例如，+表示加法运算符；也可能使用多个符号表示，例如，>=表示大于或等于运算符。另外，C 语言还有一个符号代表多种运

算的情况，例如，-既表示加法运算符又表示负号运算符。

（2）目数：C 语言运算符根据操作数个数的不同，可分为单目运算符、双目运算符和三目运算符，有时也称作一元运算符、二元运算符和三元运算符。

（3）优先级和结合性：在由多个运算符构成的复合表达式中，存在子表达式计算次序的问题。C 语言为每个运算符规定了优先级和结合性。在复合表达式中，优先级高的运算符先被计算，例如，在 1+2*3 中，先算乘法再算加法。当多个运算符优先级相同时，结合性决定是“从左向右”依次计算，还是“从右向左”依次计算，例如，在 6-2+1 中，-和+的优先级相同，从左向右依次计算，获得结果 5。本书的附录 B 提供 C 语言运算符的优先级和结合性。

本节介绍 C 语言中的算术、赋值等运算符以及由这些运算符构成的表达式。

2.5.1 算术运算符和算术表达式

算术运算符

1. 基本算术运算符

支持算术运算是计算机的基本功能之一。C 语言为基本算术运算提供了 7 个运算符，具体符号和名称如表 2.9 所示。

表 2.9 算术运算符

运算符	+	-	+	-	*	/	%
名称	正	负	加	减	乘	除	模

值得注意的是，符号“+”和“-”既分别代表正和负运算符，又分别代表加和减运算符。当“-”表示负号时，代表“求负数”运算。例如，-x 表示与变量 x 符号相反的值。而“+”表示正号时，没有任何“计算”发生。例如，+5 表示 5，+x 表示 x，等等。切忌不可把正号当作求绝对值的运算符。

2. 算术表达式

由算术运算符和子表达式组成的复合表达式称为算术表达式。C 语言基本算术表达式的一般形式如下：

```
单目算术运算符 表达式
表达式 1 双目算术运算符 表达式 2
```

运算符+（正）和-（负）是单目算术运算符，使用时运算符出现在操作数的左侧。例如，+5、-x 等。其他 5 个运算符是双目运算符，使用时运算符出现在两个操作数中间。例如，8-5、x*y 等。

注意： 乘法表达式中的符号“*”，不能像在“数学公式”中那样省略不写。例如，不能将 x*y 简写成 xy。如果代码中恰好已定义标识符 xy，程序将出现难于发现的逻辑错误。

3. 除法运算规则

运算符“/”用于浮点数和整数的除法运算。C 语言对于浮点数采用普通除法运算，而对于整数则采用整除运算。也就是说，当“/”的两个操作数都是整数时，计算得到的商也是整数，这个整数商是真实商的整数部分（取整）。例如：

```
19/5;        //结果等于 3，而不是 3.8
-19/5;       //结果等于-3，而不是-3.8
```

若要获得更加精确的结果，则可以利用精度提升隐式转换规则，将表达式写成 19.0/5 或 19/5.0。

4. 模运算规则

模运算就是求余数运算，运算符“%”只能用于整数。例如，19%5 是合法表达式，而 19.0%5 不是合法表达式。

另外，负整数也可以作为模运算的操作数，运算结果的符号与被除数符号相同。例如，19%-5 的结果是 4，-19%5 的结果是-4，等等。下面的案例 10 输出系统的格林威治时间，在完成本项目实践任务时，可以参考这个案例。（注：格林威治时间为格林尼治标准时间的旧称）

【案例 10】输出系统格林威治时间。

案例 10-输出格林威治时间

源程序：

```
#include<stdio.h>
#include<time.h>
int main()
{
    int t=time(0);                    //读取系统时间
    int hour=t%(3600*24)/3600;        //提取小时
    int minute=t%3600/60;             //提取分钟
    int second=t%60;                  //提取秒
    printf("格林威治时间%02d:%02d:%02d\n",hour,minute,second);
    return 0;
}
```

运行结果：

```
格林威治时间 11:28:48
```

解析：

本例的代码中，包含文件 time.h 的目的是使用其中的库函数 time。函数调用 time(0)返回 1970 年 1 月 1 日 0 时 0 分 0 秒至调用函数那一刻经过的总秒数。因此，变量 t 以总秒数的方式保存了当前系统时间。另外，这个时间是世界标准时间，比北京时间“慢”8 个小时。

在表达式 t%(3600*24)/3600 中，3600*24 表示一天，t%(3600*24)表示在 t 中刨除整天后所剩的秒数，即当日 0 时 0 分 0 秒至此刻经过的秒数，最后使用这个秒数整除以 3600，便得到了当前时间中的“时”。类似地，表达式 t%3600/60，先在 t 中刨除整小时数，再整除以 60，便得到“分”；表达式 t%60 直接在 t 中刨除整分，得到“秒”。

多学一点：

C 语言中，运算符“%”仅用于整型数据。如果程序中需要对浮点数求余数，则可以使用文件 math.h 中的库函数 fmod。该函数有两个参数，分别代表被除数和除数。例如，fmod(2.7,1.3)将返回 0.1，即 2.7 对 1.3 的余数。

5. 自增和自减运算符及其表达式

自增与自减运算

C 语言中，“++”和“--”表示自增和自减运算符。与基本算术运算不同的是，自增和自减运算的操作数必须是变量，并且在运算结束后，相应变量的值会发生改变。

“++”和“--”运算符分别有前缀和后缀两种形式。更准确地说，“前缀++”和“后缀++”是两个不同的运算符，“前缀--”和“后缀--”也是两个不同的运算符。表 2.10 给出这 4 个运算符的使用方法和作用，假设实例中变量 a、b、c 和 d 运算之前的值为 5。

表 2.10　自增和自减运算符的使用方法和作用

运　算　符	示　　例	作　　用	返　回　值
前缀++	++a	使 a 增 1，变成 6	返回 a 增 1 后的新值 6
后缀++	b++	使 b 增 1，变成 6	返回 b 增 1 前的旧值 5
前缀--	--c	使 c 减 1，变成 4	返回 c 减 1 后的新值 4
后缀--	d--	使 d 减 1，变成 4	返回 d 减 1 前的旧值 5

由表 2.10 中的示例可知，“前缀++”和“后缀++”两个运算符的作用相似，即都能为变量增 1。二者的区别在于，作为表达式时的返回值不同，“前缀++”返回变量增 1 后的新值，“后缀++”返回变量增 1 前的旧值。“前缀--”和“后缀--”运算符的异同与“++”类似，这里不再赘述。

注意：自增和自减运算的操作数必须是变量名或其他代表变量的表达式。而常数、算术表达式等代表一个临时值的表达式不能作为这些运算符的操作数。例如：

```
int x=5,y=5;
++x;            //正确，x 由 5 变 6，返回 6
y++;            //正确，y 由 5 变 6，返回 5
5++;            //错误，5 是常数
++5;            //错误，5 是常数
(-x)++;         //错误，-x 代表临时值-6
++(x+8);        //错误，x+8 代表临时值 14
```

【案例 11】阅读代码，观察运行结果，理解前缀++和后缀++的异同。

源程序：

```
#include<stdio.h>
int main()
{
    int x=99,y=99;                  //定义两个初值相同的变量
    printf("自增前：x=%d,y=%d\n",x,y);
    int tx=++x;                     //前缀++
    int ty=y++;                     //后缀++
    printf("自增后：x=%d,y=%d\n",x,y);
    printf("自增后：tx=%d,ty=%d\n",tx,ty);
    return 0;
}
```

运行结果：

```
自增前：x=99,y=99
自增后：x=100,y=100
自增后：tx=100,ty=99
```

解析：

本例的代码中定义变量 x 和 y，全部初始化为 99。变量 tx 保存表达式++x 的返回值，变量 ty 保存表达式 y++的返回值。对比运行结果可发现，变量 x 和 y 的值均被增 1，变成了 100，而 tx 和 ty 保存的表达式返回值则有不同取值，tx 值为 100 是变量 x 自增后的值，ty 值为 99 是变量 y 自增前的值。

6．算术运算符的优先级和结合性

本节介绍了 11 个算术运算符，它们的优先级和结合性如表 2.11 所示。

表 2.11　算术运算符的优先级和结合性

运　算　符	优　先　级	结　合　性
后缀++、后缀--	高 ↓ 低	不能结合使用
前缀++、前缀--、+（正）、-（负）		从右向左
*、/、%		从左向右
+（加）、-（减）		从左向右

2.5.2　赋值运算符和赋值表达式

为变量代表的内存空间存入一个值的操作称为赋值，例如，x = 5，就是将 5 赋值给变量 x。如果将内存空间想象成一块黑板，那么赋值就是擦掉黑板原有内容并写上新内容的操作。

C 语言为赋值操作提供了多个运算符，本节只介绍基本赋值运算符“=”，以及一些与算术运算有关的复合赋值运算符。

1．基本赋值运算符及表达式

符号“=”，读作赋值号，是 C 语言中最常用的赋值运算符。由“=”构成的赋值表达式一般形式如下：

```
变量名 = 表达式
```

赋值运算符“=”是双目运算符，与加法等算术运算符不同的是，赋值运算符左侧必须是变量名（或其他代表变量的表达式），而常数、算术表达式等代表一个临时值的表达式不能放在“=”的左侧。例如：

```
int x=100;
x=1 ;      //正确，x 是变量
2=1 ;      //错误，2 是常数
x+2=1 ;    //错误，x+2 不是变量，代表临时值 3
-x=1 ;     //错误，-x 不是变量，代表临时值-1
+x=1 ;     //错误，虽然+x 与 x 的值相同，但+x 不是变量，仅仅表示 x 的值 1
```

上面代码片段中，只有 x=1 是合法的赋值表达式，其功能是将 1 存入变量 x 代表的内存空间。而 2、x+2、−x、+x 等表达式仅代表临时值，将这种表达式放在“=”的左侧属于编译错误。

另外，定义变量时为变量赋初始值也需要使用符号“=”。例如，上面代码片段中的 int x=100，但 int x=100 不是赋值表达式，仅仅是一种初始变量的表达方法而已。

2．复合赋值运算符及表达式

C 语言将赋值操作与双目算术运算相结合，提供了“+=”、“−=”、“*=”、“/=”和“%=”5 个复合赋值运算符，分别读作“加等”、“减等”、“乘等”、“除等”和“模等”。这 5 个复合运算符都是双目运算符，由其构成的表达式属于赋值表达式，形式与由“=”构成的表达式相似。表 2.12 给出了这些运算符的使用方法和作用。

表 2.12　复合赋值运算符的使用方法和作用

运算符	示例	作用
+=	x+=2	x=x+2
−=	x−=2	x=x−2
*=	x*=2	x=x*2
/=	x/=2	x=x/2
%=	x%=2	x=x%2

与运算符“=”类似，这 5 个运算符也会修改变量的值，只有变量名或其他代表变量的表达式才能放在运算符的左侧。

3．赋值表达式的“副作用”和返回值

由“=”、“+=”、“−=”、“*=”、“/=”和“%=”构成的赋值表达式，以及自增、自减表达式，能够修改一个变量的值。在程序设计的术语中，将修改变量值的行为称为表达式的“副作用”。之前介绍的基本算术表达式没有“副作用”。例如，−x 不修改 x 的值、x+y 不修改 x 和 y 的值，等等。

C 语言中，表达式代表一个具有数据类型的返回值。例如，表达式 1+2 返回整数值 3，表达式 1+2.0 返回双精度浮点数 3.0，等等。与其他表达式一样，赋值表达式也有返回值。C 语言规定，双目赋值运算符构成的表达式，返回表达式左边变量的值。例如：

```
int x;
x=100;
x+=2;
```

上面代码片段中，表达式 x=100 被执行后，变量 x 被存入 100（这是表达式的副作用），并返回 x 的值 100（这是表达式的返回值）；表达式 x+=2 被执行后，变量 x 被增加 2 变成 102（这是表达式的副作用），并返回 x 的值 102（这是表达式的返回值）。

接下来再使用一个例子帮助读者进一步理解赋值表达式的副作用和返回值。假设程序中使用变量 weight 表示小明的体重有 100 斤，语句应写成：

```
int weight=100;              //此处=用于定义变量的初始，不是赋值表达式，没有返回值
```

小明拿着 2 斤重的水果称体重，可表示为：

```
printf("%d",weight+2);
```

其中，表达式 weight+2 的返回值为 102，代表小明和水果的重量之和。此时，小明的体重 weight 仍为 100，说明表达式 weight+2 没有副作用。

小明将 2 斤水果吃掉后，再称体重，可表示为：

```
printf("%d",weight+=2);
```

其中，表达式 weight+=2 的返回值为 102，代表小明吃掉水果后的体重。此时，小明的体重 weight 由 100 变成了 102，这就是表达式 weight+=2 的副作用。

4. 双目赋值运算符的优先级和结合性

本节介绍的 6 个双目运算符的优先级相同，比算术运算符“+”（加）和“-”（减）的优先级低。结合性方面，6 个双目运算符的结合方向都是从右向左（这与其他双目运算符不同）。

程序设计中，可以利用赋值表达式的返回值和结合方向，同时为多个变量赋值。例如，在表达式 x=y=1 中，先计算 y=1，将 1 存入 y 后，表达式 y=1 返回结果为 1（y 的值），这个返回值 1 继续与“x=”结合形成下一个赋值表达式 x=1，从而使 x 也被赋值为 1。

【案例 12】 阅读代码，观察运行结果，理解双目赋值运算符的作用。

源程序：

```
#include<stdio.h>
int main()
{
    int x,y;
    printf("赋值前：x=%d,y=%d\n",x,y);
    x=5;                    //使用=赋值
    y=10;                   //使用=赋值
    printf("赋值后：x=%d,y=%d\n",x,y);
    printf("------------------\n");
    printf("加等前：x=%d,y=%d\n",x,y);
    x+=y;                   //使用+=赋值
    printf("加等后：x=%d,y=%d\n",x,y);
    return 0;
}
```

运行结果：

```
赋值前：x=0,y=1577824
赋值后：x=5,y=10
------------------
加等前：x=5,y=10
加等后：x=15,y=10
```

解析：

本例的代码中定义变量 x 和 y 时，没有对其初始化，变量的取值不确定。运行结果中显示两个变量分别等于 0 和 1577824 仅仅是“巧合”，如果换成其他系统或编译环境，则可能显示其他值。

语句“x=5;”和“y=10;”完成对两个变量的赋值。运行结果显示赋值操作立即生效。

在赋值语句“x+=y;”中，x 放在运算符左侧，y 放在右侧，对比运行结果中“加等前”和“加等后”两个变量的值，可发现 x 的值增加了 10，而 y 的值不变。

多学一点：

前文中曾多次使用“变量名或其他代表变量的表达式”这一词汇，来说明什么样的表达式，可以放在“=”、“+=”的左侧，成为自增、自减运算符的操作数。实际上，“变量名或其他代表变量的表达式”可以使用程序设计中的术语“左值”来概况。

左值一词的字面意思是能够放在“=”左侧的表达式，后引申为这一类表达式的统称。左值这种表达式代表一段可以被用户修改的存储单元，最简单的左值就是变量名，复杂一些的左值则需要使用特定的运算符进行表达。C 语言中能够组成左值的运算符只有 4 个，后续章节会一一介绍。目前阶段读者只要知道变量名是左值就可以了。之所以介绍左值这一词汇，是因为在编译器报出的错误中可能出现英语词典中查不到的单词“lvalue”，即 left value（左值）。

2.5.3 逗号运算符和逗号表达式

在 C 语言程序中，逗号“,”不仅是起到分隔作用的标点符号，也是一种运算符。由逗号运算符和子表达式组成的复合表达式称为逗号表达式，逗号表达式的一般形式如下：

```
表达式 1 , 表达式 2
```

计算逗号表达式时，先计算表达式 1，再计算表达式 2，最后返回表达式 2 的结果作为逗号表达式的值。逗号运算符的优先级在所有 C 语言运算符中最低，结合性从左向右。例如：

```
x=1,y=2,z=3;
```

其中，3 个赋值表达式 x=1、y=2 和 z=3 依次执行。

逗号运算符本身不发生任何计算，其作用就是将两个表达式合并为一个逗号表达式。程序设计中可以完全不使用逗号表达式。例如，语句“x=1,y=2,z=3;”可以拆分成 3 条语句。但是，在一些需要指定多个子表达式执行次序的情形中，使用逗号表达式能起到简化代码的作用。关于逗号表达式的“合理使用”，需要用到循环语句，本书将在 4.1 节给出相关案例。

2.5.4 sizeof 运算符及表达式

C 语言提供 sizeof 运算符，用于求表达式或数据类型在内存中占用的字节数，其表达式一般形式如下：

```
sizeof 表达式
sizeof (类型名)
```

sizeof 表达式以无符号整数的形式返回操作对象占用的字节数，当 sizeof 的操作对象是表达式时，不需要加括号；当操作对象是类型名时，需要加括号。例如：

```
sizeof 1.8;       //返回 8，表达式作操作数
sizeof (char) ;   //返回 1，类型作操作数
```

sizeof 的优先级与正号、负号等运算符优先级相同，结合性也是从右向左。

练一练

【练习 15】修改案例 11 的代码，将其中的++换成--，观察运行结果并分析原因。

【练习 16】指出表 2.13 中算术表达式的值和类型，并使用 printf 输出。

表 2.13 算术表达式

1+3.5	3.5f+8	'A'+1	7/3/2	7/(3/2)	−7%3	−7%−3	7%−3

【练习 17】分析下面程序的输出结果。

源程序：

```
#include<stdio.h>
int main()
{
    int a=33,b=33,c=4,d=4;
    a%=c++;
    b%=++d;
    printf("%d,%d,%d,%d\n",a,b,c,d);
    return 0;
}
```

【练习 18】分析下面程序的输出结果。

源程序：

```
#include<stdio.h>
int main()
{
    printf("%d\n",sizeof 1.2 + 4);
    printf("%d\n",sizeof (1.2 + 4));
    printf("%d\n",sizeof - 3.8);
    printf("%d\n",- sizeof 3.8);
    return 0;
}
```

【练习 19】使用 sizeof 运算符和 printf 函数，打印表 2.3 和表 2.4 中数据类型占用的字节数。

知识拓展：简单代码调试

程序中出现的错误通常被称为 bug，找出并纠正错误的过程被称为调试（debug）。错误可分为语法错误和语义错误。

1. 语法错误

源代码中出现的“写错变量名”、“漏写分号”等属于语法错误，编译器能够帮助用户检查语法错误，所以语法错误也被称为编译错误。

如果代码中存在语法错误，则在 Dev-C++中单击“编译”按钮后，下方子窗口中将会出现错误提示，双击错误提示，出错的那行代码将被高亮显示，如图 2.7 所示。

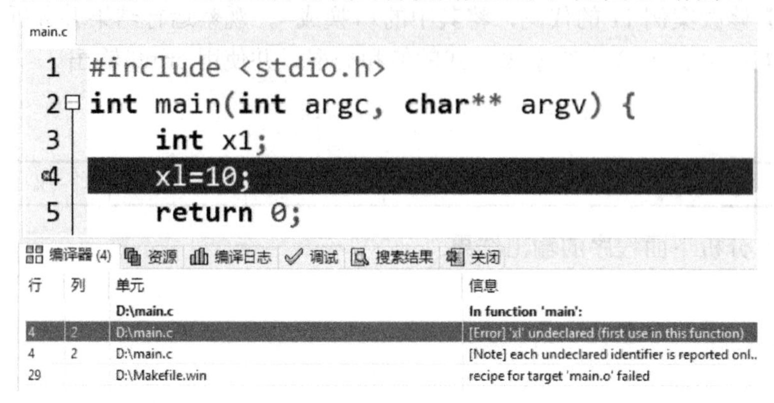

图 2.7　语法错误——标识符未声明

图 2.7 中展示的语法错误“'xl' undeclared”的意思是“没有声明标识符 xl”，出错位置是第 4 行代码。代码中，第 3 行定义变量 x1（1 是数字），而第 4 行错误地写成了 xl（l 是 L 的小写）。

由于编译器从上向下扫描代码，所以有时编译器定位的出错位置比实际出错位置靠后，如图 2.8 所示。

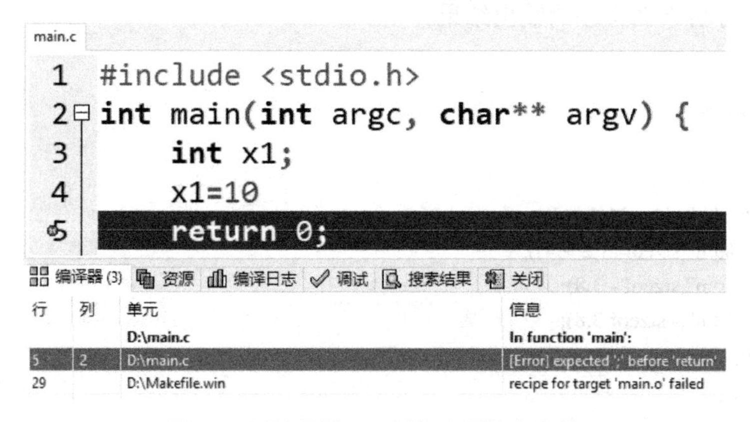

图 2.8　语法错误——语句末尾缺少分号

图 2.8 中展示的语法错误“expected ';' before 'return'”的意思是“希望 return 的前面有一个分号;”，Dev-C++给出的出错位置是第 5 行的行首，但是缺少分号的是第 4 行的行尾。在有些情况下，报错位置与实际出错位置可能相差很多行代码，例如，代码缺少右花括号，编译器一直向后扫描，直到确定无法匹配花括号时，才会报告错误。

在代码（注释除外）中输入中文字符也会引发编译错误，特别是在中文输入状态下，全角的分号、逗号、引号等与相应的半角符号有时很难分辨，如图 2.9 所示。

图 2.9 中展示的语法错误“stray'\243' in program”和“stray'\273' in program”的意思是“程序中存在无法识别的字符，字符的编码值是 0243 和 0273”，这里 0243 和 0273 是用八进制表示的整数。图 2.9 中第 4 行末尾的分号是全角字符，相当于两个半角字符，所以编译器认为这里有两处错误。

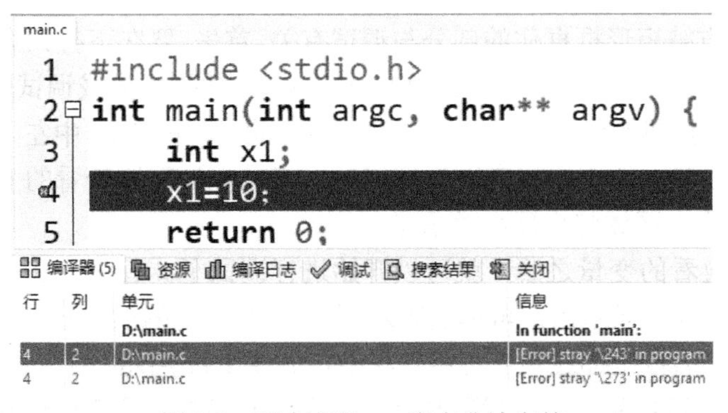

图 2.9 语法错误——存在非法字符

以上列举了初学者在编写程序时，经常犯的三种语法错误。实际上，语法错误的种类还有很多，无法一一举例。但语法错误能被编译器查出，并且很容易纠正。

2. 语义错误

代码通过编译并链接之后，就可以执行了。但这并不意味着代码完全正确，其中还可能存在语义错误。语义错误通常表现为“程序异常终止”、“无限等待”以及“错误的运行结果”。

（1）“程序异常终止”又被称为运行错误，一般是由用户程序非法访问内存造成的，初学者最常犯的运行错误是 scanf 中忘记对变量取地址，例如，在 scanf("%d",x)中，应对 x 取地址，即&x。

（2）“无限等待”表现为控制台窗口中的光标不停闪烁。此类错误与循环语句有关，读者可参见项目 4 的内容。

（3）“错误的运行结果”说明程序中存在逻辑错误，产生逻辑错误的原因很多，只能具体问题具体分析。

出现以上语义错误时，可以使用集成开发环境中的调试功能进行程序调试。在不同集成开发环境中，调试程序的方法不同。但一般都会提供“单步执行”、“设置断点”等调试功能，帮助程序员在“复杂”程序中发现语义错误。这里介绍在 Dev-C++中调试程序的方法。

打开 Dev-C++软件，输入没有语法错误的代码，如图 2.10 所示。

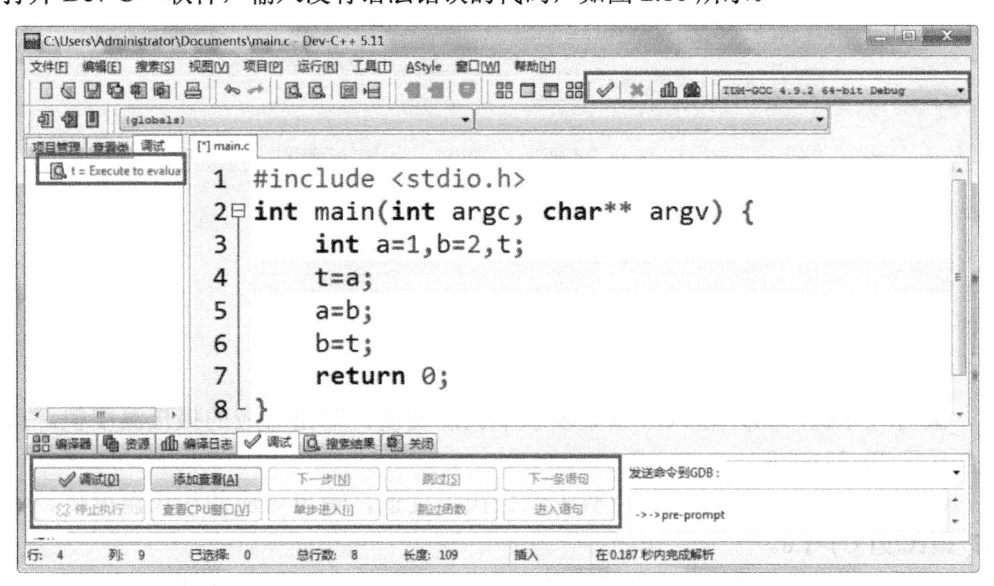

图 2.10 开启调试功能

图 2.10 中右上方被矩形框框住的部分与调试有关。首先，要在下拉列表中选择“TDM-GCC 4.9.2 64-bit Debug”或“TDM-GCC 4.9.2 32-bit Debug”，此操作生成调试版本的程序。然后，单击“√”按钮，该按钮的作用就是开启调试功能。此时，图 2.10 中左下方被矩形框框住的部分就会出现，单击其中的“添加查看”按钮后，可以添加需要查看的变量，每添加一个变量后，图 2.10 左侧空白区域将出现相关信息。

在添加完需要查看的变量之后，就可以开始进行调试了。首先，在代码中单击某行代码的行号，在该行代码高亮显示后，再单击表示调试的“√”按钮。此时，会发现图 2.10 中左下方所有与调试相关的按钮都进入“可用”状态，如图 2.11 所示。

图 2.11 展示的调试是从第 3 行代码开始的，当前即将进入第 5 行代码的执行。每次单击“下一步”按钮，程序就会执行一条语句，用户可以通过窗口中左侧部分的显示，查看相关变量在此刻的取值。

另外，如果程序的规模较小，也可以使用“暴力调试”的方法。所谓“暴力调试”是指使用 printf 等输出函数，在“重点嫌疑”的代码段处输出有关变量的值，通过观察输出结果，逐步缩小“侦查范围”，分析出错原因。另外，使用“暴力调试”时，还可借助库函数 system 调用系统命令 system("pause")，可使程序暂停。

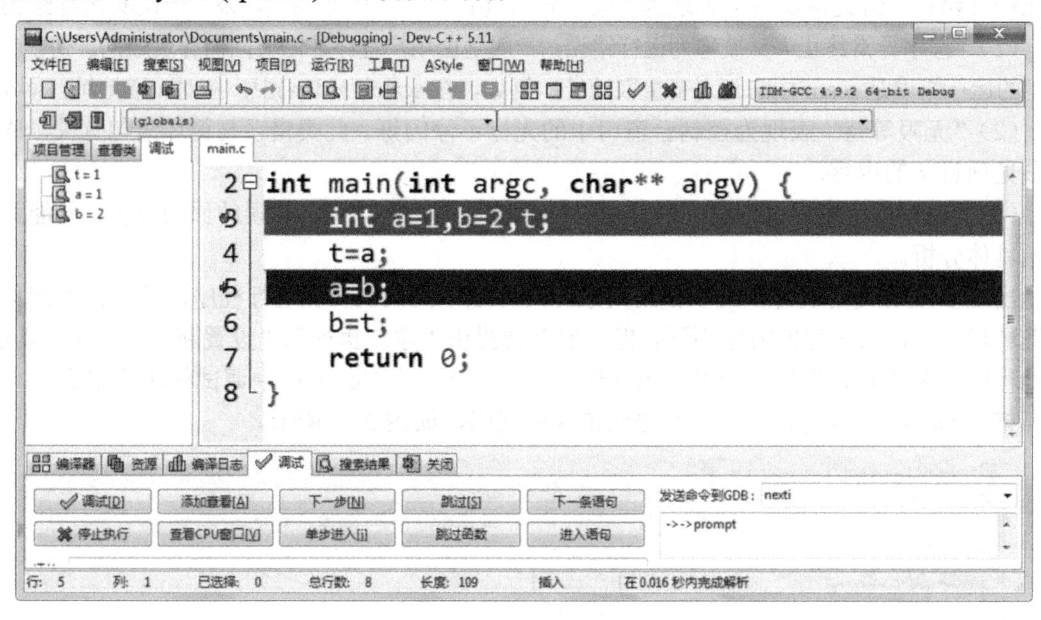

图 2.11 进入调试

综合练习

1．编写程序提示用户输入浮点数表示华氏温度值，输出对应的摄氏温度值。摄氏度(℃)=(华氏度(F)−32)÷1.8。

2．编写程序提示用户输入浮点数表示摄氏温度值，输出对应的华氏温度值。华氏度(F)=32+摄氏度(℃)×1.8。

3．2024 年元旦是星期一，编写程序输出 2424 年元旦是星期几，如果是星期天，则输出

0。提示，每 400 年中有 97 个闰年，所以 2424 年元旦与 2024 年元旦相差 365×400+97 天。

4．假设当前日期是星期三，编写程序接收用户输入的整数 x，输出 x 天后是星期几。例如，如果用户输入 1，则输出 4；如果用户输入-1，则输出 2。

拓展案例

中国科学家屠呦呦
--药学领域的女性先驱和诺奖得主

屠呦呦，女，汉族，1930 年 12 月 30 日出生于浙江宁波，中国药学家，中科院院士。她是青蒿素的发现者，因其在抗疟疾方面的突出贡献而获得了 2015 年诺贝尔生理学或医学奖。她是第一位获诺贝尔科学奖项的中国本土科学家。

屠呦呦是一位严谨的科学家，她在中药研究领域的突出成就离不开这种严谨的工作态度。她不仅在实验室中进行了大量的实验和研究，还对每一个细节都非常注重，精心设计每个实验步骤，还对数据进行反复核对和比对，保证了数据的准确性和实验的可靠性。在寻找新药物的过程中，经常会亲自到野外调查和采集植物，对每一个细节进行精心研究，她的团队也注重对药物的制备、质量控制和临床实验的把控，以确保药物的安全性和有效性。

正是因为屠呦呦的严谨科学态度和道德标准，才推动了中药研究向前发展，并为后来的中药研究者树立了榜样。她的事迹也提醒我们，在科研和创新中，要秉持高尚的科学精神，严谨地对待每个环节，才能获得真正的科学成果，同时也要坚持道德和伦理的标准，以此促进科技创新与社会的和谐发展。

项目 3

身份证号码归属地查询——选择结构与应用

学习目标 

❖ 知识目标

- 掌握逻辑运算和关系运算
- 掌握 if、switch 条件选择结构
- 掌握 break 关键字

❖ 技能目标

- 能够使用选择结构解决实际问题
- 了解分支选择结构设计规范

❖ 素质目标

- 践行职业精神，培养良好的职业品格和行为习惯
- 培养爱乡情怀，树立为建设家乡而刻苦学习的目标

通过前面的学习，对 C 语言的基础内容（数据类型、常量变量、表达式、语句、格式化输入/输出等）已有了初步认识，并了解代码的基本结构分为：顺序、选择和循环三种。本项目主要介绍可使程序根据测试条件有选择地执行对应的选择结构（也称为分支结构），包括 if、if-else、switch 等分支语句，以及关系运算符和逻辑运算符等。通过案例和练习中结合浙江省行政规划的一些常识，体验“学以致用”，带来成就感的同时，也达到培养爱乡情怀的目的。最后的知识拓展部分，介绍分支结构中的编码规范，以此引导学生形成良好的职业品格和行为习惯。

任务描述：浙江省身份证号码归属地查询

我国第二代身份证号码由 18 位数字构成，前 6 位是地址码，表示登记户口所在地的行政区划代码。其中，前 2 位代表所属省份（例如，33 代表浙江省），第 3、4 位代表所属城市（例如，3303 中的 03 代表温州市），第 5、6 位代表所属区县（例如，330302 中的 02 代表鹿城区）。

此次任务是使用本项目介绍的分支结构实现一个浙江省身份证号码归属地查询程序。具体要求如下：

（1）接受用户输入身份证号码的前 6 位。

（2）截取用户输入 6 位号码中的前 4 位，并结合表 3.1 输出用户输入号码对应的城市名称。

表 3.1　浙江省行政区划代码

代　码	城　市	代　码	城　市	代　码	城　市	代　码	城　市
3301	杭州市	3302	宁波市	3303	温州市	3304	嘉兴市
3305	湖州市	3306	绍兴市	3307	金华市	3308	衢州市
3309	舟山市	3310	台州市	3311	丽水市		

（3）截取用户输入 6 位号码中的第 5、6 位，与前 4 位表示的城市相结合，输出用户输入号码对应的区县（实现 2 个城市的区县代码查询即可）。读者可以使用“XX 市行政区划代码”为关键词，在互联网中查询获得具体城市所辖区县行政规划代码的信息。

3.1　判定条件

在程序设计的顺序结构中，语句从上至下依次执行。然而，这种简单的语句执行方式无法满足程序设计的全部需求。例如，输出两个整数的较大者；根据输入的身份证号码输出号码持有人归属地、出生日期、性别等信息；校图书馆管理系统的“还书”模块中，根据借书天数是否超过期限来决定是否对借书人进行罚款等。在处理这些问题时，由于输入信息的随机性，需要根据判定条件来选择不同的后续操作。那么，C 语言如何表示判定条件呢？本节的内容将回答这个问题。

3.1.1　关系运算符和关系表达式

关系运算符

1. 关系运算符

程序设计中，经常需要比较两个表达式值的大小。例如，在求变量 x 的绝对值时，需要判断 x 是否小于 0，是则返回-x，否则返回 x。C 语言提供了“==”、“<”等 6 个关系运算符，用于数值类型表达式大小关系的比较，这 6 个运算符的具体写法和含义如表 3.2 所示。

表 3.2　关系运算符

运算符	<	<=	>	>=	==	!=
名称	小于	小于或等于	大于	大于或等于	等于	不等于

2. 关系表达式

C 语言提供的 6 个关系运算符全部是双目运算符，即需要 2 个表达式作为运算符的左、右操作数。用关系运算符将两个表达式连接起来的式子称为关系表达式。

关系表达式的计算结果是一个逻辑值，只有“真”和“假”两种可能的取值，即关系表达式成立时的结果为“真”，不成立时的结果为“假”。逻辑值又称布尔值，可在程序设计的选择结构中作为判定条件使用。

逻辑值“真”和“假”分别与 int 类型的 1 和 0 对应。关系表达式成立时，返回结果是 1；不成立时，返回结果是 0。关系表达式的一般形式为：

```
表达式1 关系运算符 表达式2
```

3. 关系运算符的优先级

在 C 语言中，关系运算符的优先级比双目算术运算符优先级低，例如，表达式“x+y < a−b”与表达式“(x+y) < (a−b)”的含义完全相同。另外，运算符“<”、“<=”、“>”和“>=”的优先级比运算符“==”和“!=”的优先级高。

4. 关系运算符的结合性

在结合性方面，全部 6 个关系运算符都是从左向右结合的，即相同优先级的运算符组成的复合表达式，需要从左向右依次计算。例如，表达式“1<x>5”是合法表达式，其结果是 0。因为，“<”和“>”的优先级相同，根据从左向右结合的原则，“1<x”先被计算，不论结果是 0 还是 1，都必然不“>”5，表达式“1<x>5”的结果一定是 0。

【案例 1】阅读代码，观察程序运行结果，理解关系表达式。

源程序：

```c
#include<stdio.h>
int main()
{
    printf("3 > 5 = %d\n",3>5);
    printf("3 < 5 = %d\n",3<5);
    printf("(3 < 5) + 99 = %d\n",(3 < 5) + 99);          //关系运算的结果参与算术运算
    return 0;
}
```

运行结果：

```
3 > 5 = 0
3 < 5 = 1
(3 < 5) + 99 = 100
```

解析：

代码中，首先使用%d 的形式分别打印了关系表达式 3>5 和 3<5 的值。通过运行结果可以看出，C 语言使用 0 和 1 分别代表逻辑假和逻辑真。正是由于关系运算的结果是整数 0 或 1，所以关系表达式可以作为子表达式继续参与其他运算。

多学一点：

（1）C 语言将简便的写法“=”，留给了更加常用的赋值运算，而在判断两个表达式的值是否相等时，需要使用两个等号“==”。一个良好的编程习惯是，在判断变量与常数是否相等时，尽量把常数写在左侧。例如，“3==x”，即使误写成“3=x”，编译器能够报告“常数不能作为左值”的错误；如果把“x==3”误写成“x=3”，由于赋值表达式也存在返回值的原因，编译器不会认为“x=3”是语法错误，会将其成功编译，最终导致代码存在语义错误。

（2）由于二进制计算机无法精确保存十进制小数，故切忌不要使用“==”或“!=”去判断两个浮点数是否满足等于或不等于关系。3.2.2 节将使用一个案例来说明这一点。

（3）判断某个变量的取值是否在一定范围之内，一定要使用关系运算和逻辑运算结合的方式（3.1.2 节介绍逻辑运算符）。而程序设计初学者习惯的“数学公式”形式，例如，“1<x<9”，虽然是合法的表达式，但其语义是“判断 1<x 的结果是否小于 9”，而不是期待的“判断 x 取值是否在 1 至 9 之间”。

（4）实际上，C 语言中全部的数值类型（int、double 等）数据都可以作为判定条件使用，原则是“0 值为真，非 0 为假”。

思考：当 x=5 时，表达式 1<x<7 的值为多少？

提示：参考多学一点中的第（3）点知识，根据结合性应从左向右运算。

3.1.2　逻辑运算符和逻辑表达式

逻辑运算符

1．逻辑运算符及其运算规则

逻辑运算又称布尔运算，是数字符号化的逻辑推演方法。C 语言为逻辑运算提供了“&&”、“||”和“!”3 个运算符，分别表示逻辑运算中的“逻辑与”、“逻辑或”和“逻辑非”。参与逻辑运算的操作数的取值只有“真”和“假”两种可能。由于 C 语言中数值类型的数据可以当作逻辑值看待，所以数值类型数据也可以参与逻辑运算。数值类型数据参与逻辑运算时，使用“非 0 为真，0 为假”的原则进行转换。表 3.3 给出了这 3 种逻辑运算的规则。

表 3.3　逻辑运算符及运算规则

<table>
<tr><th>运算符</th><th>运　算</th><th>示　例</th><th>功　能</th><th>结　果</th></tr>
<tr><td>!</td><td>非</td><td>!a</td><td>非 a</td><td>如果 a 为真，则!a 为假
如果 a 为假，则!a 为真</td></tr>
<tr><td>&&</td><td>与</td><td>a&&b</td><td>a 与 b</td><td>如果 a 和 b 都为真，则结果为真，
否则结果为假</td></tr>
<tr><td>||</td><td>或</td><td>a||b</td><td>a 或 b</td><td>如果 a 和 b 都为假，则结果为假，
否则结果为真</td></tr>
</table>

提示：逻辑非运算相当于自然语言中的“非”、“不”等，例如，“太阳从东方升起”的结果是逻辑真，“太阳不从东方升起”的结果是逻辑假；逻辑与运算相当于自然语言中的“并且”，例如，“太阳从东方升起并且浙江省的省会是温州市”这句话的前半句为真，后半句为假，中间使用“并且”相连后，整体结果为假；逻辑或运算相当于自然语言中的“或者”，例如，“太阳从东方升起或者浙江省的省会是温州市”的整体结果为真。

2. 逻辑表达式

使用逻辑运算符连接起来的式子称为逻辑表达式。逻辑表达式和关系表达式一样，通常用于选择结构中的判定条件。C 语言中的三种逻辑表达式的一般形式为：

```
表达式 1 && 表达式 2
表达式 1 || 表达式 2
!表达式
```

例如，表达式 3>5 && 3<5 的结果是 0（逻辑假），表达式 3>5 || 3<5 的结果是 1（逻辑真），表达式!(3>5)的结果是 1（逻辑真），等等。

3. 逻辑“&&”和“||”的优先级

逻辑与运算符“&&”和逻辑或运算符“||”均为双目运算符，优先级比关系运算符低，例如，表达式“x>y && a<b”与表达式“(x>y) && (a<b)”的含义完全相同。另外，逻辑与“&&”的优先级比逻辑或“||”优先级高（“逻辑与”也称“逻辑乘”，“逻辑或”也称“逻辑加”，算术运算中乘法优先于加法，逻辑运算亦是如此）。

【案例 2】输入三个整数，判断以这三个整数作为边长能否构成三角形，如果能构成三角形则输出 1，否则输出 0。

案例 2-优先级

源程序：

```
#include<stdio.h>
int main()
{
    int a,b,c;
    printf("输入三个整数：\n");
    scanf("%d%d%d",&a,&b,&c);
//判断用户输入的 3 个数满足构成三角形的条件
    int result = a>0 && b>0 && c>0 && a+b>c && a+c>b && b+c>a;
    printf("result=%d\n",result);
    return 0;
}
```

运行结果 1：

```
输入三个整数：
1 2 3
result=0
```

运行结果 2：

```
输入三个整数：
2 3 4
result=1
```

解析：

在本例的代码中，复合表达式

a>0 && b>0 && c>0 && a+b>c && a+c>b && b+c>a

用于判断变量 a、b 和 c 的值表示的边长是否能构成三角形。其中的 6 个子表达式都属于关系表达式。前面的 3 个子表达式用于判断 3 个边长是否全都大于 0，后面的 3 个子表达式用于判断任意两边之和是否大于第 3 边。5 个“&&”运算符将 6 个关系表达式连接在一起，只有这 6 个条件同时成立时，整个复合表达式的结果才会为 1，其余情况复合表达式的结果均为 0。

4. 逻辑“&&”和“||”的结合性以及“短路计算”

在结合性方面，“&&”和“||”均从左向右结合。特别地，C 语言为了提高计算速度，为这两种运算设计了“短路计算”的方式。所谓的“短路计算”规定，计算“表达式 1 && 表达式 2”时，先计算表达式 1 的值，如果表达式 1 的值返回“假”，则表达式 2 的计算将被省略，原因是不论表达式 2 的值是“真”还是“假”，都不会影响整个逻辑表达式取值为“假”；类似地，计算“表达式 1 || 表达式 2”时，先计算表达式 1 的值，如果表达式 1 的值返回“真”，则表达式 2 的计算将被省略，整个逻辑表达式返回“真”。

注意：虽然，“短路计算”提高了计算机的处理速度，但破坏了“与”和“或”运算的“交换律”，使用不当将引发不可预测的错误。例如，表达式“x!=0 && y/x>1”表示“在 x 不等于 0 的前提下，判断 y 除以 x 的商是否大于 1”，交换“&&”左右操作数后，形成的表达式“y/x>1 && x!=0”，当 x 等于 0 时，存在 0 做除数的风险。再如，当双目逻辑运算的右侧表达式中包含“=”、“+=”、“++”这些赋值运算符时，赋值运算是否执行取决于左侧表达式的计算结果，表达式“x>y || ++z<10”中，如果“x>y”成立，则“++z”将得不到执行。

【案例 3】阅读代码，观察运行结果，掌握区间判断方法，理解“短路计算”规则。

源程序：

```
#include<stdio.h>
int main()
{
    int x=10;
//演示错误和正确的区间判断方法
    printf("错误的区间判断方法，2<x<9：%d\n",2<x<9);
    printf("正确的区间判断方法，2<x && x<9：%d\n",2<x && x<9);
    int y=5,z=5;
//演示短路计算
    printf("x<10 && ++y>5 的结果：%d\n",x<10 && ++y>5);
    printf("++z>5 && x<10 的结果：%d\n",++z>5 && x<10);
    printf("y=%d,z=%d\n",y,z);
    return 0;
}
```

运行结果：

```
错误的区间判断方法，2<x<9：1
正确的区间判断方法，2<x && x<9：0
x<10 && ++y>5 的结果：0
++z>5 && x<10 的结果：0
y=5,z=6
```

解析：

代码中，判断变量 x 是否大于 2 并且小于 9，正确的方法是使用表达式“2<x && x<9”，而不是“2<x<9”。表达式“2<x<9”的结果为 1，是因为先计算“2<x”得到 1，再计算“1<9”的值为 1，这显然不是希望的结果。

变量 y 和 z 均初始化为 5，表达式“x<10 && ++y>5”和“++z>5 && x<10”的结果也同为假，即 0。但由于“短路计算”的原因，相同初值的变量 y 和 z，经过两个逻辑结果相同的运算后，却得到不同的取值。

多学一点：

赋值运算、算术运算、关系运算以及逻辑运算在程序设计中的使用频率较高，而且在表述复杂逻辑时，经常需要使用运算符将多个子表达式连接为复合表达式。虽然，通过加括号的方式可以指定复合表达式中各子表达式的计算次序，但多层的嵌套使用括号也会降低代码的易读性。因此，了解常用运算符之间的相对优先级是有必要的。附录 B 提供了 C 语言中全部运算符的优先级，但没有必要将其完全“背下来”，只要掌握以下三个原则，可以快速了解常用运算符之间的相对优先级：

（1）单目运算符的优先级比绝大多数双目运算符优先级高，使得“-5 * -6”这样的表达式不用加括号。

（2）后缀单目运算符的优先级高于前缀单目运算符，例如，在表达式“-x++”中，先计算表达式“x++”，后进行取负数的运算。

（3）常用的双目运算符的优先级为“算术>关系>逻辑>赋值”，如此安排比较符合人们的阅读习惯。

练一练

【练习 1】假设有整型变量 x，按要求写出表达式。

（1）判断 x 能否被 3 整除。

（2）判断 x 是否为 5 和 7 的公倍数。

（3）判断 x 不在闭区间[1,10]。

（4）判断 x 是否为正偶数。

【练习 2】在表 3.4 中填写常量表达式对应的逻辑值。

表 3.4 判断表达式的“真/假”

表 达 式	真/假	表 达 式	真/假	表 达 式	真/假	表 达 式	真/假
5>6		-8.6		!5+6		4<7 && 9%3	
6/7		6%7		!(5+6)		4<7 || 9%3	

【练习 3】给出下面程序运行结果，分析原因。

源程序：

```
#include<stdio.h>
int main()
{
    int a=3,b=4,c=5;
```

```
        printf("%d\n",a>b && b++ && c--);
        printf("%d,%d\n",b,c);
}
```

【练习 4】给出下面程序运行结果，分析原因。

源程序：

```
#include<stdio.h>
int main()
{
        unsigned a=100,b=1;
        int c=100,d=1;
        printf("%d\n",-1>a && b++ );
        printf("%d\n",-1>c && d++ );
        printf("b=%d,d=%d\n",b,d);
        return 0;
}
```

【练习 5】编写程序，输入一个整数表示年份，判断该年份是否是闰年，若是闰年则输出 1，若是平年则输出 0。闰年的判断标准是：能被 400 整除的年份是闰年，例如 2000 年是闰年；或者，能被 4 整除同时不能被 100 整除的年份是闰年，例如 2020 年是闰年，1900 年不是闰年（虽然 1900 能被 4 整除，也能被 100 整除，但 1900 不能被 400 整除）。

3.2 单分支和双分支选择结构

C 语言为选择结构程序设计提供了 if、if-else 以及 switch 三种语句，本节介绍 if 和 if-else 语句的使用方法，以及可代替简单 if-else 语句的条件表达式。

if 语法及案例 4

3.2.1 单分支 if 语句

C 语言使用 if 语句实现单分支结构，表示“如果……则……”的控制逻辑，其语法格式如下所示：

```
if（表达式）
    语句
```

在上述语法格式中，一条完整的 if 语句需要从关键字 if 开始，if 之后的括号()不能省略，括号中的表达式是表示判断条件的表达式，该表达式先被执行，执行结果决定是否执行受 if 控制的语句。表示单分支结构的 if 语句执行流程如图 3.1 所示。

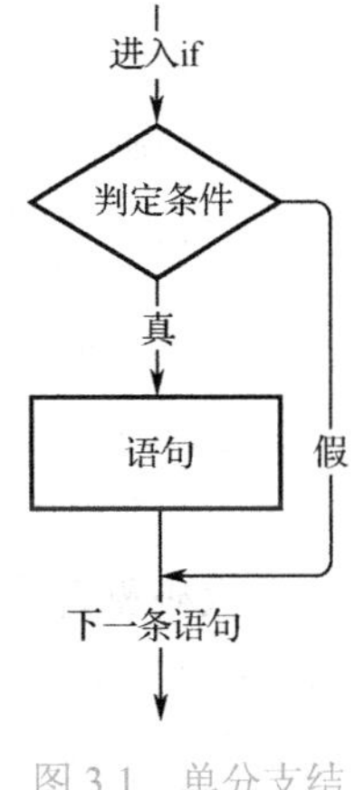

图 3.1 单分支结构流程图

在程序设计过程中，有时受 if 控制的语句可能仅仅是一条简单的语句，有时可能是由多条语句构成的语句块（或称语句组）。形成语句块的多条语句需要使用大括号{}包含。接下来的案例 4 和案例 5 分别演示 if 语句来控制单条语句和控制语句块这两种情况。

【案例 4】 从键盘输入两个整数，求最大值，并输出结果。

算法设计：

（1）先定义两个整型变量 x 和 y。

（2）读入变量 x 和 y。

（3）判断 x<y 是否成立，如果成立则将 y 的值赋值给 x。

（4）输出 x 的值。

案例 4 流程如图 3.2 所示。

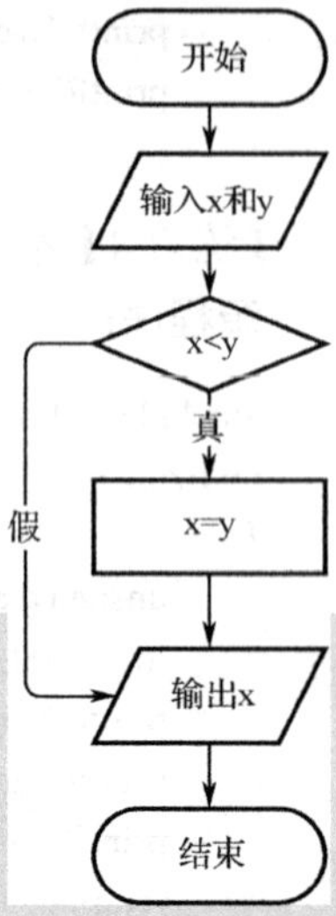

图 3.2　案例 4 流程

源程序：

```
#include<stdio.h>
int main()
{
    int x,y;
    printf("请输入两个整数：\n");
    scanf("%d%d",&x,&y);
    if(x<y)                    //if 语句，判断 x 是否小于 y，满足条件执行 x=y
    {
        x = y;
    }
    printf("大数=%d\n",x);
    return 0;
}
```

运行结果 1：

```
请输入两个整数：
5 10
大数=10
```

运行结果 2：

```
请输入两个整数：
10 5
大数=10
```

解析：

本例的代码中，使用变量 x 保存大数。如果用户输入的 x 比 y 小，则将 y 值存入 x 即可；否则，不执行赋值操作。

注意： 由于单独的分号算作一条空语句。许多初学者容易犯下面代码中展示的语义错误：

```
if(x<y);
    x=y;
```

代码原意是想在 x 小于 y 时，将 y 值存入 x。但由于括号后面多写了一个分号，导致语句“x=y;”不受 if 控制。一般情况是为 if 后面一条语句也加上大括号，这样便于阅读与理解，也不容易出错。

【案例5】三值排序，输入三个整数，并以非递减顺序输出结果。

案例5-多条if语句

算法设计：

（1）定义三个整型变量x、y和z。

（2）读入三个变量。

（3）定义整型变量t，用于交换两个变量时的中间变量。

（4）判断y<x是否成立，如果成立则交换x和y。

（5）判断z<y是否成立，如果成立则交换y和z。

（6）判断y<x是否成立，如果成立则交换x和y。

（7）输出x、y和z的值。

源程序：

```
#include<stdio.h>
int main()
{
    int x,y,z;
    printf("请输入三个整数：\n");
    scanf("%d%d%d",&x,&y,&z);
    int t;
    if(y<x)                    //第一次比较前两个数，满足条件交换
    {
        t=y;
        y=x;
        x=t;
    }
    if(z<y)                    //第二次比较后两个数，满足条件交换
    {
        t=z;
        z=y;
        y=t;
    }
    if(y<x)                    //第三次再次比较前两个数，满足条件交换
    {
        t=y;
        y=x;
        x=t;
    }
    printf("x=%d,y=%d,z=%d\n",x,y,z);
    return 0;
}
```

运行结果1：

```
请输入三个整数：
1 2 3
x=1,y=2,z=3
```

运行结果 2：

```
请输入三个整数：
1 3 2
x=1,y=2,z=3
```

运行结果 3：

```
请输入三个整数：
2 1 3
x=1,y=2,z=3
```

运行结果 4：

```
请输入三个整数：
2 3 1
x=1,y=2,z=3
```

运行结果 5：

```
请输入三个整数：
3 1 2
x=1,y=2,z=3
```

运行结果 6：

```
请输入三个整数：
3 2 1
x=1,y=2,z=3
```

解析：

本例的代码中出现了三条 if 语句，每条语句控制的三条简单语句被大括号{}包含，形成语句块。如果漏写{}，则 if 将仅控制紧随其后的那条简单语句，导致出现语义错误。这三条 if 语句对应了算法设计的步骤（4）至步骤（6），第 1 条 if 语句保证了 y 不比 x 小；第 2 条 if 保证了 z 不比 y 小，此条语句执行过后，变量 z 一定保存的是最大值；第 3 条 if 语句的作用是在第 2 条语句更新 y 值后，重新为 x 和 y 排序。

代码中，还演示了如何交换两个变量取值的方法。该方法就像生活中交换两杯水需要借助第三个空杯子一样，变量 t 起到了“空杯子”的作用。另外，代码中类似的 if 语句连续出现了三次，甚至第 1 次和第 3 次的代码完全相同，这使得程序代码变得冗长，难于阅读和维护。项目 6 介绍的函数和宏可以改善这种局面。

代码后面的 6 组运行结果验证了在以任意次序输入 1、2、3 后，程序均可获得正确的输出。即便如此，对该程序的测试仍然不够全面，输入数据中存在等值的情况没有得到验证。

思考： *若希望三个数以非递增的顺序输出则应该怎么修改代码？*

提示： *上例中两数比较交换的条件可做修改，如 if(y<x)修改为 if(y>x)。*

3.2.2 双分支 if-else 语句

if-else 语法及案例 6

C 语言使用 if-else 语句实现双分支结构，表示“如果……则……否则……”的控制逻辑，其语法格式如下所示：

```
if（表达式）
    语句 1
else
    语句 2
```

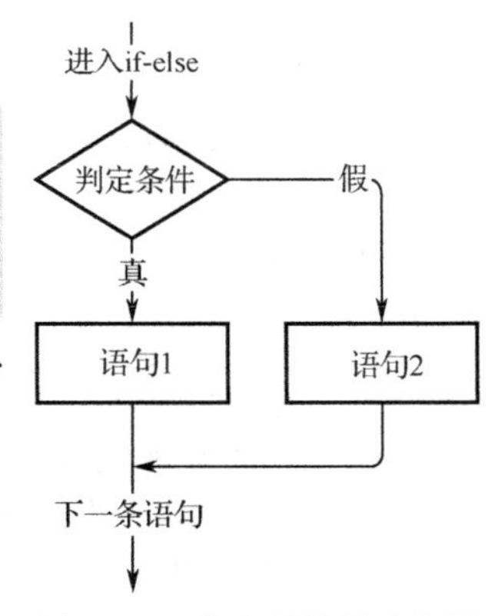

图 3.3　双分支结构的流程图

与 if 语句相比，if-else 语句多出了 else 及其控制的语句。当 if 后面括号中的表达式为“真”时，if 控制的语句（语句块）将被执行；表达式为“假”时，则执行 else 控制的语句（语句块）。双分支结构 if-else 的执行流程如图 3.3 所示。

【案例 6】 求解一元二次方程 $ax^2+bx+c=0$。

算法设计：

（1）定义 double 变量 a、b 和 c，并输入。

（2）定义变量 delta，代表一元二次方程的根判别式Δ，初始化为 b^2-4ac（算法的后续步骤要使用 delta 判断方程是否存在实数解）。

（3）判断 delta 是否小于 0，如果是则转至步骤（4），否则转至步骤（5）。

（4）输出“方程无解”，转至步骤（7）。

（5）将变量 delta 的值改成原值的算术平方根。

（6）输出方程的解。

（7）结束。

案例 6 的流程如图 3.4 所示。

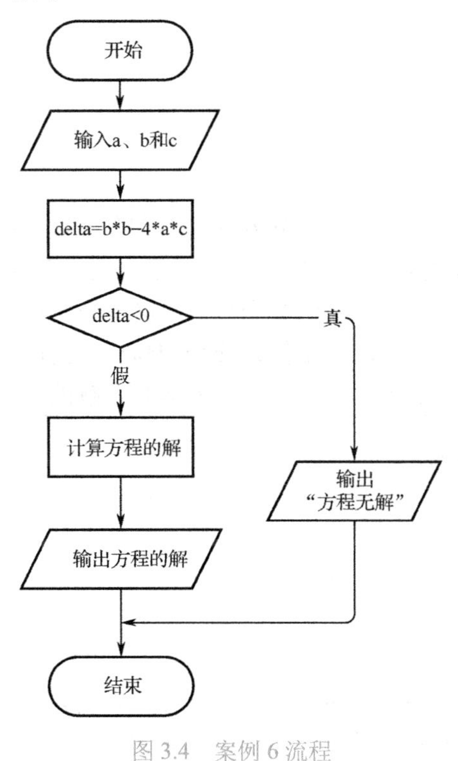

图 3.4　案例 6 流程

源程序：

```
#include<stdio.h>
#include<math.h>
int main()
{
    double a,b,c;
    printf("请输入三个浮点数：\n");
    scanf("%lf%lf%lf",&a,&b,&c);
    double delta=b*b-4*a*c;//delta 代表一元二次方程的根判别式Δ
    if(delta<0)                                   ////通过根判别式Δ决定流程
    {
        printf("方程无解\n");
    }
    else{                                         //存在实数解的分支
        delta=sqrt(delta);                        //开方
        printf("x1=%lf,x2=%lf\n",(-b-delta)/2/a,(-b+delta)/2/a);          //输出解
    }
    return 0;
}
```

运行结果 1：

```
请输入三个浮点数：
1 1 1
方程无解
```

运行结果 2：

```
请输入三个浮点数：
1 -7 10
x1=2.000000,x2=5.000000
```

解析：

本例的代码中，使用 if-else 语句区分方程是否存在实数解的两种情况。另外，代码中出现了库函数 sqrt，函数功能是求一个实数的算术平方根，使用之前需要包含文件 math.h。

变量 a、b 和 c 表示一元二次方程的 3 个系数，这 3 个变量的值由用户输入。变量 delta 代表一元二次方程的根判别式Δ，初始化为 b*b-4*a*c。变量 delta 存入相应值后，使用 delta<0 作为 if-else 语句的判定条件，区分方程无解和有解的两个分支。

思考：以下语句是否正确：

```
if(delta<0)
    printf("方程无解\n");
    printf("程序结束\n");
else
    delta=sqrt(delta);
```

提示：上例中“printf("程序结束\n");”不属于 if 语句的内容。

注意：else 必须和 if 配对一起使用，不能单独使用。

【案例 7】比较两种方法获得的根号 2。

案例 7-浮点数的近似相等

源程序：

```
#include<stdio.h>
#include<math.h>
int main()
{
    const double PI=3.1415926535;              //保存圆周率的近似值
    const double E=1e-6;                       //一个很小的数
    double x=cos(PI/4)*2;                      //使用四分之π余弦值乘以2计算根号2
    double y=sqrt(2);                          //使用开方函数计算根号2
    printf("x=%lf,y=%lf\n",x,y);
    if(x==y)                                   //判断x和y是否相等
    {
        printf("x 精确等于 y\n");
    }
    else{
        printf("x 不等于 y\n");
    }
    if(fabs(x-y)<E)                            //判断x和y是否近似相等
    {
        printf("x 约等于 y\n");
    }
    return 0;
}
```

运行结果：

```
x=1.414214,y=1.414214
x 不等于 y
x 约等于 y
```

解析：

本例中使用的函数 cos、sqrt 和 fabs 全部声明在头文件 math.h 之中，其中 cos 就是三角函数中的余弦函数，cos 的参数采用“弧度”值，代码中出现的 cos(PI/4)就是在表示 45°角的余弦值；sqrt 的功能是求算术平方根；fabs 的功能是求浮点数的绝对值。

代码中，定义了两个 double 型常量 PI 和 E，分别表示圆周率和一个很小的正实数。变量 x 的初始值，通过计算四分之π的余弦值再乘以 2 得到根号 2；变量 y 的初始值，通过 sqrt 函数也得到根号 2。

接下来的 printf 语句输出了 x 和 y 保留 6 位小数后的结果。通过观察运行结果可以看出，变量 x 和 y 在保留 6 位小数的情况下，值是“相等”的。

之后的 if-else 语句是案例 7 的关键所在，if-else 语句使用“==”判断 x 和 y 是否相等。遗憾的是，运行结果显示，x 不精确等于 y。此案例带来的启示是：不要使用“==”或“!=”去判断两个浮点数是否满足等于或不等于关系。

代码的最后，演示了如何判断两个浮点数是否相等的正确方法是：判断两个浮点数差的绝对值是否小于一个很小的正数（这个小正数根据具体问题中所需达到的精度进行设置），小于这个小正数则认为两个浮点数相等，否则认为两个浮点数不等。

3.2.3 条件运算符和条件表达式

条件运算符及案例 8

在 C 语言中，1.98、16+3、x=7、x<y 等，称为表达式，表达式加上分号称为语句，两者是不同的概念。程序中的有些地方必须使用表达式，而不能使用语句。例如，函数调用中的实在参数必须是表达式（项目 6 详细介绍函数）。

C 语言提供的条件运算符“?:”，用于形成条件表达式。条件表达式实现了“如果……则……否则……”的逻辑，可在需要表达式的地方，代替简单的 if-else 双分支结构。条件表达式的一般形式如下：

```
表达式 1 ? 表达式 2 : 表达式 3
```

计算条件表达式时，先计算表达式 1 的值；如果表达式 1 的值返回“真”，则计算表达式 2 的值，并将表达式 2 的返回值作为整个条件表达式的返回值；如果表达式 1 的值返回“假”，则计算表达式 3 的值，并将表达式 3 的返回值作为整个条件表达式的返回值。也就是说，条件表达式中的表达式 1 必然先得到计算，而表达式 2 和表达式 3 必有一个且只有一个被计算。

【案例 8】 使用条件运算符计算整数的绝对值。

源程序：

```
#include<stdio.h>
int main()
{
    int x,y;                              //定义变量 x 和 y
    scanf("%d",&x);                       //输入变量 x
    y = x > 0 ? x : -x;                   //使用条件表达式计算 x 的绝对值
    printf("%d 的绝对值是%d\n",x,y);       //输出结果
    return 0;
}
```

运行结果 1：

```
10
10 的绝对值是 10
```

运行结果 2：

```
-10
-10 的绝对值是 10
```

解析：

代码中，首先定义变量 x 和 y，并让用户输入 x。其次利用条件表达式 x > 0 ? x : −x 计算 x 的绝对值，当 x>0 成立时，条件表达式返回 x；当 x>0 不成立时，条件表达式返回−x。条件表达式的返回结果被存入变量 y，最后使用 printf 函数打印 x 和 y，对计算结果进行验证。

注意： 条件运算符“?:”是 C 语言中唯一的三目运算符，即需要三个表达式作为操作数，其优先级仅比双目赋值运算符高一级。条件运算符的结合性是从右向左，例如，表达式“1 ? 0 :

2？3：4”与“1？0：(2？3：4)”等价，返回0；而不等价于从左向右结合的“(1？0：2)？3：4”。尽管C语言允许条件表达式的嵌套，但嵌套的条件表达式不易被理解。

练一练

【练习6】模仿案例4输入两个浮点数，求最小值，并输出结果。

【练习7】模仿案例5的代码，实现三值降序排列，并测试所有可能的输入。

【练习8】分析以下代码实现的功能。

源程序：

```
#include<stdio.h>
int main()
{
    int score;
    printf("输入一个整数：\n");
    scanf("%d",&score);
    if(score>100 || score<0)
        printf("输入有误\n");
    if(score>=90 && score <=100)
        printf("A\n");
    if(score>=80 && score <90)
        printf("B\n");
    if(score>=70 && score <80)
        printf("C\n");
    if(score>=60 && score <70)
        printf("D\n");
    if(score>=0 && score <60)
        printf("E\n");
    return 0;
}
```

【练习9】纠正下面代码中的错误，实现输入月份，并输出对应季度的功能。

源程序：

```
#include<stdio.h>
int main()
{
    int month;
    printf("输入一个整数代表月份：\n");
    scanf("%d",&month);
    if(month>12 || month<1)
        printf("输入有误\n");
    if(month>=1 && month<=3)
        printf("第一季度\n");
    if(month>=4 || month<=6)
        printf("第二季度\n");
    if(month>=7 & month<=9)
        printf("第三季度\n");
    if(month>=10 && month<=12);
```

```
        printf("第四季度\n");
    return 0;
}
```

【练习 10】输入两个整数，使用 if-else 语句输出两个整数的最大值。

【练习 11】输入两个整数，使用条件表达式输出两个整数的最大值。

【练习 12】输入三个整数，输出三个整数的最大值。

3.3　多分支选择结构

顺序结构没有分支，if 语句有一个分支，if-else 语句有两个分支。如果程序中要表达多个分支，则可以嵌套使用 if 和 if-else 语句。另外，C 语言提供 switch 语句专门用于多分支选择结构。

3.3.1　嵌套使用 if 语句和 if-else 语句

嵌套 if-else 语句

在 if 和 if-else 语句中，关键字 if 和 else 仅控制紧随其后一条“语句”。这条“语句”可以是由分号结尾的简单语句；也可以是由大括号{}包含的语句块；还可以是另外一条 if 语句或 if-else 语句，这种情况被称为语句嵌套。

if 和 if-else 语句嵌套，或者 if-else 和 if-else 语句嵌套，存在 else 和 if 的结合问题，即每个 else 到底和多个 if 语句中的哪一个进行匹配，形成一条 if-else 语句。C 语言解决 else 和 if 匹配问题，采用“就近”原则，即在没有使用大括号的情况下，else 与其上方最近的且没有与其他 else 匹配的 if 组成 if-else 语句。

以下内容给出 if 和 if-else 语句嵌套，以及 if-else 和 if-else 语句之间嵌套的 5 种情形。为使读者更好地理解 else 和 if 的“就近”匹配原则，下面的伪代码在可以不使用大括号{}的地方将其省略。

1. if 语句嵌套 if-else 语句

```
if（表达式 1）
    if（表达式 2）
        语句 1
    else
        语句 2
```

上面的伪代码是一条 if 语句，该 if 语句控制了一条 if-else 语句。也就是说，代码中的 else 与上方的 if(表达式 2)结合成一条 if-else 语句。

注意：

（1）C 语言中 else 与 if 匹配采用的是“就近”原则，而与文本对齐方式无关。

（2）if 语句包括 if 条件和执行的语句，它可以看成是一条语。

下面伪代码与上面伪代码表示的流程完全相同，但在代码缩进方面，给人一种 else 与 if（表达式 1）匹配的错觉。

```
if（表达式 1）
    if（表达式 2）
```

```
        语句 1
else
    语句 2
```

2. if-else 语句的 if 部分嵌套 if 语句

```
if（表达式 1）
{
    if（表达式 2）
        语句 1
}
else
    语句 2
```

伪代码中，大括号{}的出现使 else 与 if(表达式 1)匹配，整个语句是一条 if-else 语句，当表达式 1 为“真”时，会执行内层的 if 语句。

3. if-else 语句的 else 部分嵌套 if 语句

```
if（表达式 1）
    语句 1
else
    if（表达式 2）
        语句 2
```

伪代码中，else 控制了一条 if 语句，整个语句是一条 if-else 语句，当表达式 1 为“假”时，会执行内层的 if 语句。

4. if-else 语句的 if 部分嵌套 if-else 语句

```
if（表达式 1）
    if（表达式 2）
        语句 1
    else
        语句 2
else
    语句 3
```

伪代码中，第 1 次出现的 else 与 if（表达式 2）匹配，第 2 次出现的 else 与 if（表达式 1）匹配。整个语句是一条 if-else 语句，当表达式 1 为“真”时，会执行内层的 if-else 语句。

5. if-else 语句的 else 部分嵌套 if-else 语句

```
if（表达式 1）
    语句 1
else
    if（表达式 2）
        语句 2
    else
        语句 3
```

伪代码中，第 1 次出现的 else 与 if（表达式 1）匹配，第 2 次出现的 else 与 if（表达式 2）

匹配。整个语句是一条 if-else 语句，当表达式 1 为“假”时，会执行内层的 if-else 语句。

【案例 9】输入整数表示百分制的成绩，输出该成绩对应的等级，其中 90 分或以上为 A，80～89 分为 B，70～79 分为 C，60～69 分为 D，60 分以下为 E。

源程序：

案例 9-成绩五等分

```
#include<stdio.h>
int main()
{
    int score;
    printf("以整数形式输入一个百分制成绩\n");
    scanf("%d",&score);
    if(score>100 || score<0){                    //输入有误的分支
        printf("输入成绩有误\n");
    }
    else if(score>=90){                          //A 级的分支
            printf("A\n");
        }
        else if(score>=80){                      //B 级的分支
                printf("B\n");
            }
            else if(score>=70) {                 //C 级的分支
                    printf("C\n");
                }
                else if(score>=60) {             //D 级的分支
                        printf("D\n");
                    }
                    else{                        //E 级的分支
                        printf("E\n");
                    }
    return 0;
}
```

运行结果 1：

```
以整数形式输入一个百分制成绩
99
A
```

运行结果 2：

```
以整数形式输入一个百分制成绩
59
E
```

运行结果 3：

```
以整数形式输入一个百分制成绩
101
输入成绩有误
```

解析：

本例的代码中使用了一条 if-else 语句，该语句的 else 分支嵌套了另一条 if-else 语句，被嵌套的 if-else 语句的 else 分支嵌套下一个 if-else 语句，……，最后被嵌套的 if-else 语句区分 D 和 E 两个等级。

3.3.2 switch 语句

switch 语句

switch 语句可实现多分支结构，其一般形式是：

```
switch(表达式)
{
    case 常量表达式 1 :
        任意多条语句
    case 常量表达式 2 :
        任意多条语句
    ....../*省略号表示 switch 内部的 case 分支可存在任意多个*/
    default:
        任意多条语句
}
```

1. switch 语句的语法规则

（1）switch 语句以关键字 switch 开始，括号中的表达式用于条件测试，其类型必须是 int、char 等整数类型，不能是 float、double 等浮点数类型。

（2）一对大括号{}是 switch 语句的必选项，其中包含的 case 和 default 表示分支。

（3）一条 switch 语句可以包括任意多个 case 分支，甚至可以没有 case 分支（当然没有 case 分支就失去了使用 switch 语句的意义）。

（4）每个 case 分支的冒号之后，可以包含 0 至任意多条语句。

（5）一条 switch 语句最多只能存在一个 default 分支，default 分支的冒号之后，可以包含 0 至任意多条语句。

2. switch 语句的执行规则

（1）执行 switch 语句时，首先计算关键字 switch 后面的表达式，这里记为 E。

（2）进入大括号{}内部后，依次测试每个 case 后面常量表达式与 E 的匹配情况，当首次出现与 E 值相等的情况时，测试停止。

（3）测试停止后，程序进入与 E 值匹配的相应 case 分支，并按序执行该 case 分支“之中”和“之后”的所有语句。

（4）如果 E 值与每个 case 分支的值均不相等，则将执行 default 分支冒号后的语句，当然 switch 语句也可以没有 default 分支。switch 语句流程如图 3.5 的右子图所示。

注意： switch 语句进入某个 case 分支后，需要执行的语句不仅包括该分支冒号后的语句，也包括该分支后面其他 case 分支和 default 分支中的语句。这种执行完某个分支中的语句后，直接执行后面分支中语句的现象被称为自动坠入。

default 分支也存在自动坠入下一分支的现象，因此，一般会把 default 分支写在所有 case 分支之后。

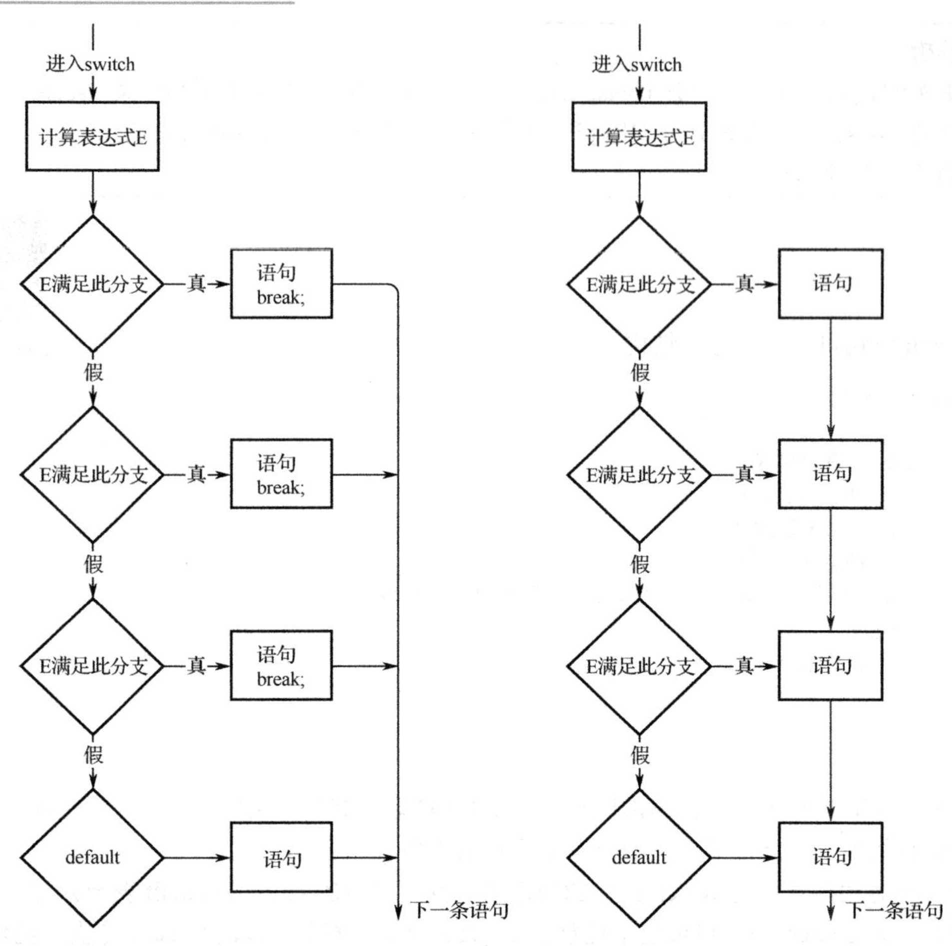

图 3.5　switch+break 与没有 break 的 switch 流程对比

【案例 10】输入合法的月份和日期，计算该日期是平年中的第几天。

源程序：

案例 10-利用 switch 计算天数

```
#include<stdio.h>
int main()
{
    //定义变量 month 和 day 分别表示月和日，re 用于保存结果
    int month,day,re=0;
    printf("请以类似于“12 31”的形式输入一个合法日期\n ");
    scanf("%d%d",&month,&day);          //输入变量
    switch(month)                       //月份作为测试条件
    {
        case 12: re += 30;              //加上 11 月的天数后自动坠入下一语句
        case 11: re += 31;              //加上 10 月的天数后自动坠入下一语句
        case 10: re += 30;              //加上 9 月的天数后自动坠入下一语句
        case 9: re += 31;               //加上 8 月的天数后自动坠入下一语句
        case 8: re += 31;               //加上 7 月的天数后自动坠入下一语句
        case 7: re += 30;               //加上 6 月的天数后自动坠入下一语句
        case 6: re += 31;               //加上 5 月的天数后自动坠入下一语句
        case 5: re += 30;               //加上 4 月的天数后自动坠入下一语句
```

```
        case 4: re += 31;              //加上 3 月的天数后自动坠入下一语句
        case 3: re += 28;              //加上 2 月的天数后自动坠入下一语句
        case 2: re += 31;              //加上 1 月的天数后自动坠入下一语句
        case 1: re += day;             //加上 day
    }
    printf("%d 月%d 日是平年的第%d 天\n",month,day,re);//输出结果
    return 0;
}
```

运行结果：

```
请以类似于“12 31”的形式输入一个合法日期
12 31
12 月 31 日是平年的第 365 天
```

解析：

本例代码中，定义变量 month 表示日期中的月，day 表示日期中的日，re 用于保存计算结果，其初始值为 0。

在用户输入一个合法的日期后，使用 switch 语句完成“第几天”的计算。首先将变量 month 作为 switch 的测试条件，其次在 switch 语句体内按照降序排列了 12 个 case，每个 case 中，将 re 的值增加“前一个月”的天数，最后在分支“case 1”中，为 re 增加 day。之所以这样处理，是因为当计算“month 月 day 日”是平年第几天时，“第 month 月”还没有“过完”，“第 month 月”的天数不在求和范围之内。实际上，如果 month 等于 1，正确的结果就是 day；如果 month 大于 1，正确的结果等于变量 day 与“1 月～(month-1)月”天数的和。

以用户输入“12 31”为例，变量 re 的值在进入 switch 之前为 0，month 的值为 12 与“case 12”相匹配，re 增加 11 月份的天数 30 后，流程自动坠入到下一条语句执行 re+=31（re 增加 10 月份的天数），……，直到执行“case 1”后面的语句 re+=day 后，才退出 switch 语句。此时 re 的值为 365，正是期待的结果。

3．使用 break 语句跳出 switch 语句结构

break 的使用

由于自动坠入规则的原因，switch 语句并没有实现图 3.5 左子图所示的多分支结构。要想使 switch 语句实现“一路入，多路出”的多分支结构，需要在 switch 的某些分支中加入 break 语句。关键字 break 加上分号构成的 break 语句，放在 switch 语句中，将起到跳出 switch 结构的作用。

【案例 11】使用 switch 实现案例 9。

源程序：

```
#include<stdio.h>
int main()
{
    int score;
    printf("以整数形式输入一个百分制成绩\n");
    scanf("%d",&score);
    if(score>100 || score<0){                    //输入有误的分支
        printf("输入成绩有误\n");
```

```
    }
    else switch(score/10)                       //使用 switch 处理输入正确的情况
    {
        case 10:
        case 9:printf("A\n");break;             //A 级
        case 8:printf("B\n");break;             //B 级
        case 7:printf("C\n");break;             //C 级
        case 6:printf("D\n");break;             //D 级
        default:printf("E\n");                  //E 级
    }
    return 0;
}
```

解析：

本例的运行结果与案例 9 类似，这里省略。代码中，if-else 语句的 else 部分控制了一条 switch 语句。由于合法的 score 有 101 种可能的取值，无法一一列举，因此将 score/10 作为 switch 的测试表达式，该表达式有 0～10，共 11 种可能的取值。在 switch 结构中，case 10 对应 100 分的情况，与 90+同为“A”，所以没有为 case 10 分支书写语句，令其直接坠入 case 9。从 case 9 开始后的每个 case 分支，都在 printf 函数调用后，加入了 break 语句，避免坠入下一分支。default 分支表示“E”的情况。

练一练

【练习 13】计算分段函数的值。要求从键盘输入一个浮点型变量，根据 $f(x)$的表达式，求分段函数 $y=f(x)$的值，其 $f(x)$表达式如下所示：

$$y=\begin{cases}x+2 & x>10\\0 & 0\leqslant x\leqslant 10\\2x-2 & x<0\end{cases}$$

【练习 14】输入月份，输出对应季度，使用嵌套 if-else 语句的方式实现。

【练习 15】使用 switch 语句完成练习 14 的内容。

【练习 16】输入一个整数表示月份，输出平年中，该月份的天数。注意，程序中要有输入合法性验证的分支。

【练习 17】以“按 1 杭州、按 2 宁波、……、按 11 丽水”的形式提供用户选择界面，界面中需要包含浙江省 11 个地级城市；在接收用户输入的整数后，输出对应城市的简介，简介的内容自拟。

知识拓展：分支结构设计规范

在实际的开发过程中，选择结构往往包含复杂的测试条件和程序分支，遵循以下规范可提高代码的易读性，降低产生语义错误的风险。

（1）尽量不要在逻辑表达式中出现赋值运算（=、++等）。

（2）不能使用==、!=判断两个浮点数是否相等或不等。

（3）尽量避免使用反逻辑运算符，例如需要表示 x 小于 10 时使用 x<10，而不是使用!(x>=10)

来表示，反向逻辑不利于快速理解。

（4）尽量不要使用嵌套的条件表达式，避免代码阅读困难。

（5）为复杂的表达式适度加入括号，即使本不需要括号。

（6）在嵌套语句中，代码保持良好的缩进风格。

（7）当 if-else 语句的两个分支一个是简单语句，另一个是带有{}的语句块时，也要为简单语句加入{}。

（8）在每个 switch 语句内，包含一个 default 分支并且放在最后，即使 default 分支什么代码也没有。

综合练习

1．输入两个整数表示出生日期的月和日，输出该出生日期对应的星座。在输入合法性验证中，2 月按照 29 天计算，即 2 月 29 日是合法日期。

2．以分别输入年、月、日的方式读入一个合法日期，输出该日期是当年的第几天（注意闰年与平年）。

3．编写程序，提示用户输入一个整数表示每周工作的小时数，输入一个浮点数表示时薪，输出本周的工资收入。当周工作时间小于或等于 40 小时时，工资收入等于小时数乘以时薪；工作时间超过 40 小时且小于或等于 80 小时时，超出 40 小时的部分可获得 1.5 倍的时薪；工作时间超过 80 小时，不输出工资收入，提示用户“注意身体”。

4．某市出租车分为 A、B、C 三个档次。A 档出租车起步价 20 元，超过 3 公里的每公里按 5 元计费；B 档出租车起步价 15 元，超过 3 公里的每公里按 4 元计费；C 档出租车起步价 10 元，超过 3 公里的每公里按 3 元计费。编写一个程序，用户以字母的形式输入出租车档次，以浮点数形式输入乘坐里程，根据用户的输入，计算车费，并以四舍五入的方式输出车费的整数部分。

5．“甲、乙、丙、丁、戊、己、庚、辛、壬、癸”称为十天干，“子、丑、寅、卯、辰、巳、午、未、申、酉、戌、亥”称为十二地支。把干支顺序相配，正好 60 为一周期，周而复始，循环记录。这就是“干支纪年”。已知 2023 年为癸卯年。编写程序，输入一个代表年份的整数，输出相应的天干和地支。

6．严谨细致的工作态度是程序员必备的职业素养。在本项目案例 6 中，用于求解一元二次方程 $ax^2+bx+c=0$ 的代码不够“完美”，其中没有考虑用户为 a 或 b 输入 0 值的极端情况。编写程序，使用 if 和 if-else 的嵌套改写案例 6，考虑 a 为 0 且 b 不为 0 时，一元一次方程的解；以及 a 和 b 同为 0 且 c 不为 0 时，方程无解的情况。

拓展案例

世间万物皆有因，只有选择在自己

钱学森是一位著名的物理学家和科学家，他在中国现代物理学和原子能事业的发展中做出了巨大的贡献，被誉为“中国航天之父”、“导弹之父”等称号。

他在海外留学期间，在物理、数学、工程等领域取得了卓越成就，成为了国际知名科学家之一。1949 年新中国成立后，他曾经考虑留在美国继续从事科研工作，但是他深刻地认识到，自己的责任和使命就是回国为祖国的科技事业做出贡献。他放弃了在美国发展的机会，于 1955 回国并投身于中国核武器和航天事业的建设中。

他在留学期间曾发表过《回归》等文章，明确表示自己要回国为国家建设贡献力量。他的这种信念和决心，也得到了许多知名学者和领导人的支持与鼓励。回国后，先后担任了多个领导职务，并主持了多项重大科研项目，为中国航天、国防等领域的发展做出了巨大的贡献；他始终保持着对科学事业的热爱和追求，同时也十分注重培养年轻人的才华和创造力，为中国的科技事业培养了一大批优秀的人才。

钱学森选择回国为祖国的科技事业做出贡献，正是因为他对祖国有着深厚感情和责任心，他在考虑自身的兴趣和能力的同时，更重要的是将个人的追求与国家的需要紧密结合起来，他的这种追求和信念，也成为了广大青年学子的榜样和楷模。

项目 4

计算圆周率——循环结构与应用

学习目标

❖ 知识目标

- 掌握 while、do-while 和 for 语句形式
- 理解 while、do-while 和 for 语句流程
- 掌握循环结构中跳转语句 break 和 continue

❖ 技能目标

- 会使用 while、do-while 和 for 语句形式解决实际问题
- 能根据具体情境在循环结构中使用 break 和 continue 语句

❖ 素质目标

- 厚植爱国主义情怀，融渗大国工匠精神
- 坚定文化自信自强、增强使命感与责任感

考虑这样一个问题：用户输入某班级 C 语言课程的考试成绩，以-1 结束，要求输出该班级的成绩总分和平均分。问题虽不复杂，但仅使用顺序结构和分支结构却无法解决。因为在编写代码时，由于无法提前获知用户输入成绩的个数，导致无法写出与之相对应的 scanf 语句。但是使用结构化程序设计中的循环结构，就可以轻松解决上面的问题。循环结构又称重复结构，此结构中的语句块可根据问题的需要反复执行。

本项目介绍 C 语言中用于实现循环结构的语句、循环结构中的跳转语句，以及嵌套使用循环的方法，并通过计算圆周率的案例和实践任务，介绍 for 语句和 break 语句使用方法的同时，让学生了解中国古代数学家的伟大成就，增强学生的民族自豪感，融渗大国工匠精神。

任务描述：计算圆周率

大约一千五百年前，我国古代著名数学家祖冲之，在前人开创的探索圆周率方法的基础之上，首次将圆周率精算到小数第七位，即在 3.1415926 和 3.1415927 之间，他提出的“祖率”对数学的研究有重大贡献。直到 16 世纪，阿拉伯数学家阿尔·卡西才打破了这一纪录。祖冲之对圆周率数值的精确推算值，对于中国乃至世界是一个重大贡献，他的科学探索精神，是

我们民族的骄傲，更是我们坚持道路自信和文化自信的源泉。

圆周率 π 可以展开为无穷级数 4.0/1−4.0/3+4.0/5−4.0/7+……，展开式的第一项比 π 值大，前两项之和比 π 值小，前三项之和又比 π 值大，……，计算该展开式前 n 项和时，n 越大，求得的结果就越接近 π。

本项目的任务是使用上面的展开式计算机圆周率，并求出最小的整数 n，使得展开式前 n 项和到达与“祖率”相同的精度。具体要求如下：

（1）使用循环语句计算上面展开式前 n 项的和。

（2）当计算的和在 3.1415926 和 3.1415927 之间时，停止循环。

（3）输出循环停止时的 n 值，以及此时得到的圆周率近似值。

技能要求

4.1 简单循环语句

本节介绍 while、do-while 和 for 三种循环语句，以及用于循环结构跳转的 break 语句和 continue 语句。运用本节的知识技能点，便可完成本项目关于圆周率计算的实践任务。

4.1.1 while 语句

while 语法及案例 1～3

1. while 语句的一般形式

在 C 语言提供的循环语句中，形式上最简单的就是 while 语句，while 语句与 if 语句的形式很像。只不过 if 表示单次“如果……则……”的控制逻辑，而 while 表示重复多次“如果……则……”的控制逻辑。while 语法格式如下所示：

```
while（表达式）
    循环体
```

一条完整的 while 语句需要从关键字 while 开始，while 之后的括号()不能省略，括号中是表示循环条件的表达式。表达式之后是受 while 控制的循环体，循环体可以是一条以分号结尾的简单语句，可以是由大括号包含的语句块，也可以是被嵌套的 if、if-else、while 等语句。

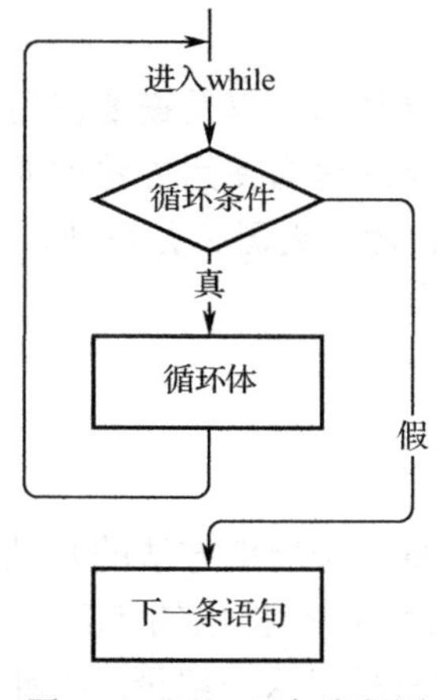

图 4.1 while 语句流程图

2. while 语句的执行流程

while 语句执行流程如图 4.1 所示。

while 语句执行时，首先执行表示循环条件的表达式，表达式返回真时，执行循环体，循环体执行完毕后，然后测试循环条件，……，直到测试结果为假，才会从循环结构中退出。

3. 循环变量

习惯上，将循环结构中用于控制循环次数的变量称为循环变量，循环变量的值需要在循环过程中不断变化，以便在循环体执行有限次数之后，可从循环中退出。例如：

```
i=0;
while(i<3)
{
    ++i;
}
```

思考：如何实现对循环的次数进行控制？

提示：上面代码片段中的i就是循环变量，循环体将执行3次。

注意：在组成循环条件的表达式中，至少要有一个变量，即不能是完全由常量组成的表达式。因为，常量表达式不是“永真”，便是“永假”。如果使用常量表达式作为循环条件，要么“无限循环”，要么“永不循环”。

4. while语句实践案例

【案例1】重要的事情说三遍。小明立志要认真学习编程，所以他编写的第一个带有循环语句的程序是：输出3次“好好学习，科技强国！”。

算法设计：

（1）定义循环变量i，初始化为0。

（2）判断i<3是否成立，如果成立则转至步骤（3），否则转至步骤（5）。

（3）输出“好好学习，科技强国！”。

（4）i增1，转至步骤（2）。

（5）结束。

源程序：

```
#include<stdio.h>
int main()
{
    int i=0;                                //初始循环变量
    while(i<3){                             //判断是否进入循环体
        printf("好好学习，科技强国！\n");    //输出信息
        ++i;                                //改变循环变量
    }
    return 0;
}
```

运行结果：

```
好好学习，科技强国！
好好学习，科技强国！
好好学习，科技强国！
```

解析：

案例1的代码中，先定义循环变量i并初始化为0。

while 语句的循环条件是 i<3，循环体中只有两条语句，一条是输出语句，一条是++i，用于改变循环变量。现在，请伸出你的手指头，从 i 为 0 开始数：

i 为 0，进入循环，输出，i 增 1；

i 为 1，进入循环，输出，i 增 1；

i 为 2，进入循环，输出，i 增 1；

i 为 3，没进入循环，结束了。

【案例 2】小明的寝室有 4 名同学，小明希望编写一个程序。循环输入 4 个代表 C 语言成绩的整数，并输出成绩之和。

算法设计：

（1）定义变量 x 用于保存读入的数据、变量 sum 用于求和、定义变量 i 用于控制循环次数。

（2）初始化 sum 和 i 为 0。

（3）判断 i<4 是否成立，如果成立则转至步骤（4），否则转至步骤（7）。

（4）读入 x。

（5）sum 累加上 x。

（6）i 增 1，转至步骤（3）。

（7）输出 sum，并结束。

案例 2 的流程如图 4.2 所示。

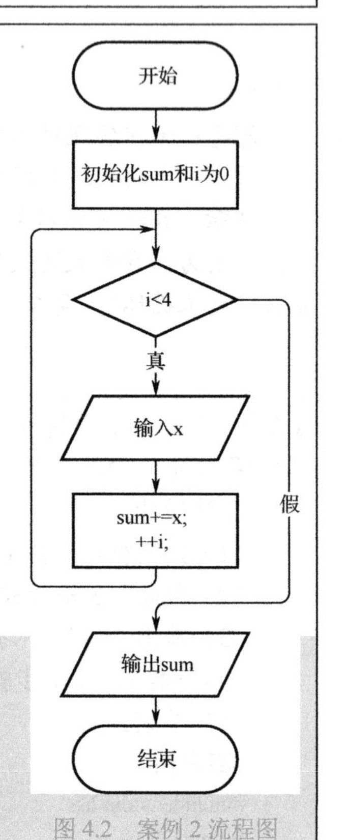

图 4.2　案例 2 流程图

源程序：

```
#include<stdio.h>
int main()
{
    int x,sum=0,i=0;        //定义并初始变量
    while(i<4)              //循环条件
    {
        scanf("%d",&x); //读入 x
        sum+=x;         //累加
        ++i;            //改变循环变量
    }
    printf("sum=%d\n",sum);
    return 0;
}
```

运行结果：

```
98 60 88 76
sum=322
```

解析：

案例 2 的代码中，变量 x 用于接收用户输入的数据，变量 sum 用于累加求和，i 作为循环变量。

程序开始时，sum 和 i 都被初始化为 0 值。while 循环的测试条件是 i<4，循环体中，通过每次为 i 增 1 的形式改变 i 的值。不难想象，当 i 经过 4 次增 1 后，其值由 0 变化为 4，此时 i<4 返回假，循环结束。

最终，循环体中的输入语句、累加语句和循环变量自增语句，均被执行 4 次；而测试条件 i<4 被执行 5 次，其中最后一次的返回结果为假。

小明决定升级他的程序，先输入一些代表成绩的非负整数，然后以特殊值-1 作为输入结束的标记，这样程序就可以实现求任意多个同学成绩之和的功能。

【案例 3】用户输入一组以-1 结束的整数，要求输出这组数的和（不含-1）。

算法设计：

（1）定义变量 x 用于保存读入的数据，定义变量 sum 用于求和。

（2）初始化 sum 为 0。

（3）输入 x。

（4）判断 x != -1 是否成立，如果成立则转至步骤（5），否则转至步骤（8）。

（5）sum 累加上 x。

（6）输入 x。

（7）转至步骤（4）。

（8）输出 sum，并结束。

案例 3 流程如图 4.3 所示。

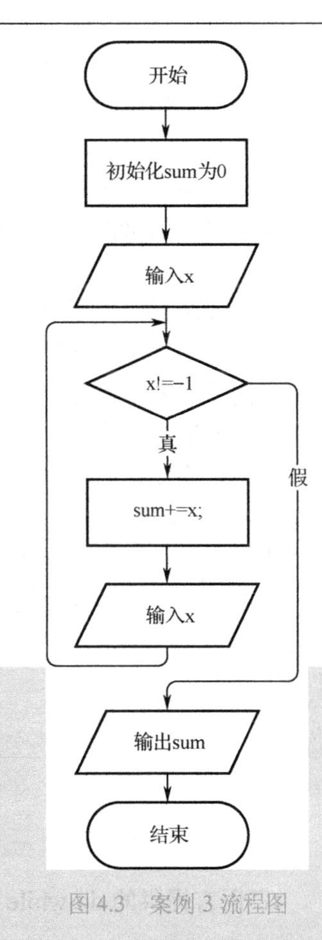

图 4.3 案例 3 流程图

源程序 1：

```
#include<stdio.h>
int main()
{
    int x,sum=0;            //定义并初始化变量
    scanf("%d",&x);         //第一次读入 x
    while(x != -1){         //循环条件
        sum+=x;             //累加
        scanf("%d",&x);     //循环体中读入 x
    }
    printf("sum=%d\n",sum);
    return 0;
}
```

源程序 2：

```
#include<stdio.h>
int main()
{
    int x,sum=0;                        //定义并初始化变量
    while(scanf("%d",&x),x != -1){      //逗号表达式，先读入 x，再判断循环条件
        sum+=x;                         //累加
```

```
    }
    printf("sum=%d\n",sum);
    return 0;
}
```

运行结果：

```
88 77 66 99 100 -1
sum=430
```

解析：

这里为案例 3 提供了两段代码。源程序 1 中，变量 x 用于接收用户输入的数，变量 sum 用于累加求和，sum 的值被初始化为 0。与之前案例相比，案例 3 中没有专门记录循环次数的变量 i，而是利用用户输入的变量 x，决定循环是否继续进行。

进入 while 循环前，用户先输入 1 次 x。while 循环的测试条件是 x!=-1；循环体中，首先将 x 累加至 sum（由于循环条件的限制，此处的 x 必然不等于-1），然后再次读入新的 x，作为下一轮循环开始前的条件测试使用。

运行结果中，用户在输入 5 个非负数后，输入-1，程序输出前 5 个数据的和。

由于“读 x”操作必须发生在“判断 x!=-1”之前，所以在源程序 1 中，while 语句之前和循环体之内各有一条读入 x 的语句，前者用于首次读入 x，后者用于后续数据的读入。这样处理虽然正确，但代码结构略显复杂。

源程序 2 中，使用逗号运算符将“读 x”和“判断 x!=-1”合并为一个表达式，并将其作为 while 的循环条件。每次测试循环条件时，先执行逗号左侧的子表达式“读 x”，之后再执行逗号右侧的“判断 x!=-1”，右侧子表达式的判断结果决定能否进入循环体。

由于逗号表达式的使用，源程序 2 的代码比源程序 1 的代码更加简洁，整体结构更加清晰。

4.1.2 do-while 语句

do-while 语句及案例 4

1．do-while 语句的一般形式

C 语言提供的 do-while 语句也表示循环结构，其语法格式如下所示：

```
do
    循环体
while（表达式）；
```

do-while 语句从关键字 do 开始，后面是代表循环体的语句或语句组，循环体后面是关键字 while 及表示循环条件的表达式。

2．do-while 语句的执行流程

do-while 语句执行时，先执行循环体，再执行表示循环条件的表达式，表达式返回真时，再次执行循环体，……，直到表示循环条件的表达式返回假，才会从循环结构中退出。

while 语句进行的循环称为“当型”循环，而 do-while 语句属于“直到型”循环。所谓“当

型”循环就是先进行条件判断，判断是否开启本轮循环，确认开启本轮循环时，再执行循环体；而“直到型”循环是先执行循环体，而后判断是否开启下一轮的循环。图 4.4 同时给出 while 和 do-while 语句的执行流程，方便读者进行对比。

思考：do-while 语句和 while 语句有何区别？

提示：while 语句执行时，先判断执行表示循环条件的表达式，当表达式的值为真（非 0）时，执行 while 语句中的循环体。do-while 语句执行时，先执行循环体，再执行表示循环条件的表达式。

注意：do-while 最后要以分号结束。

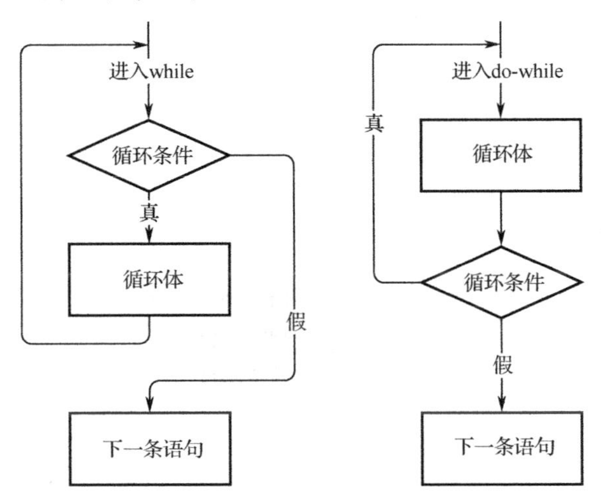

图 4.4　while 语句和 do-while 语句流程对比

3. do-while 语句实践案例

【案例 4】翻转输出一个正整数，例如，输入 123，输出 321；输入 1234，输出 4321，等等。

解题思路：

如果已知输入正整数的位数（例如 3 位数），则问题就简单了，可以先通过除法和取模的方式解析出各个数位上的数，然后输出。但现在的问题是，输入正整数的位数是不确定的，所以只能使用循环语句来解决。

首先，翻转输出一个数，需要从个位开始。简单的模 10（%10）操作可以提取个位上的数。假设有正整数 x，表达式 x%10 表示 x 的个位，例如，123%10 就可以取到 123 的个位。

然后，考虑如何提取十位上的数。直接提取一个数的十位上的数与提取个位不同，不如把十位变成个位，再按照%10 的方式去提取。把一个数的十位变成个位，对原数除以 10 就可以了。即表达式 x/=10 能将 x 的个位“删掉”，例如，x 原来等于 123，执行 x/=10 后，x 变成 12。

最后，重复“输出 x 个位上的数”和“删除 x 个位”两个操作，直至 x 等于 0，即可实现本例要求的“翻转输出”。以 x=123 为例，应该先输出 x 的个位数 3，然后将 x 由 123 变成 12，再输出此时 x 的个位数 2，再把 x 由 12 变成 1，再输出此时 x 的个位数 1，最后把 x 由 1 变成 0，结束。

算法设计：

（1）定义变量 x 用于读入数据。

（2）输入 x。

（3）输出 x%10。

（4）x/=10。

（5）判断 x>0 是否成立，成立则转至（3），不成立则转至（6）。

（6）结束。

案例 4 流程如图 4.5 所示。

图 4.5　案例 4 流程图

源程序：

```
#include<stdio.h>
int main()
{
    int x;
    scanf("%d",&x);
    do{
        printf("%d",x%10);                    //输出当前个位上的数
        x/=10;                                //删除个位
    }while(x>0);                              //循环条件
    return 0;
}
```

运行结果：

```
1234567
7654321
```

解析：

本例代码循环体中的两条语句，分别用于输出 x 个位和删除 x 当前个位。do-while 的判断条件是 x>0，当 x 变为 0 时，循环结束。

运行结果中，对输入 1234567 进行测试，得到正确的输出。

4.1.3　for 语句

for 语句及案例 5

1．for 语句的一般形式

除了 while 和 do-while，C 语言中还为循环结构提供了 for 语句。for 语句的格式如下所示：

```
for（表达式 1；表达式 2；表达式 3）
    循环体
```

for 语句从关键字 for 开始，关键字后面的括号中有三个使用分号分隔的表达式。使用 for 语句表示循环时，三个表达式均可空缺不写，但用于分隔表达式的分号不能省略。

2．for 语句的执行流程

执行 for 语句时，首先执行且只执行 1 次表达式 1；然后执行表达式 2；如果表达式 2 返

回假，则退出 for 循环语句；如果表达式 2 返回真，则执行循环体，循环体执行完毕后执行表达式 3，之后再次执行表达式 2，判断是否进入下一轮循环。简单地说，正常情况下，for 语句的执行次序是：

```
表达式 1、[表达式 2、循环体、表达式 3]、……、表达式 2
```

上式中，省略号……表示重复方括号[]中间内容任意次。for 语句执行流程如图 4.6 所示。

通过图 4.6 可知，for 语句进行的循环属于“当型”循环，即先判断，再执行循环体。使用 for 语句时，习惯将表达式 1 用作循环变量的初始化，表达式 2 用作是否继续循环的条件判断，表达式 3 用作修改循环变量的值。

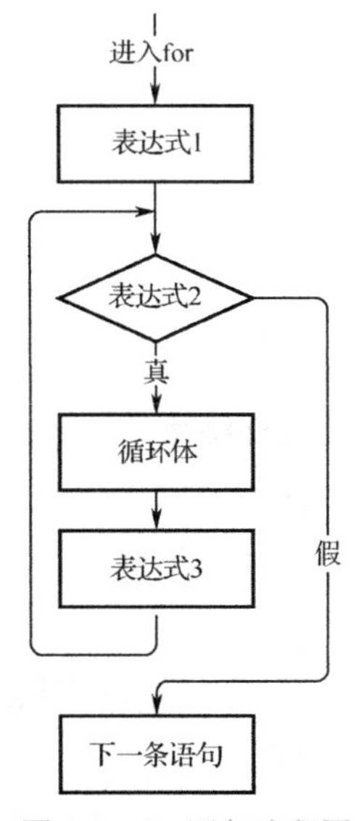

图 4.6 for 语句流程图

3. for 语句实践案例

【案例 5】试着计算数列 1、2、……、*n*，前 *n* 项和，*n* 由用户输入。

解题思路：

首先说明一点：在实际的程序设计中，求解这个问题应该使用等差数列求和公式(1+*n*)**n*/2，但也可以使用 for 语句来实现。

for 语句非常适合循环变量按规律变化的循环。使用 for 语句最关键的是写出它的 3 个表达式，以此题目为例：表达式 1 用于循环变量的初始化，i=1；表达式 2 为循环的条件，i<=n；表达式 3 以等步长的形式改变循环变量，++i。

在循环体中，完成累加求和即可。

算法设计：

（1）定义变量 i 作为循环变量，定义变量 sum 并初始化为 0，用于保存结果，定义变量 n，用于保存用户的输入。

（2）输入 n。

（3）i 初始化为 1。

（4）判断 i<=n 是否成立，成立则转至（5），不成立则转至（8）。

（5）为 sum 增加 i。

（6）为 i 增 1。

（7）转至步骤（4）。

（8）输出 sum，并结束。

案例 5 的流程如图 4.7 所示。

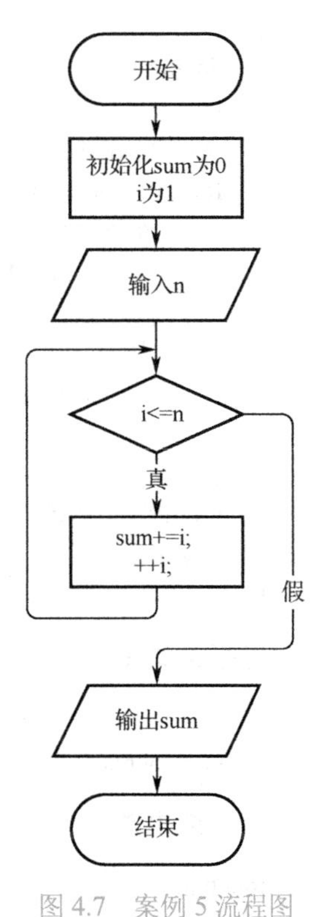

图 4.7 案例 5 流程图

源程序：

```
#include<stdio.h>
int main()
{
    int sum=0,i,n;                    //定义变量
```

```
    scanf("%d",&n);
    for(i=1;i<=n;++i){                        //for 语句的头部
        sum+=i;
    }
    printf("sum=%d\n",sum);
    return 0;
}
```

运行结果：

```
100
sum=5050
```

解析：

案例 5 展示典型 for 语句的使用方法。在运行结果中，用户输入 100，程序输出正确结果 5050。

【案例 6】 计算数列 4.0/1、-4.0/3、4.0/5、4.0/7、……，前 *n* 项和，*n* 由用户输入。

源程序：

案例 6-计算数列

```
#include<stdio.h>
int main()
{
    double sum=0;                    //定义 double 型变量用于求和
    int i,n;
    scanf("%d",&n);
    for(i=1;i<=n;++i){
        if(i%2==1){                  //奇数项用加等
            sum+=4.0/(i*2-1);
        }
        else{                        //偶数项用减等
            sum-=4.0/(i*2-1);
        }
    }
    printf("sum=%f\n",sum);
    return 0;
}
```

运行结果 1：

```
2
sum=2.6666666667
```

运行结果 2：

```
1000000
sum=3.1415916536
```

运行结果 3：

```
1000000000
sum=3.1415926526
```

解析：

案例 6 与案例 5 相比，所采用的代码结构完全相同。只是案例 6 要计算的数列更复杂一些。

首先，案例 6 中，数列中值不再是整型，所以变量 sum 被定义为 double 类型，用于保存浮点类型的计算结果。

其次，数列每一项中的分母各不相同，需要找到循环变量 i 与各项分母的对应关系。不难发现，第 1 项分母对应 1、第 2 项分母对应 3、第 3 项分母对应 5、……，每一项分母恰好等于项数的 2 倍再减 1，即 2*i-1。

最后，数列每一项的符号正负交替出现，代码中利用循环变量 i 的奇偶性，并通过一条 if-else 语句区分“加等”或“减等”两种情况。

通过运行结果可发现，输入的 n 越大，求得的和越接近数学常量 π。我国南北朝时期数学家祖冲之，早在 1500 多年前就已经将圆周率精算到小数点后的第七位，即发现圆周率在 3.1415926 和 3.1415927 之间。

在运行结果 2 中，用户输入的 n 是 1000000，得到的结果居然还没有祖冲之的结果精确。要知道，祖冲之关于圆周率的测算是在没有现代计算工具辅助的情况下完成的，可见我国古代数学家为追求真理，付出了常人难以想象的艰辛努力，我辈应传承他们的不平凡，学习他们的坚持不懈、精益求精的精神。在运行结果 3 中，用户输入的 n 是 1000000000，获得的结果比祖冲之得到的结果更加精确。那么，问题来了：使用案例中的数列，到底算到多少项，才能获得与祖冲之相似的结论呢？即至少计算数列的前几项之和，才能获得 3.1415926 和 3.1415927 之间的结果呢？这就是学习本项目知识后，你需要完成的任务。

多学一点：

for 语句中的三个表达式均可空缺。特别地，当表示循环条件的表达式 2 空缺时，表示无条件进入循环体，即空缺的表达式 2 相当于一个“永真”表达式。例如，语句“for(;;);”将进行“无限循环”。

4.1.4 break 语句和 continue 语句

break 和 continue 语句

C 语言中，break 和 continue 都是表示跳转的关键字，由这 2 个关键字构成的语句放在循环语句的循环体中，能够实现语句跳转。本小节介绍这 2 种跳转语句应用于不同循环时的使用方法和注意事项。

1. break 语句

break 语句可以实现 switch 结构的跳出，同样 break 语句使用在 while、do-while 和 for 语句中时，也能实现循环结构的跳出。例如，在图 4.8 所示的伪代码中，正常情况下，while 循环在表达式 1 取得假值时结束循环，进入语句 3 的执行。但如果执行 if 语句时，表达式 2 取得真值，则将执行 break 语句，break 语句能够结束循环，使流程跳出至循环结构外部，执行语句 3。

```
while(表达式1)
{
  语句1
  if(表达式2)
    break;
  语句2
}
语句3
```

图 4.8 while 中的 break

break 语句应用在 do-while 和 for 结构中，也有类似的作用，这里不再一一说明。

【案例 7】物不知数题

题目描述：

大约一千五百年前，我国古代数学名著《孙子算经》中记载了一道有趣的数学题：今有物不知其数，三三数之剩二，五五数之剩三，七七数之剩二，问物几何？此题目的意思是：有个数 x，x%3 等于 2，x%5 等于 3，x%7 等于 2，问满足条件的最小非负数 x 是几？

“物不知数题”又称“韩信点兵题”，是一类与同余原理有关的数学问题。本例不讨论同余原理的相关知识，只是使用“暴力”循环的方式求出此问题的解。

源程序：

```
#include<stdio.h>
int main()
{
    int i;
    for(i=0; ;++i){                              //表达式 2 空缺
        if(i%3==2 && i%5==3 && i%7==2){          //满足条件时跳出
            break;
        }
    }
    printf("i=%d\n",i);
    return 0;
}
```

运行结果：

```
i=23
```

解析：

本例的代码中使用了 for 语句，其中的表达式 1 先将循环变量 i 初始化为 0，表达式 2 空缺表示无条件进入循环体，表达式 3 每轮循环为 i 增 1。

循环体中，只有一条 if 语句，用于检测当前的 i 是否满足题目要求，如果满足，则使用 break 退出循环。

循环结束时的 i 值，即为所求。

【案例 8】输入正整数 n，判断 n 是否是素数。

案例 8-素数

解题思路：

对于大于 1 的整数来说，只能被 1 和自身整除的整数称为素数（或质数）。看到关于素数的定义，自然想到判断 n 是否是素数的方法为：测试区间[2,n−1]内的每个整数 i，是否全部满足 $n\%i$!= 0，也就是说，n 不能被 2 到 n−1 中的任何一个数整除时，n 就是素数。这种方法虽然可行，但测试区间的上限没有必要是 n−1，而是仅测到$\lfloor\sqrt{n}\rfloor$即可，$\lfloor\sqrt{n}\rfloor$表示 n 的算术平方根向下取整。例如，测试 55 是否是素数时，测试区间是[2,7]，而大于 7 的数没有必要测试。因为 55 的因数中如果存在比 7 大的数 x（例如 11），那么 55/x 必然小于 7，还没有等到测试 x，就已经可以提前得到 55 不是素数的答案。

算法设计：

（1）定义变量 n 和 i，n 用于接收用户输入，i 是循环变量并初始化为 2。

（2）输入 n。

（3）判断 i 是否小于或等于$\left\lfloor \sqrt{n} \right\rfloor$，成立转至（4），不成立转至（6）。

（4）判断 n%i 是否等于 0，成立转至（6），不成立转至（5）。

（5）i 增 1，转至（3）。

（6）判断 i 是否大于$\left\lfloor \sqrt{n} \right\rfloor$，成立转至（7），不成立转至（8）。

（7）输出 n 是素数，转至（9）。

（8）输出 n 不是素数。

（9）结束。

案例 8 流程如图 4.9 所示。

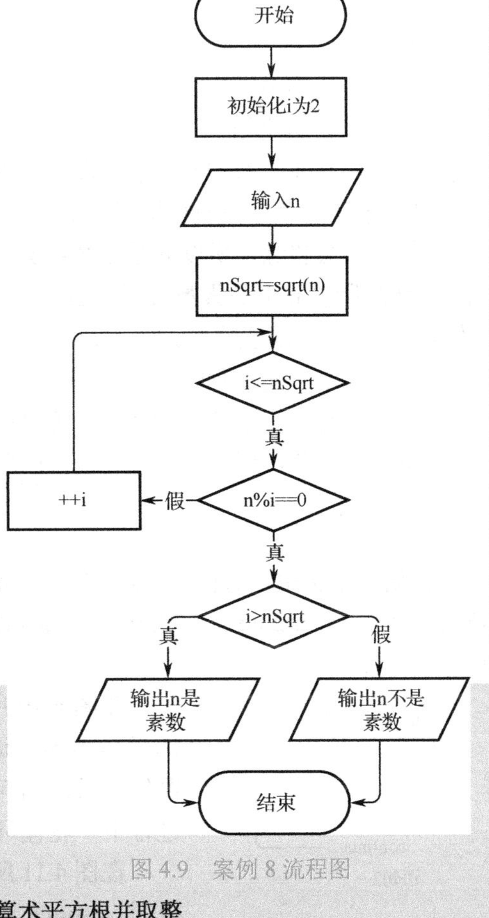

图 4.9　案例 8 流程图

源程序：

```
#include<stdio.h>
#include<math.h>
int main()
{
    int i,n,nSqrt;
    scanf("%d",&n);
    nSqrt=sqrt(n);                   //计算 n 的算术平方根并取整
    for(i=2;i<=nSqrt;++i){           //逐个判断 2～nSqrt 是否存在 n 的因数
        if(n%i==0){                  //n 能被 i 整除立即跳出
            break;
        }
    }
    if(i>nSqrt){                     //使用 i>nSqrt 来决定输出
        printf("%u 是素数\n",n);
    }
    else{
        printf("%u 不是素数\n",n);
    }
    return 0;
}
```

运行结果 1：

```
101
101 是素数
```

运行结果 2：

```
100
```

101 不是素数

解析：

案例 8 代码中的变量 nSqrt 用于保存整数 n 算术平方根的整数部分。在 for 语句中，利用表达式 1 初始化循环变量 i 为 2，表达式 2 判断 i<=nSqrt，表达式 3 将 i 增 1，循环体中判断 n 是否能被当前的 i 整除，成立则执行 break 语句。

for 循环结束存在两种情况：其一，i <= nSqrt 为假，这种情况说明 n 不能被[2, nSqrt]之间的所有数整除，所以 n 是素数；其二，n%i == 0 为真，执行 break，这种情况说明 n 能被 i 整除，所以 n 不是素数。后续代码中是如何区分这两种情况的呢？对于情况一，i <= nSqrt 为假说明此时 i 的值已经大于 nSqrt；而情况二，i 的值还没有大于 nSqrt。所以，for 语句之后的 if-else 语句通过判断 i>nSqrt 来决定输出的信息。

另外，对于小于 2 的整数，一般不讨论它们是否是素数。案例 8 的代码没有考虑这些特殊情况。因此，用户为 n 输入 0、1 等数值时，程序输出的结果没有实际意义。

2. continue 语句

在循环结构中，执行 break 语句，表示跳出循环；而执行 continue 语句，表示跳出本轮循环的循环体。continue 语句在 while、do-while 和 for 结构中的跳转规则不同，下面使用 3 段伪代码分别介绍。

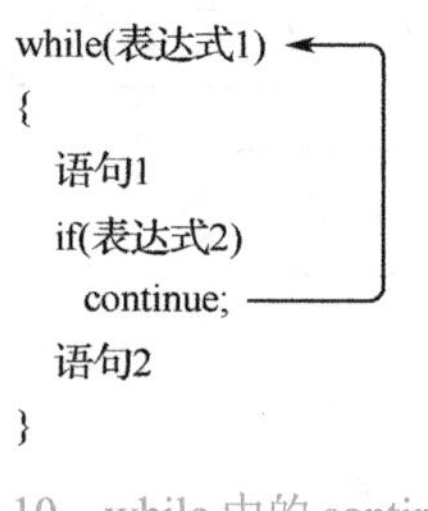

图 4.10　while 中的 continue

在图 4.10 所示伪代码的 while 结构中，一旦表达式 2 返回真，执行 continue 语句。continue 语句将跳过 while 循环体中 continue 语句之后的语句 2，直接进入下一轮表达式 1 的计算，以判断是否进行下一轮循环。

在图 4.11 所示伪代码的 do-while 结构中，一旦表达式 1 返回真，执行 continue 语句。continue 语句将跳过 do-while 循环体中 continue 语句之后的语句 2，直接进入表达式 2 的计算，以判断是否进行下一轮循环。

注意，for 结构中的 continue 跳转与 while 和 do-while 差别较大。在图 4.12 所示伪代码的 for 结构中，一旦表达式 4 为真，执行 continue 语句跳过语句 2 后，进入本轮循环表达式 3 的计算，然后再计算表达式 2，以判断是否进行下一轮循环，而不是跳过表达式 3，直接计算表达式 2。

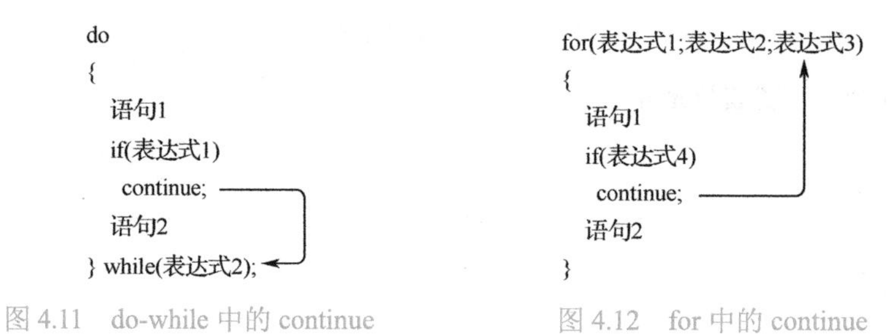

图 4.11　do-while 中的 continue　　图 4.12　for 中的 continue

另外，continue 语句在程序设计中是可有可无的。C 语言提供 continue 语句的目的，只是为了在一些情况下，使用 continue 比使用 if 及 if-else 的语句嵌套更加方便，使程序的流程更加清晰。

【案例 9】输出 1 至 25 之间不能被 3 整除的数。

解题思路：

先编写循环输出 1～25 之间的数，然后在循环体中，对于能被 3 整除的数使用 if+continue 跳过打印语句。

源程序：

```
#include<stdio.h>
int main()
{
    int i;
    for(i=1;i<=25;++i){
        if(i%3==0){                    //能被 3 整除就跳过打印
            continue;
        }
        printf("%d ",i);
    }
    return 0;
}
```

运行结果：

```
1 2 4 5 7 8 10 11 13 14 16 17 19 20 22 23 25
```

解析：

本例中只使用了一个变量 i。在 1 至 25 的 for 循环中，printf 用于输出 i。根据题意，能被 3 整除的数不输出，所以使用 if 进行判断，并使用 continue 跳过后面的 printf。

练一练

【练习 1】案例 2 中用户输入整数的个数是固定值 4，即使不使用循环也能很容易地写出代码。请改写案例 2，使程序能够计算“任意多个”同学成绩的和。提示：增加变量 n 表示要输入成绩的个数，用户在输入 n 个成绩之前，先输入 n。

【练习 2】模仿案例 3，实现求一组数平均数的功能。提示：需要增加一个变量记录用户输入数据的个数。

【练习 3】模拟“请输入密码并以#号键结束”，要求对输入的密码进行+1 显示。例如，输入 abc123#，则输出 bcd234。

【练习 4】输入一个正整数，输出该数有几位。

【练习 5】编写程序计算 *n* 的阶乘。

【练习 6】给出下面程序运行结果，分析原因。

源程序：

```
#include<stdio.h>
int main()
{
    int i=1,j=0;
    while(i<100)
    {
```

```
            i*=2;
            ++j;
        }
        printf("i=%d,j=%d\n",i,j);
        return 0;
    }
```

【练习 7】完善案例 8 的代码，使其面对小于 2 的输入时，能够输出“输入有误”的提示信息。

【练习 8】求最小的 *n*，满足 *n* 的阶乘大于 10000。

【练习 9】改写案例 9，要求在循环体中不使用 continue，并能完成与案例 9 相同的功能。

4.2 嵌套循环及应用

嵌套循环及案例 10、11

嵌套循环又称多重循环，即外层循环语句的循环体中，包括内层的循环语句。程序设计的初学者往往在编写嵌套循环的代码时，感到无从下手。实际上，只要将整个循环语句看作一条语句（循环语句就是广义上的一条语句），不论几层的循环嵌套都和简单的一重循环是一样的。

例如，教学楼里面有很多教室，每个教室中有一些同学在上课。小明要数一数此刻教学楼中上课的学生一共有多少。如果小明把“数一个学生”当成“原子操作”，那么数清一个教室有几名学生的操作就是一重循环，数清整个教学楼的操作就是两重循环。但如果小明能够把“数一个教室”当成“原子操作”，那么数清整个教学楼也就变成了“一重循环”。

【案例 10】输出由 hello 组成的 9×9 的方阵。

解题思路：

先考虑如何使用循环语句在 1 行内输出 9 个 hello，再将这个循环语句当成一个“原子操作”重复 9 次。

源程序 1：在一行内打印 9 个 hello。

```
#include<stdio.h>
int main()
{
    int j;
    for(j=1;j<=9;++j){                //循环打印 9 个 hello
        printf("hello ");
    }
    printf("\n");                     //打印换行符号
    return 0;
}
```

运行结果 1：

```
hello hello hello hello hello hello hello hello hello
```

解析 1：

代码中，for 语句的循环体被执行 9 次，完成 9 次 hello 的打印。for 语句后的 printf 用于打印换行符。

不难想象，将以上代码中的核心部分重复 9 次，就可以打印 9 行，每行 9 个 hello。

源程序 2：打印由 hello 组成的 9×9 方阵。

```
#include<stdio.h>
int main()
{
    int i,j;
    for(i=1;i<=9;++i){              //将循环体执行 9 次
        for(j=1;j<=9;++j){          //循环打印 9 个 hello
            printf("hello ");
        }
        printf("\n");               //打印换行符号
    }
    return 0;
}
```

运行结果 2：

```
略
```

解析 2：

源程序 1 中的核心代码(打印 9 次 hello 的 for 语句以及 for 语句后面打印换行符的 printf 语句)，在源程序 2 中作为外层循环的循环体。

源程序 2 增加了循环变量 i，作为外层循环的循环变量，i 从 1 变化至 9 使循环体执行 9 次，当 i 等于 10 时，结束循环。

【案例 11】按照以下方式打印乘法口诀表。

```
1*1=1
1*2=2 2*2=4
1*3=3 2*3=6 3*3=9
1*4=4 2*4=8 3*4=12 4*4=16
1*5=5 2*5=10 3*5=15 4*5=20 5*5=25
1*6=6 2*6=12 3*6=18 4*6=24 5*6=30 6*6=36
1*7=7 2*7=14 3*7=21 4*7=28 5*7=35 6*7=42 7*7=49
1*8=8 2*8=16 3*8=24 4*8=32 5*8=40 6*8=48 7*8=56 8*8=64
1*9=9 2*9=18 3*9=27 4*9=36 5*9=45 6*9=54 7*9=63 8*9=72 9*9=81
```

解题思路：

案例 10 打印了由 hello 构成的 9×9 的方阵，本例要打印内容的形状正好是 9×9 方阵的左下角部分。所以，先在案例 10 代码基础之上，打印由 hello 构成的 9×9 的方阵的左下三角部分，然后，再更换打印内容。

源程序 1：打印由 hello 组成的 9×9 方阵的左下三角部分。

将案例 10 源程序 2 中的 for(j=1;j<=9;++j)改成 for(j=1;j<=i;++j)。

```
#include<stdio.h>
int main()
{
    int i,j;
    for(i=1;i<=9;++i){                  //将循环体执行 9 次
        for(j=1;j<=i;++j){              //循环打印 i 个 hello
            printf("hello ");
        }
        printf("\n");                   //打印换行符号
    }
    return 0;
}
```

运行结果 1：

```
hello
hello hello
hello hello hello
hello hello hello hello
hello hello hello hello hello
hello hello hello hello hello hello
hello hello hello hello hello hello hello
hello hello hello hello hello hello hello hello
hello hello hello hello hello hello hello hello hello
```

解析 1：

在方阵的左下三角部分中，第 1 行有 1 个 hello，第 2 行有 2 个 hello，…。即第 i 行有 i 个 hello。所以，既然 for(j=1;j<=9;++j)能使循环体执行 9 次，那么 for(j=1;j<=i;++j)能使循环体执行 i 次。要做的事情仅仅是将案例 10 源程序 2 中内层 for 循环的表达式 2 由 j<=9 改成了 j<=i。

至此，乘法口诀表的形状已经打印出来了，接下来需要将 hello 换成乘法口诀表的内容。

源程序 2：打印乘法口诀表。

将源程序 1 中的 printf("hello ")改成 printf("%d*%d=%d ",j,i,i*j)。

运行结果 2：

```
略
```

解析 2：

源程序 2 需要修改内层循环体中的 printf 语句，将打印内容 hello 换成了乘法口诀表中的等式。在打印格式"%d*%d=%d "中，3 个%d 分别对应列号 j、行号 i，以及行号和列号的乘积。

【案例 12】一百块砖，一百个人搬，一个男人搬 4 块砖，一个女人搬 3 块砖，两个小孩搬 1 块砖。问男人、女人、小孩各若干？

解题思路：

假设 x、y 和 z 分别表示男人、女人和小孩的人数。粗略地看，三个变量的范围分别是：x∈[0,25]，y∈[0,33]，z∈[0,100]，并且 z 是偶数。

案例 12-嵌套的应用

想象一个由 x、y 和 z 作为轴的三维直角坐标系，此问题可转换为在此坐标系的一定范围内搜索满足 x+y+z==100 && x*4+y*3+z/2==100 的一些点。在三维直角坐标系中搜索，外层循环对应“搜各层”，中间层循环对应在某层中“搜各行”，内层循环对应在某层的某行中“搜各列”上的元素。

源程序：

```
#include<stdio.h>
int main()
{
    int x,y,z;
    for(x=0;x<=25;++x){                          //搜索各层（男人 0、1、……）
        for(y=0;y<=33;++y){                      //搜索各行（女人 0、1、……）
            for(z=0;z<=100;z+=2){                //搜索各列（小孩 0、2、……）
                if(x+y+z==100 && x*4+y*3+z/2==100){      //判断是否满足条件
                    printf("男%d 人，女%d 人，小孩%d 人\n",x,y,z);
                }
            }
        }
    }
    return 0;
}
```

运行结果：

```
男 0 人，女 20 人，小孩 80 人
男 5 人，女 13 人，小孩 82 人
男 10 人，女 6 人，小孩 84 人
```

解析：

本例代码简单地使用了三重循环解决问题。三重循环由外到内分别对应男人、女人和小孩人数的搜索。值得注意的是，为保证小孩的数量是偶数，用于小孩人数的循环变量 z 在每次循环体结束后增加 2。

内层循环体中的 if 语句在程序执行结束时，一共被执行了 26×34×51 次。读者可尝试将三重循环改成两重循环，以提高程序的执行效率。

练一练

【练习 10】输入 *n*，打印下面图形的前 *n* 行。

1

22

333

……

【练习 11】使用两重循环完成案例 11。

知识拓展：使用 goto 语句跳出多重循环

1．goto 语句

C 语言允许在语句之前加入标号，例如：

```
L:x=99;
```

其中，冒号前的 L 就是语句“x=99;”的标号，标号属于标识符，定义时需要遵循标识符命名规则。另外，关键字 goto 表示跳转语句，例如：

```
goto L;
```

执行上面的 goto 语句，程序就会转到标号为 L 的语句执行。不难想象，使用 if 和 goto 语句的结合，可以代替 if-else、while、do-while、for 等语句结构。

2．goto 语句破坏程序结构

在结构化程序设计中，如果将代码中的每个分支结构、循环结构都看成一个个语句块，整个代码便可看成是由多个语句块组成的顺序结构。执行时，从第 1 个语句块开始，依次执行后面的语句块。结构化程序设计保证了程序静态结构和动态结构的一致性（即程序阅读顺序和执行顺序相同）。

虽然 goto 语句可以表示分支结构和循环结构，但使用 goto 语句在任意的代码块之间跳转，就会打破程序的结构化，使程序的静态结构和动态结构不一致（程序阅读顺序和执行顺序不一致），从而导致代码不易被他人理解，也不利于代码调试。因此，在实际程序设计中，不要使用 goto 语句表示分支或循环结构，也不要使用 goto 语句从一个代码块（这里的代码块指 if、else 控制的语句组或循环结构的循环体等）跳转到另一个代码块。

既然表示跳转的 goto 语句可能破坏程序结构，那么是不是说明 goto 语句在结构化程序设计中毫无用处呢？实则不然，C 语言保留 goto 语句除了历史原因之外，在某些情况下，合理使用 goto 语句不仅不会破坏程序结构，反而还可以起到简化流程的作用。

3．goto 语句在程序结构化程序中的作用

在 C 语言中，使用 break 语句可从当前循环结构中跳出，但 break 跳出的仅仅是一层循环结构。如果程序中需要从多重循环中跳出，就需要在多重循环的每一层设置 break 语句。这样处理不仅费事，还会使代码变得冗长，程序逻辑变得复杂。面对这种情况，使用 goto 语句可以在不破坏程序结构的情况下，方便地从多重循环中直接跳出。

在案例 12 中，使用三重循环求出了“百人搬砖”问题的全部答案。如果任务的需求变化为：只求一组解。那么，当程序搜索到第一组解时，就应该立即从三重循环中跳出。下面的源程序使用 goto 语句完成求“百人搬砖”问题第一组解的任务。

源程序：

```
#include<stdio.h>
int main()
{
```

```
    int x,y,z;
    for(x=0;x<=25;++x){
        for(y=0;y<=33;++y){
            for(z=0;z<=100;z+=2){
                if(x+y+z==100 && x*4+y*3+z/2==100){
                    goto PRINT;                         //跳出三重循环之外
                }
            }
        }
    }
    PRINT:printf("男%d 人，女%d 人，小孩%d 人\n",x,y,z);    //打印解
    return 0;
}
```

运行结果：

```
男 0 人，女 20 人，小孩 80 人
```

解析：

代码中，为打印结果的那行语句定义了标号 PRINT，并在三重循环的最内层使用了 goto 语句。

在程序执行过程中，当找到问题第一组解时，goto 语句使程序从三重循环中直接跳出，转移至打印语句。如果这里不使用 goto 语句，而只使用 break，那么，实现这样的流程需要在三重 for 循环的每一层中，都设置一组“if(找到解) break”。此时，多组 break 使代码变得冗长，可读性也随之下降。

综合练习

1．升序打印 1 到 100 之间所有能被 7 整除的数。

2．降序打印 1 到 100 之间所有能被 7 整除的数。

3．输入一个整数，输出其所有因数。例如，输入 10，输出 1、2 和 5。

4．输入两个非负整数，输出这两个整数的最大公约数。

5．输出数列 $\frac{1.0}{0!}+\frac{1.0}{1!}+\cdots+\frac{1.0}{10!}$ 的和，式中符号!表示阶乘，而不是“逻辑非”，另外 0 的阶乘等于 1。

6．水仙花数是一个 3 位整数，各个数位上数的立方之和恰好等于这个数本身。例如，153=1×1×1+5×5×5+3×3×3。编程打印所有的水仙花数。

7．输入一个整数，输出该整数所有因数之和。例如：输入 10，10 的因数包括 1、2 和 5，所以输出 8。

8．输入一个合数 n，将 n 进行质因数分解。例如，输入 100，输出 2、2、5、5。

9．冰雹猜想的内容是：任何一个大于 1 的整数 n，按照“n 为偶数则除以 2，n 为奇数则乘以 3 后再加 1”的规则不断变化，最终都可以变化为 1。例如，n 等于 20，变化过程为：20、10、5、16、8、4、2、1。编写程序，用户输入 n，输出变化过程以及变化的次数。

10．输入正整数 n，打印由“*”组成的$(2n-1)\times(2n-1)$菱形图案。例如，输入为 3，输出以下图案：

```
  *
 ***
*****
 ***
  *
```

11．哥德巴赫猜想的内容是：任何一个大于 4 的偶数，均可拆分成两个奇素数的和。编写程序，在有限的范围内验证哥德巴赫猜想。输入一个偶数 n，输出 n 的所有奇素数拆分方法。例如，输入 16，输出 3+13、5+11；再如，输入 20，输出 3+17、7+13。

12．整数 6 的因子包括 1、2 和 3，巧合的是 6=1+2+3，像 6 这样所有因子之和恰好等于自身的数称为“完数”。编写程序找出 2 至 10000 之间的所有完数。

13．计算 2 到 100 之间所有素数的和。

拓展案例

新时代的中国北斗

北斗卫星导航系统（简称北斗系统）是中国着眼于国家安全和经济社会发展需要，自主建设、独立运行的卫星导航系统。党的十八大以来，北斗系统进入快速发展的新时代。2020 年 7 月 31 日，习近平总书记向世界宣布北斗三号全球卫星导航系统正式开通，标志着北斗系统进入全球化发展新阶段。

中国立足国情国力，坚持自主创新、分步建设、渐进发展，不断完善北斗系统，实施“三步走”发展战略。1994 年，中国开始研制发展独立自主的卫星导航系统，至 2000 年年底建成北斗一号系统，采用有源定位体制服务中国，成为世界上第三个拥有卫星导航系统的国家。2012 年，建成北斗二号系统，面向亚太地区提供无源定位服务。2020 年，北斗三号系统正式建成开通，面向全球提供卫星导航服务，标志着北斗系统“三步走”发展战略圆满完成。2020 年 7 月，北斗三号系统正式开通全球服务，“中国的北斗”真正成为“世界的北斗”。

北斗系统通过 30 颗卫星，免费向全球用户提供服务，全球范围水平定位精度优于 9 米、垂直定位精度优于 10 米，测速精度优于 0.2 米/秒、授时精度优于 20 纳秒。通过 6 颗中圆地球轨道卫星，旨在向全球用户提供符合国际标准的遇险报警公益服务。创新设计返向链路，为求救者提供遇险搜救请求确认服务。北斗系统是世界上首个具备全球短报文通信服务能力的卫星导航系统，通过 14 颗中圆地球轨道卫星，为特定用户提供全球接入服务，最大单次报文长度 560 比特（40 个汉字）。

在面对未知的艰辛探索中，中国北斗建设者披荆斩棘、接续奋斗，培育了“自主创新、开放融合、万众一心、追求卓越”的新时代北斗精神，生动诠释了以爱国主义为核心的民族精神和以改革创新为核心的时代精神，丰富了中国共产党人的精神谱系。

（引自国务院新闻办公室《新时代的中国北斗》白皮书）

项目 5

国际标准书号检验——数组与应用

学习目标

❖ 知识目标

- 掌握一维数组和二维数组的定义以及引用方法
- 理解 C 语言风格的字符串的初始化以及引用规则
- 熟悉字符串处理函数

❖ 技能目标

- 能使用一维数组和二维数组解决实际问题
- 会根据实际情况合理应用字符串处理函数

❖ 素质目标

- 强化中国古代数学的杰出研究成果，增强民族自豪感，激发学生的学习热情
- 坚定文化自信自强、增强使命感与责任感

假设程序中需要表示某超市上万种商品的价格，不可能要求程序员为每一种商品单独定义变量，并为每个变量独立命名。因此，几乎所有的程序设计语言都会提供批量定义变量的方法。

C 语言中，可以通过数组来解决批量定义变量的问题。同时，结合循环语句可以方便地对数组中的数据进行“批处理”。本节介绍 C 语言数组的定义和使用方法，以及使用数组解决实际问题时的技巧和注意事项，并在二维数组应用的案例中，介绍杨辉三角相关知识，增强学生民族自豪感，激发学生学习热情。

任务描述：国际标准书号检验

国际标准书号（ISBN）是专门为识别图书等文献而设计的国际编号。通常情况下，图书的 ISBN 和定价被印在封底的右下方。2007 年开始，ISBN 由 10 位数字扩充至 13 位。13 位 ISBN 的检验方法如下。

（1）计算加权和：用 1 分别乘以 ISBN 中的奇数位，用 3 乘以偶数位，将各个乘积相加，即得到加权和 S。

（2）计算余数：将第一步得到的加权和 S 除以 10，取其余数 M。

（3）检验结果：若余数 M 等于 0，则通过检验，否则未通过检验。

例如，对 ISBN 978-7-121-41614-9 进行检验。

计算加权和：$S=9\times1+7\times3+8\times1+7\times3+1\times1+2\times3+1\times1+4\times3+1\times1+6\times3+1\times1+4\times3+9\times1=120$；

计算余数：M=120%10=0；

检验结果：通过。

此次任务是实现一个 13 位 ISBN 的校验程序。具体要求如下：

（1）使用字符数组保存用户输入的 ISBN，用户可能输入符号（-）分隔 ISBN 中的数字。

（2）剔除用户输入中的非数字字符。

（3）检验 ISBN。

技能要求 

5.1 一维数组及应用

小明希望在程序中存放全班 30 名同学的 C 语言成绩，如果采用以前定义变量的方式，则小明需要定义 score1、score2、…、score30 等 30 个变量，这个过程过于烦琐。于是小明采用如下的方式批量定义变量：

```
int scores[30];
```

在 scores 中保存了 30 个变量，每个变量都可以存储一位同学的成绩，如图 5.1 所示。

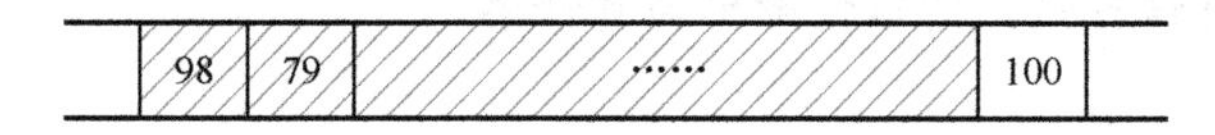

图 5.1 数组 scores 存储 30 个成绩

图 5.1 中的每个格子，都代表了一个整型变量。不难发现，这些变量紧紧相邻，并且它们保存相同类型的数据。这就是 C 语言中的数组。

C 语言中，数组是指一组同类型数据的有序集合，一个数组在内存中占用一段连续的存储单元。定义一个数组相当于同时定义多个变量，使用统一的数组名和不同的下标可以引用数组中的每一个元素。

另外，C 语言支持不同维度的数组，本节介绍其中最简单、最常用的一维数组。

5.1.1 一维数组的定义和引用

一维数组的定义及引用

1. 一维数组的定义

之前小明定义数组使用了以下语句：

```
int scores[30];
```

其中，int 指定了数组的类型，表示图 5.1 中每个格子中都需要保存一个整数；scores 表示数组名，类似于变量名，方便在后续代码中使用这个数组；[30]表示它是一个数组，并且长度为30。

C 语言定义一维数组的一般形式如下：

```
类型  数组名[数组长度];
```

上式展示了在一条语句中定义一个数组的形式。实际上，C 语言允许在同一条语句中定义多个数组，甚至还允许将普通变量和数组在一起定义。例如：

```
int a[3] , b , c[10];
```

其中，a 和 c 是整型数组，长度分别为 3 和 10，b 是普通的整型变量。

需要注意的是，定义数组时，表示数组长度表达式的类型应为无符号整型，使用负整数或浮点数作为数组长度属于编译错误。例如：

```
int a[-9];          //编译错误
int b[7.0];         //虽然 7.0 等于 7，但此语句仍存在编译错误
int c[0];           //虽然语法正确，但没有意义
```

多学一点：

如果小明直到运行程序时才知道需要保存多少名同学的成绩，那么编写程序时应该如何定义这个数组呢？可能会想到如下代码：

```
int x;
scanf("%d",&x);
int scores[x];      //在 C99 标准出现之前，此语句存在编译错误
```

在 C99 标准出现之前，以上代码中的语句“int scores[x];”存在编译错误。按照之前标准的要求，定义数组时，表示数组长度的表达式必须是常量表达式。也就是说，在编写程序时，数组的长度必须提前设定好，而不能使用变量作为数组长度。

这样的规定给程序设计带来少许不便。例如，小明希望保存 x 名同学的成绩，但 x 的具体值需要运行时由用户输入，如果变量 x 不能作为数组长度，则只好定义一个较大的数组，防止出现“装不下”的情况。

为了方便在程序中根据需要产生长度适当的临时数组，C99 标准允许在局部作用域定义（声明）数组时，使用整型变量作为数组长度。程序执行时，根据当时变量的取值，来确定数组的长度。也就是说，上面的代码片段在 C99 标准下是正确的，并将此时的 scores 称为“可变长”数组。

关于“局部作用域”的概念将在项目 6 中介绍，目前只需知道在一对大括号{}内部定义数组时，可以使用变量作为长度即可。

2. 一维数组元素的引用

一个数组相当于多个同类型连续存储的变量，数组中的每个变量被称为数组元素。在定义了数组之后，可以采用如下形式引用数组元素：

```
数组名[下标]
```

其中，下标是指数组中某个元素对应的序号。C 语言中，数组元素的下标从 0 开始编号。所以，长度为 N 的数组有效下标是 0 至 N−1。图 5.2 展示长度为 3 的数组 a 在内存中的存储，

数组 a 中包含的 3 个元素可分别表示为 a[0]、a[1]和 a[2]。

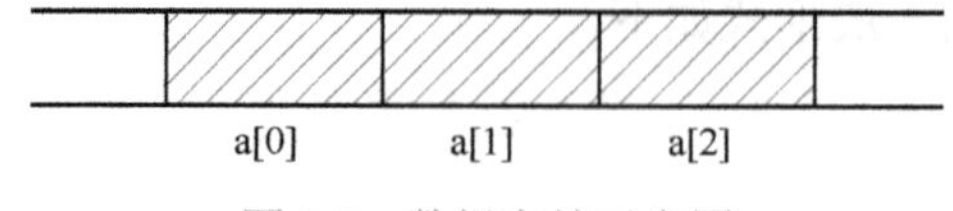

图 5.2 数组存储示意图

使用“数组名[下标]”的方式引用数组元素，就像使用变量名引用变量一样，既可以读取数组元素的值，又可以为数组元素赋值。例如：

```
int x=a[0];        //读取 a[0]的值存入变量 x
a[1]=100;          //为 a[1]赋值 100
```

思考：在代码编写过程中，如果引用数组元素时使用的下标不在有效范围内，例如，对图 5.2 中数组 a 的元素进行引用时，写出了 a[-1]或 a[3]这样的表达式，这样是否可行？

提示：这并不属于语法错误，a[-1]和 a[3]分别表示图 5.2 中 a[0]左侧和 a[2]右侧的一段内存空间。

注意：访问数组有效下标之外的存储空间，将会出现难于发现的逻辑错误。

【案例 1】小明寝室的 4 名同学参加了无偿献血活动，老师为了鼓励他们这种奉献精神，决定给他们的平时成绩加 10 分（加分后成绩不能超过 100）。输入 4 个原始成绩保存至数组，计算并输出 4 名同学加分后的平均成绩。

案例 1-平均成绩

解题思路：

首先，定义一个长度为 4 的整型数组，用于保存用户输入的原始成绩；然后，循环遍历 4 个元素，累加求和，求和过程中为不足 90 分的成绩加 10 分，对于 90～100 分的成绩，直接累加至 100；最后，使用累加和除以 4.0 即为平均成绩。

源程序：

```
#include<stdio.h>
int main()
{
    int scores[4],i,sum=0;
    for(i=0;i<4;++i){                        //循环输入
        scanf("%d",&scores[i]);
    }
    for(i=0;i<4;++i){                        //循环调整分数
        sum+= scores[i]<90 ? scores[i]+10 : 100;
    }
    printf("平均分：%.2f\n",sum/4.0);
    return 0;
}
```

运行结果：

```
66 77 88 99
平均分：90.25
```

解析：

在案例 1 的代码中，数组 scores 用于保存 4 名同学的原始成绩，变量 sum 用于保存加分后的成绩和，i 是循环变量。

在第 1 个 for 循环中，每次循环读入 1 个原始成绩，表达式 scores[i]代表数组 scores 的第 i 个元素（i 从 0 开始计数），&scores[i]表示 scores[i]的地址。

在第 2 个 for 循环中，使用了条件表达式 scores[i]<90 ? scores[i]+10 : 100，即如果原始成绩 scores[i]小于 90，则返回 scores[i]+10，否则返回 100。实际上，可以将代码中的两个循环合并为一个，即循环体中包含两条语句，一条用于读入数据，另一条用于 sum 的累加。

最后输出结果时，使用 sum/4.0 表示平均成绩。注意，这里不能使用 sum/4，因为 sum 和 4 都是整数，相除的结果还是整数，整数既不能使用%f 进行输出，又无法表示更加精确的平均成绩。

通过本例学习会发现，使用数组不仅可以方便地批量定义变量，而且可以方便地使用循环语句对数据进行批处理。在本项目的实践任务中，需要处理 13 位的 ISBN。虽然，不使用数组也能完成这个操作，但是处理起来需要编写更多的代码。

5.1.2 一维数组的初始化

一维数组初始化及案例 2

定义数组的同时可以对数组进行初始化。例如：

```
int a[4]={1,2,3,4};
int b[4]={1,2};
int c[]={3,4,5,6};
```

以上代码片段示范了数组初始化的几种方式：

（1）数组 a 的长度为 4，初始值恰好也是 4 个，a[0]至 a[3]的初始值分别为 1 至 4，如图 5.3 所示。

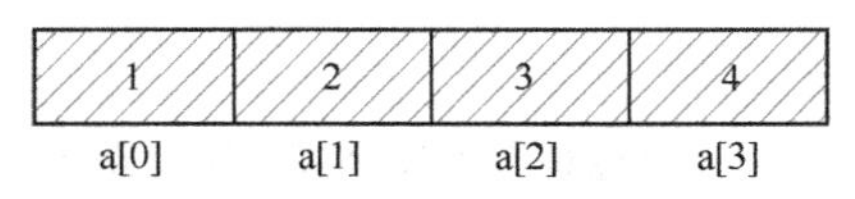

图 5.3 显式初始数组 a 的全部元素

（2）数组 b 长度为 4，显式初始值 1 和 2，此时 a[0]初始化为 1，a[1]初始化为 2，其余元素初始化为 0，如图 5.4 所示。

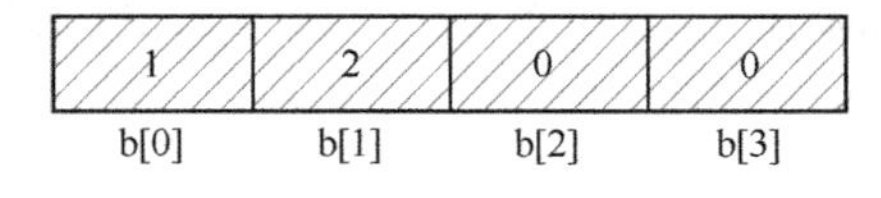

图 5.4 显式初始数组 b 的部分元素

（3）数组 c 定义时未指定长度，编译器根据初始值个数确定长度为 4，并分别将 c[0]至 c[3]初始化为 3 至 6，如图 5.5 所示。

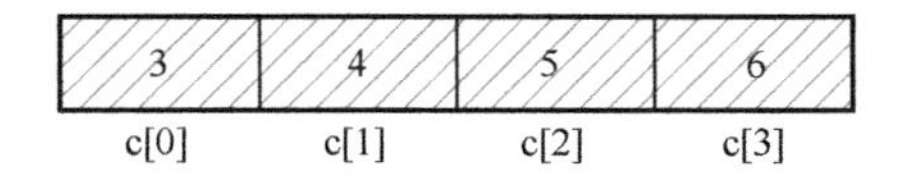

图 5.5 根据初始值个数确定数组 c 的长度

思考：本小节介绍的大括号初始化方式可以用于定义数组时的初始化，在数组被定义之后，能否使用该方式为数组元素批量赋值？

提示：例如：

```
int a[3]={1,2,3};           //正确
a={4,5,6};                  //编译错误
```

另外，数组之间也不能直接使用数组名赋值。例如：

```
int b[3]={1,2,3},c[3]={4,5,6};      //定义 2 个数组
b=c;                                //编译错误
```

注意：C 语言中的数组名是表示数组首地址的常量，而常量的值不能改变，即常量不能放在赋值号“=”的左侧。关于数组名表示数组首地址的详细讨论放在项目 7，目前只需知道 C 语言中的数组名是不可以改变的常量即可。

5.1.3 一维数组的应用

【案例 2】统计小明所在班级 C 语言成绩的最高分。

解题思路：

统计一组数中的最大值可以使用“擂台法”。首先，假设第 0 个元素是“擂主”（当前最大值）；然后，在循环过程中，将数组中其他元素依次与当前“擂主”比武较量（比较大小），获胜者成为新“擂主”（更新最大值）；最后，循环结束时的“擂主”即为所求。

源程序：

```
#include<stdio.h>
#include<stdlib.h>
#define N (30)                          //数组长度
int main()
{
    int scores[N],i;
    for(i=0;i<N;++i){                   //随机产生 N 个成绩存入数组
        scores[i]=rand()%101;
    }
    int max;                            //最大值
    for(i=0;i<N;++i){                   //找最大值
        if(i==0||scores[i]>max){        //第 0 个元素或当前元素比擂主大，更换擂主
            max=scores[i];
        }
    }
    printf("最高分：%d\n",max);
    return 0;
}
```

运行结果：

```
最高分：99
```

解析：

代码中先定义表示小明班级人数的宏 N，设置为 30。后续代码中，所有出现 30 的地方均使用 N 代替。如果希望将 N 设置为其他值，则仅修改宏定义的那一行代码即可。

数组 scores 长度为 N，用于保存 N 名同学的 C 语言成绩。变量 max 用于保存最高分。

在第 1 个 for 循环中，为了省去用户的输入。这里调用函数 rand 随机生成了 N 个成绩。函数 rand 的功能是返回 1 个 0～RAND_MAX 之间的随机整数（RAND_MAX 是 rand 产生随机数范围的上限，不同系统中 RAND_MAX 的取值不同）。函数 rand 产生的随机数很大，为了模拟考试成绩，这里将 rand 的返回值对 101 取余数。由于一个正整数对 101 取余数，只有 0～100 这 101 种可能，所以表达式 rand()%101，返回 0～100 之间的随机数。

第 2 个 for 循环实现了求最大值的功能。循环体中，如果当前数组元素 scores[i]比之前记录的最大值 max 大，则需要更新 max 的值为当前的 scores[i]（更换擂主），特别地，当 i 等于 0 时，即首轮循环中，max 应该直接设置为 scores[0]（设置首位擂主）。

【案例 3】 数列 1、1、2、3、5、8、……被称为斐波那契数列，数列的第 0 项和第 1 项为 1，第 2 项开始的每一项等于其前面两项之和。使用数组存放斐波那契数列前 40 项，输出第 38 项和第 39 项的值，以及二者的商。

案例 3-斐波那契数列

解题思路：

首先，定义长度为 40 的整型数组，同时将前两项初始化为 1；然后，使用循环语句从第 2 个元素开始到第 39 个元素结束，设置每个数组元素的值等于其前两个元素之和；最后，输出下标为 38、39 两个元素的值，以及它们的商。

源程序：

```
#include<stdio.h>
int main()
{
    int fib[40]={1,1},i;                    //定义数组并初始化
    for(i=2;i<40;++i){                      //循环为 fib 数组的其他元素赋值
        fib[i]=fib[i-1]+fib[i-2];
    }
    printf("F(38)=%d,F(39)=%d\n",fib[38],fib[39]);
    printf("黄金比例约等于：%.3f\n",(double)fib[38]/fib[39]);
    return 0;
}
```

运行结果：

```
F(38)=63245986,F(39)=102334155
黄金比例约等于：0.618
```

解析：

数组 fib 用于存储斐波那契数列前 40 项的值，定义时将前 2 项初始化为 1。

在 for 循环中，循环变量 i 从 2 开始，循环条件 i<40（40 恰好是数组长度），循环体中设置每一项的值等于其前面两项的和。

通过运行结果可发现斐波那契数列的几何意义：在 n 值较大的情况下，斐波那契数列的第 n 项与第 $n+1$ 项的比值近似等于黄金比例。

5.1.4 一维数组元素排序

在实际的程序设计中，会经常遇到为数据排序的需求，例如，点名册按学号的升序显示

学生名单，成绩单上按照成绩降序排列各个成绩，等等。下面介绍一种简单的排序算法——冒泡排序。

以排升序为例，冒泡排序算法描述如下：从数组左侧首个元素开始，对相邻元素进行两两比较，如果相邻元素中右侧元素小于左侧元素，则交换它们的位置；比较和交换的过程持续进行到数组的最右侧，此时最大元素已被放置在数组末尾。以上过程被称为冒泡排序的一趟或一轮，不难想象，对包含 *N* 元素的数组进行排序，最多进行 *N*-1 轮比较和交换。同时，因为每轮结束后总会有一个元素已经确定了位置，所以每轮结束后的下一轮可以少比较一对相邻元素。

【案例 4】为小明所在班级 C 语言成绩排升序。假设班级有 10 名同学。

解题思路：

按照以上描述的冒泡排序算法为数组排序，排序需要两重循环，外层循环的循环体对应冒泡排序的一轮，需要循环 10-1 次；内层循环的循环体完成数组元素的两两比较和交换，每轮内层循环执行的比较次数不同，第 1 轮执行 9 次，第 2 轮执行 8 次，…，第 9 轮执行 1 次。

源程序：

案例 4-冒泡排序

```
#include<stdio.h>
#include<stdlib.h>
#define N (10)
int main()
{
    int scores[N],i,j;
    for(i=0;i<N;++i){                          //随机生成数组元素
        scores[i]=rand()%101;
    }
    printf("排序前：\n");                       //排序前打印数组
    for(i=0;i<N;++i){
        printf("%d ",scores[i]);
    }
    printf("\n---------------\n");
    for(i=0;i<N-1;++i){                        //冒泡排序的外层循环进行 N-1 轮
        for(j=0;j<N-1-i;++j){                  //内层循环进行 N-1-i 次，比上一轮少 1 次比较
            if(scores[j+1]<scores[j]){         //如果相邻元素逆序则交换位置
                int t=scores[j+1];
                scores[j+1]=scores[j];
                scores[j]=t;
            }
        }
    }
    printf("排序后：\n");                       //排序后打印数组
    for(i=0;i<N;++i){
        printf("%d ",scores[i]);
    }
    return 0;
}
```

运行结果：

排序前：
41 85 72 38 80 69 65 68 96 22

排序后：
22 38 41 65 68 69 72 80 85 96

解析：

代码开头部分与案例 2 相似，使用随机的方式产生了 10 个成绩存入数组 scores 之中。

代码中的两重循环完成对数组的冒泡排序。其中，外层循环将执行 N−1 次，每次循环对应一轮冒泡排序；内层循环执行 N−1−i 次，每次循环对应一次相邻元素的比较，这里的 i 是外层循环的循环变量。整体上看，为 10 个元素排序，需要进行 9 轮（轮次编号 0～8）：第 0 轮为 10 个元素进行 9 次的两两比较，第 1 轮为 9 个元素进行 8 次的两两比较，…，第 8 轮为 2 个元素进行 1 次比较。

另外，为了呈现排序结果，在数组排序前后分别对数组元素进行了输出。

为进一步掌握冒泡排序算法，图 5.6 至图 5.9 展示了使用冒泡排序算法为 5、3、1、9、7 这五个整数排升序的过程。

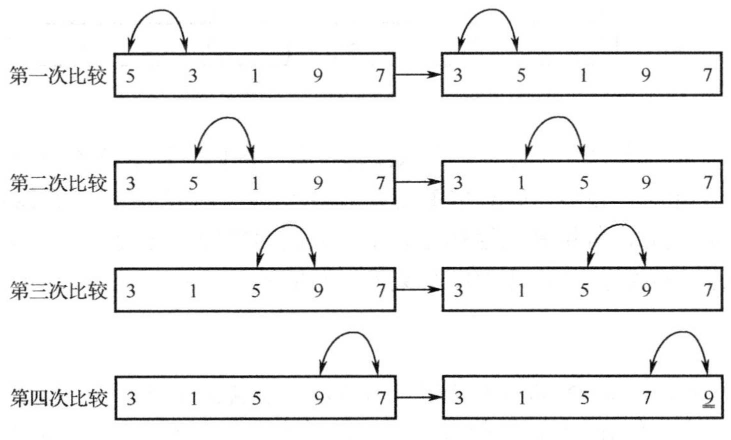

图 5.6 冒泡排序第 1 轮

从数组左侧开始两两比较相邻元素，如果左侧元素大于右侧元素，则交换两个元素的位置。当“比较”和“交换”操作进行到数组末尾时，整个数组中最大的元素必然出现在数组的最右侧。如图 5.6 所示，经过 4 次“比较”及“交换”后，5 个数中最大数 9 已经被放在了数组末尾，此时 9 的位置已经确定，后续的轮次中，其他数据不需要再与 9 进行比较。

图 5.7 展示冒泡排序的第 2 轮，与第 1 轮相比，“比较”的次数减少 1 次。本轮结束时，7 已经放在了合适的位置。

图 5.8 展示冒泡排序的第 3 轮，与第 2 轮相比，“比较”的次数减少 1 次。本轮结束时，5 已经放在了合适的位置。

图 5.9 展示冒泡排序的第 4 轮，也是最后一轮，本轮的“比较”次数已经减少到 1 次。本轮结束时，次小的数 3 已经放在了合适的位置，意味着整个数组已经完成排序。如果把数组“竖起来”，则在整个排序过程中，数就像水底的气泡一样不断地向上冒，这就是冒泡排序算法名字的由来。

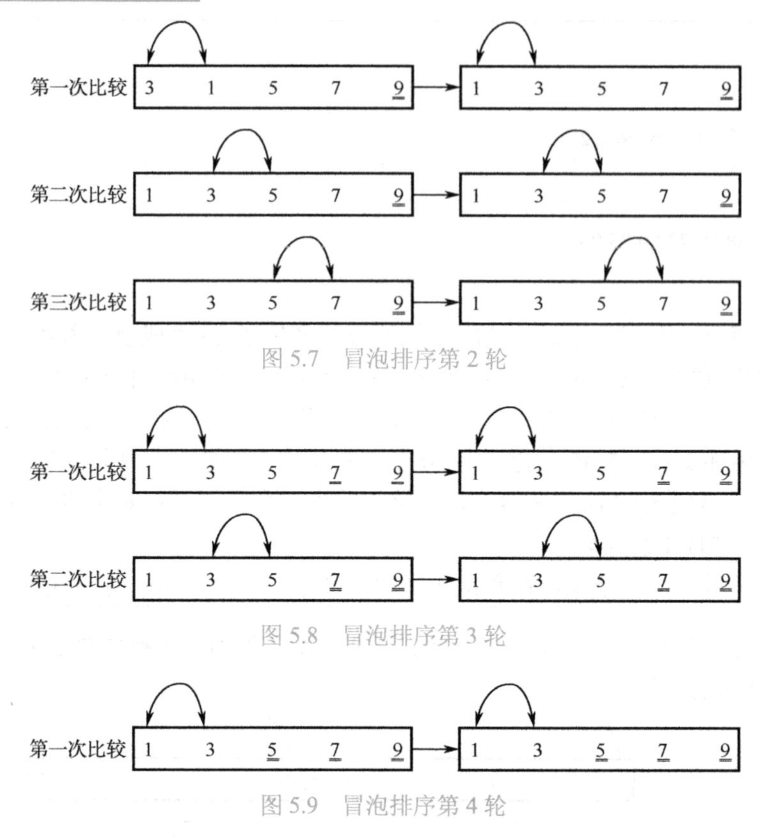

图 5.7　冒泡排序第 2 轮

图 5.8　冒泡排序第 3 轮

图 5.9　冒泡排序第 4 轮

冒泡排序在一轮结束后，就会将一个数排好位置。因此，对于 N 个元素的数组来说，冒泡排序在进行 N-1 轮后，必然完成对数组元素的排序。但是，注意观察会发现，在图 5.7 中，第 2 轮冒泡排序结束时，数组就已经排序完毕，后面两轮的“比较”是多余的。实际上，在冒泡排序每一轮比较相邻元素的过程中，如果没有发生任何一次“交换”，就可以提前结束算法。

练一练

【练习 1】定义长度为 12 的整型数组，将你所在班级每个月过生日的人数输入数组中的相应元素（1 月对应下标 0，2 月对应下标 1，…，12 月对应下标 11），并统计输出各个季度过生日的人数。

【练习 2】定义长度为 12 的整型数组，初始化为平年中每个月的天数，并输出。

【练习 3】定义长度为 100 的数组，为每个元素存入 0～9 的随机数，再用一个长度为 10 的数组统计第一个数组中各个整数出现的次数。

【练习 4】定义长度为 10 的数组，存储 0 至 9 的阶乘，并输出。

【练习 5】模仿案例 4，实现对数组元素降序排列，并尝试在排序过程中，判断当前轮次是否发生了“交换”，如果在外层循环的某一轮次中，内层循环没有任何一次“交换”发生，便可以使用 break 语句提前结束排序算法。

5.2　二维数组及应用

小明班级中 30 同学原来坐成 1 行，现在改为坐成 5 行，每行 6 个人，小明想要统计每一行同学的平均成绩，他应该如何存放这些成绩，以方便计算呢？小明想到了如下的定义方式：

```
int line1[6] , line2[6] , line3[6] , line4[6] , line5[6];
```

这里小明定义了 5 个数组，每个数组包含 6 个元素，分别代表每一行同学的成绩。很明显，这种定义方式也过于烦琐，因此建议采用以下的方式来定义数组：

```
int scores[5][6];
```

上面代码中的 scores 是一个二维数组。如果把一个一维数组看成是一个个变量的组合，那么一个二维数组就是一个个一维数组的组合。

C 语言支持多维数组，本节介绍二维数组的存储方式和使用方法。关于更高维数组的使用，可根据本节内容自行推导。

5.2.1　二维数组的定义和引用

二维数组的定义及初始化

1．二维数组的定义

定义二维数组的形式如下：

```
类型　数组名[行数][列数];
```

定义一个二维数组，相当于定义了一组一维数组。例如：

```
int a[2][3];
```

其中，a 是一个 2 行 3 列的二维数组，从另一个角度理解，a 相当于 2 个长度为 3 的一维数组，其存储示意如图 5.10 所示。

a[0]	a[0][0]	a[0][1]	a[0][2]
a[1]	a[1][0]	a[1][1]	a[1][2]

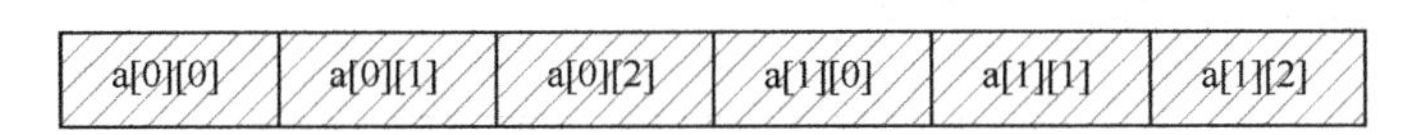

图 5.10　二维数组存储示意图

图 5.10 的上方子图反映了二维数组 a 的逻辑结构。将 a 视为一维数组时，a 包含两个元素 a[0]和 a[1]。a[0]和 a[1]都是长度为 3 的一维 int 数组。

图 5.10 的下方子图反映了二维数组 a 的存储结构。C 语言采用“行优先”方式存储多维数组，即行号小的数组元素存放在行号大的数组元素之前，行号相同时，列号小的数组元素存储在前。

2．二维数组元素的引用

使用 1 个[]可以引用一维数组中的元素，使用 2 个[]便可引用二维数组中的元素。引用时，第 1 个[]中填写行号，第 2 个[]中填写列号。行号（列号）有效下标的范围从 0 开始，到行数-1（列数-1）结束。例如：

```
int a[2][3];
a[1][0]=100;                    //表示为 a 中第 1 行第 0 列上的元素赋值为 100
```

图 5.10 中，已经将二维数组 a 各个元素的引用方式写在相应的矩形之中。

注意：访问图 5.10 中二维数组的元素时，不要将 a[1][0]写成 a[1,0]。a[1,0]相当于 a[0]（逗号表达式 1,0 等于 0）。这里的 a[0]不是编译错误，而是表示二维数组第 0 行的那个一维数组。

5.2.2 二维数组的初始化

定义二维数组的同时可以对数组进行初始化。例如：

```
int a[2][3]={{1,2,3},{4,5,6}};
int b[2][3]={1,2,3,4,5,6};
```

以上代码片段中，关于数组 a 的初始化很清晰，{1,2,3}表示第 0 行的元素，{4,5,6}表示第 1 行元素，初始值 1、2 和 3 分别存入 a[0][0]、a[0][1]和 a[0][2]，初始值 4、5 和 6 分别存入 a[1][0]、a[1][1]和 a[1][2]。

初始化数组 b 时采用了类似于初始化一维数组的方式，赋值时根据元素位置依次向后赋值。虽然，这样的初始化不够清晰，但并不是语法错误。数组 b 中各个元素获得的初始值与上面数组 a 中同样位置元素的初始值相同。

初始化一维数组时，可以只给部分数组元素提供显式的初始值，不足的部分编译器使用默认值 0 来初始化。在初始化过程中，从第 0 个元素开始，数组元素依次与大括号中的初始值匹配（详见 5.1.2 节）。初始化二维数组，也可以采用类似的方式。但二维数组有两个维度，可以采用两层或一层大括号包含显式初始值。采用不同层数的大括号，默认值 0 填充的位置不同，需要格外小心。例如：

```
int c[2][3]={{1,2},{3}};
int d[2][3]={1,2,3};
```

以上代码片段产生的初始结果如图 5.11 所示。其中，c[0][0]、c[0][1]和 c[0][2]分别存入 1、2 和 0，c[1][0]、c[1][1]和 c[1][2]分别存入 3、0 和 0；d[0][0]、d[0][1]和 d[0][2]分别存入 1、2 和 3，c[1][0]、c[1][1]和 c[1][2]都存入 0。

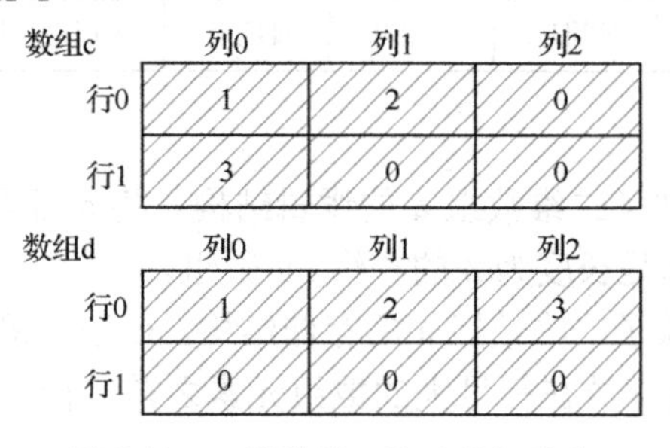

图 5.11 二维数组 c 和 d 的初始化

5.2.3 二维数组的应用

【**案例 5**】定义 4×3 的二维数组，初始存放平年中每个月的天数（每行对应一个季度），并以每行一个季度的方式输出。

解题思路：

按照题意要求定义数组，并初始化。输出时使用两重循环，外层循环执行 4 轮；在每轮外层循环中，内层循环执行 3 次；内层循环的循环体中使用输出语句打印二维数组元素。

源程序：

案例 5-输出每月天数

```
#include<stdio.h>
int main()
{
    int days[4][3]={{31,28,31},{30,31,30},{31,31,30},{31,30,31}};        //初始化数组
    int i,j;
    for(i=0;i<4;++i){                              //外层循环遍历每行
        for(j=0;j<3;++j){                          //内层循环遍历当前行中每列的元素
            printf("%d ",days[i][j]);
        }
        printf("\n");
    }
    return 0;
}
```

运行结果：

```
31 28 31
30 31 30
31 31 30
31 30 31
```

解析：

本例代码中定义二维数组 days 保存每个月的天数，初始化时，采用了两层括号包含初始值的方式。

两重 for 循环完成了数组内容的打印。其中，外层循环执行 4 次，每次访问二维数组的一行，循环变量 i 从 0 变化至 3，恰与数组行号对应。在外层循环的每个执行轮次中，内层循环都会执行 3 次，每次打印一个数组元素，循环变量 j 从 0 变化至 2，恰与数组列号对应。

【案例 6】 使用 5×5 二维数组的左下三角部分存储杨辉三角的前 5 行，并输出。杨辉三角前 5 行如图 5.12 所示。

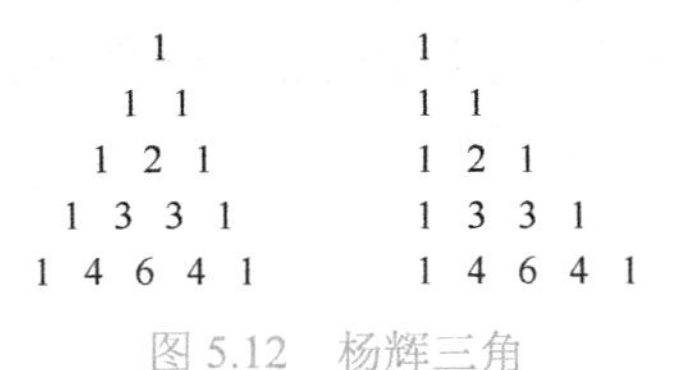

图 5.12　杨辉三角

案例 6-杨辉三角

解题思路：

观察图 5.12 中的左图，杨辉三角的“两腰”上全是 1，而中间部分的每一项都等于其上方两项之和。按照图 5.12 中左图的方式存储杨辉三角实在是不方便，于是考虑将杨辉三角的各行“居左对齐”，如图 5.12 右图所示。此时 5 行杨辉三角的形状变成了 5×5 方阵的左下三角部分，使用一个 5×5 的二维数组可以非常方便地存放杨辉三角各项的值。

观察图 5.12 中的右图，可发现改变形状后杨辉三角的第 0 列和主对角线上全是 1，中间部分的每一项都等于其正上方和左上方两项之和。

源程序：

```
#include<stdio.h>
int main()
{
    int i,j,tri[5][5];                    //定义二维数组保存杨辉三角前 5 行
    for(i=0;i<5;++i){                     //设置第 0 列以及主对角线上元素为 1
        tri[i][0]=tri[i][i]=1;
    }
    for(i=2;i<5;++i){                     //外层循环遍历第 2、3、4 行
        for(j=1;j<i;++j){                 //内层循环遍历当前行的第 1 至 i-1 列
            tri[i][j]=tri[i-1][j-1]+tri[i-1][j];
        }
    }
    for(i=0;i<5;++i){                     //循环打印二维数组左下三角部分
        for(j=0;j<=i;++j){
            printf("%d ",tri[i][j]);
        }
        printf("\n");
    }
    return 0;
}
```

运行结果：

与图 5.12 中的右图相同。

解析：

代码中先使用一个一重 for 循环完成杨辉三角中 1 的设置，tri[i][0]表示的就是二维数组各行的第 0 列，tri[i][i]表示主对角线上的元素。

杨辉三角中的其余元素，等于其正上方和左上方元素的和。代码中第一个两重循环完成杨辉三角其余元素值的设置，外层循环变量 i 从 2 循环至 4，内层循环变量 j 从 1 循环至 i−1。代码最后的两重循环完成二维数组左下三角部分的输出。这两次两重循环都在处理一个方阵的左下三角部分，用到的方法和技巧已在项目 4 的案例 9（打印乘法口诀表）中阐述。

本例提及的杨辉三角，是中国古代数学的杰出研究成果之一，它把二项式系数图形化，把组合数内在的一些代数性质直观地从图形中体现出来，是一种离散型的数与形的结合。

练一练

【练习 6】杨辉三角中的各项与组合数相对应，例如，图 5.12 右图中第 4 行第 2 列元素值等于 6，表示从 4 个物品中选择 2 个物品，共有 6 种完全不同的组合方法（从 a、b、c、d 选择 2 个字母有 ab、ac、ad、bc、bd 和 cd 等 6 种组合）。请利用杨辉三角算一算师生报名志愿者活动被录取的概率。提示：学生是 33 人中选 6 名，老师是 16 人中选 1 名，选中的概率是 1÷16÷杨辉三角第 33 行第 6 列上的数。

字符数组与字符串

5.3 字符数组与字符串

本项目的实践任务需要保存并处理 13 位的 ISBN。哪种数据类型适合保存 ISBN 呢？也许你会想到 long long 类型。虽然 long long 类型可以表示 13 位的十进制整数，但在有些情况下用户输入的 ISBN 中，可能存在一些不属于数字的分隔符号。因此，字符数组才是更恰当的选择。

5.3.1 字符数组

char 类型的数组被称为字符数组。定义字符数组和引用字符数组元素的方法，与其他类型数组相似。例如：

```
char a[10];
a[5]= 'A';
```

在上面代码片段中，定义了长度为 10 的 char 类型数组 a，并为 a[5]存入字符'A'。

在初始化方面，初始化字符数组可以像初始化其他类型数组一样，使用大括号包含初始值的方式。例如：

```
char b[10]={ 'A', 'B', 'C'};
```

上面代码片段中，数组 b 前 3 个元素分别被初始化为字符'A'、'B'和 'C'，后面 7 个元素均被初始化为字符'\0'。需要说明的是，这里并没有违反默认初始值为 0 的规则。因为字符'\0'的 ASCII 码值就是 0，简单地说，'\0'就是 0 的另一种写法。

思考：字符'\0'和字符'0'表示的含义相同吗？

提示：可以分别将字符'\0'和字符'0'以整型输出，通过结果进行比较分析。

注意：不要混淆字符'\0'和字符'0'，'\0'对应数值 0，而'0'对应数值 48。

5.3.2 字符串

在之前的一些案例中，小明使用整数表示“成绩”，使用浮点数表示“身高”、“体重”等。如果小明要表示“姓名”、“爱好”、“家庭地址”等，以文本形式出现的信息，要采用哪种数据类型呢？另外，关于文本信息的处理（如输出文本、求文本长度、比较两段文本的差异、合并两段文本等）又应该如何进行呢？本小节回答第一个问题，另一个问题的解释留在 5.3.3 和 5.3.4 节中回答。

C 语言中，形如"ABC"的字面常量，被称为字符串。字符串可以表示像“姓名”、“爱好”等以文本形式出现的信息。虽然 C 语言提供了字符串的字面写法，但却没有提供专门表示字符串的数据类型，存储字符串需要使用字符数组。

为了标记字符串的结束位置，C 语言要求字符串必须以字符'\0'结尾。例如，从表面上看，字符串"ABC"包含 3 个字符'A'、'B'和'C'，但在字符'C'之后还隐含了一个字符'\0'，也就是说，"ABC"实际包含 4 个字符，占用 4 字节的存储空间。

由于 C 语言字符串必须以'\0'结束的原因，使用字符数组保存字符串时，需要至少多留 1 字节的空间用于保存'\0'。不存在'\0'的字符数组不能算作字符串。例如：

```
char a[4]={ 'A', 'B', 'C'};
char b[]={ 'A', 'B', 'C'};
char c[]="ABC";          //使用字符串形式初始字符数组
char d[3]= "ABC";        //编译错误
```

以上代码片段中，字符数组 a 长度为 4，存放字符'A'、'B'、'C'和'\0'，数组表示字符串 ABC；定义字符数组 b 时，没有为其显式地指定长度，编译器按照初始值个数自动设置 b 的长度为 3，字符数组 b 中没有'\0'，不能算作字符串；定义字符数组 c 时，也没有为其显式地指定长度，编译器按照初始值个数自动设置 c 的长度为 4，字符数组 c 表示字符串 ABC；定义字符数组 d 会出现编译错误，是因为初始值的个数超过了显式指定的数组长度。

5.3.3 字符串输入和输出函数

字符串输入与输出

1. 字符串输出函数

printf 函数中的类型说明%s 用于字符串的输出，使用 printf 输出字符串的一般形式如下：

```
printf("%s",字符串首地址);
```

如上式所示，输出字符串需要提供字符串的首地址。那么，什么是字符串的首地址呢？字符数组名、字符串字面常量等，都表示字符串的首地址。例如：

```
char a[]={'A', 'B', 'C', '\0', 'D', 'E'};
char b[]={'A', 'B', 'C'};
printf("%s","hello");    //输出 hello
printf("%s",a);          //输出 ABC
printf("%s",b);          //输出 ABC+一些乱码
```

以上代码片段中，字符串字面常量"hello"表示的就是字符串本身的首地址，所以 printf("%s","hello")将输出 hello；字符数组的名字 a 表示数组的首地址，所以 printf("%s",a)将输出'\0'前的内容 ABC；同理，数组名 b 也表示数组首地址，但该数组中没有'\0'，造成 printf 函数在输出 ABC 之后，继续输出内存中已经不属于数组 b 的存储单元中的内容，直到遇到一个'\0'。

另外，函数 puts 专门用于输出字符串，puts("hello")与 printf("%s","hello")的作用相同，这里不做详细介绍。

2. 字符串输入函数

scanf 函数中的类型说明%s 用于字符串的输入，使用 scanf 输入字符串的一般形式如下：

```
scanf("%s",内存地址);
```

如上式所示，输入字符串需要提供存储字符串的内存地址。由于数组名本身就代表数组的首地址，所以在通常情况下，简单地使用数组名作为输入函数的参数就可以实现字符串的输入。例如：

```
char a[100];
scanf("%s",a);
```

上面代码片段中，scanf("%s",a)实现为数组 a 输入字符串的功能。在将用户输入的字符串存放到相应数组元素之后，scanf 函数还会再写入一个'\0'表示字符串结尾。所以为长度 100 的数组 a 输入字符串时，字符串的长度不能超过 99。

另外，函数 gets 专门用于字符串的输入，调用该函数的一般形式如下：

```
gets(内存地址);
```

与 scanf 相比，使用 gets 输入字符串的语法形式更加简洁，简单的 gets(a)就可以完成字符串的输入（这里的 a 是字符数组名）。gets 函数输入字符串后，同样会自动写入一个'\0'。

使用 gets 和 scanf 输入字符串也有不同的地方，gets 以读到换行符作为用户输入的结束，而 scanf 读到空格、制表符或换行符等空白符号，都认为用户输入的字符串已经结束。例如，用户输入“ABC　DEF”后按下回车键，gets 读到的字符串是"ABC　DEF"，而 scanf 读到的字符串是"ABC"。这里可自己设计实验体会两种输入字符串方法的差异。

注意：专业学习中，严谨细致的工作态度是程序员的基本素质。对于 scanf 和 gets 函数的安全性，需要程序员自己保证。也就是说，程序员为函数提供的字符数组应该足够保存用户输入的字符串。一旦用户输入的字符串长度，超过程序员提供的数组长度，将导致逻辑错误，甚至运行错误（运行错误是指程序运行过程中突然终止）。

另外，gets 函数已被 C11 标准取消。C11 标准推荐使用更加安全的 fgets 函数。例如：

```
char a[4];
fgets(a,4,stdin);
```

用户输入“ABCDEFG”并按下回车键后，数组 a 只保存字符'A'、'B'、'C'和'\0'，用户输入的其他内容被忽略。

5.3.4　字符串处理函数

在实际的程序设计中，会经常遇到字符串处理的问题。处理字符串可以使用 C 语言提供的库函数，如果没有适合当前问题的库函数，则需要程序员自己编写程序。不论是库函数，还是自编程序，处理字符串都要假设字符串的末尾有一个'\0'。介绍字符串处理函数之前，先给出一个简单的字符串处理案例。

【案例 7】C 语言中表达式加上分号被称为语句。用户输入一个字符串，判断该字符串中是否存在分号，如果有分号则输出“语句”，否则输出“表达式”。

解题思路：

定义一个字符数组，接收用户输入的字符串。使用循环检查字符串中的每个字符，循环结束有两种可能：一是遇到分号，二是遇到字符串结尾处的'\0'，此时表示字符串中没有分号。循环语句之后，可以通过判断循环结束那一刻“当前字符”是等于分号，或是等于'\0'，来确定输出信息。

源程序：

```
#include<stdio.h>
int main()
```

案例 7-字符串处理

```
    {
        char str[100];                    //定义字符数组保存字符串
        gets(str);//读入字符串
        int i;
        for(i=0;str[i]!='\0';++i){        //循环检查每个字符
            if(str[i]==';'){              //遇到分号退出循环
                break;
            }
        }
        if(str[i]==';')                   //判断是否存在分号，并输出信息
            printf("语句\n");
        else
            printf("表达式\n");
        return 0;
    }
```

运行结果 1：

```
x+y
表达式
```

运行结果 2：

```
x+y;
语句
```

解析：

案例 7 的代码中定义长度为 100 的 char 数组 str 用于保存用户输入的字符串。如果用户输入长度超过 99 的字符串，则程序仍然存在“崩溃”的可能。所以，最好使用更加安全的 fgets 代替代码中使用的 gets 来完成字符串的输入。

在 for 循环中，使用 str[i]!='\0'作为循环条件，当搜索到字符串末尾时循环结束。在循环体中，if 语句用于判断是否遇到分号，如果遇到分号，则循环提前结束。

循环结束存在两种可能，如果遇到分号，则输出“语句”，如果遇到'\0'，则输出“表达式”。

在库文件 string.h 中，声明了许多用于字符串处理的函数。这里介绍其中比较常用的函数 strlen、strcmp、strcpy 和 strcat。

1. 求串长度函数 strlen

函数 strlen 用于计算字符串的长度，它的返回值是一个无符号整数。例如，strlen("ABC")将返回 3。调用该函数的一般形式如下：

```
strlen(字符串);
```

注意：运算符 sizeof 作用于字符数组时，计算的是数组占用的字节数；函数 strlen 作用于字符数组时，计算的是数组中字符串的长度。例如：

```
char a[]={'A', 'B', 'C', '\0', 'D', 'E'};
sizeof(a);                //返回 6，是字符数组的占用的字节数
strlen(a);                //返回 3，是字符串的长度
```

2．串比较函数 strcmp

函数 strcmp 用于按照 ASCII 码值的字典顺序比较两个字符串的大小。所谓的字典顺序简单地说，就是两个“单词”在字典中哪一个被放在前面，哪一个就是“较小的”那个“单词”。例如，"do"比"dog"小。与真正字典不同的是，真正的字典使用不区分大小写的字母序排列单词，而 strcmp 使用 ASCII 码值决定字符的大小。例如，"Dog"比"do"小，原因是'D'的 ASCII 码值小于'd'的 ASCII 码值。

调用 strcmp 函数的一般形式如下：

```
strcmp(字符串 1,字符串 2);
```

函数 strcmp 的返回值是一个整数，返回负值表示小于，返回正值表示大于，返回 0 表示相等。例如：

```
strcmp("do","dog");          //返回负值，具体返回负几因系统而异
strcmp("dog","do");          //返回正值，具体返回正几因系统而异
strcmp("dog","dog");         //返回 0
```

3．串拷贝函数 strcpy

C 语言中，没有字符串类型，需要使用字符数组保存字符串。而数组名作为表示数组首地址的常量不能放在赋值运算符的左侧。例如：

```
char a[]="hello";        //正确，字符串可以用于初始化字符数组
a="dog";                 //编译错误，数组名不能赋值
```

如果想为字符数组“赋值”一个字符串，要么使用循环语句逐个为元素赋值，要么使用标准函数 strcpy。调用 strcpy 函数的一般形式如下：

```
strcpy(拷贝目标的内存地址,拷贝来源字符串的首地址);
```

函数 strcpy 的第一个参数是拷贝目标的内存地址，一般情况下提供字符数组的名字即可；第二个参数是拷贝来源字符串的首地址。例如：

```
char a[]="hello";                    //字符数组初始化存入"hello"
strcpy(a,"dog");                     //将字符'd'、'o'、'g'和'\0'分别赋予数组 a 的前 4 个元素
char b[10],c[10]="hello",d[4];       //定义字符数组 b、c 和 d，初始化 c 存入"hello"
strcpy(b,c);                         //这是将数组 c 中的字符串（前 6 个字符）拷贝至数组 b
strcpy(d,c);                         //将 c 中的字符串拷贝至 b，语法正确，但有潜在风险
```

思考：上面代码片段中，strcpy(a,"dog")执行后，a[4]中存放的是什么？为什么 strcpy(d,c)有潜在风险？

提示：字符串拷贝时最后要添加结束符‘\0’，拷贝过程中，可能存在源字符串长度大于目标字符串长度，而不能正确拷贝。

注意：字符串拷贝时，目标字符串长度不小于源字符串方可正确拷贝。

4．串连接函数 strcat

串连接函数 strcat 用于将一个字符串连接到另一个字符串的尾部，该函数的调用形式如下：

```
strcat(连接目标的内存地址,连接来源字符串的首地址);
```

如果将 strcpy 函数看成是字符串的赋值运算“=”，那么 strcat 函数就是字符串的赋值运算“+=”。例如：

```
char a[50]="I Love";          //字符数组初始化存入"I Love"
strcat(a,"China");            //连接后，数组 a 保存的字符串是"I LoveChina"
strcat(a,a);                  //a 连接自身后，数组 a 保存的字符串是"I LoveChinaI LoveChina"
strcat(a,a);                  //再次连接自身，语法正确，但数组 a 的空间不够了
```

注意：strcpy 和 strcat 函数的安全性需要程序员自己保证。执行拷贝或连接操作之前，程序员一定要确保提供的字符数组能够“装下”为其存入的字符串。

【案例 8】模拟某系统注册新用户时，用户设置密码的过程。用户两次输入设置的密码，要求两次输入完全相同，并且密码长度在 8 至 20 位之间。

案例 8-设置密码

解题思路：

使用两个字符数组保存用户两次输入的密码；用户输入密码，如果长度不符合要求，令其重新输入，直至用户输入的密码符合长度要求；用户再次输入密码，比较两次输入的密码是否相同。

求密码长度和比较两次输入的密码可以使用 strlen 和 strcmp 函数。

源程序：

```
#include<stdio.h>
#include<string.h>
int main()
{
    unsigned len;
    char password1[100],password2[100];
    do{                                    //循环提示用户并让用户输入，直至输入字符串满足要求
        printf("请输入要设置的密码(8～20 位)：\n");
        gets(password1);                   //读入字符串
        len=strlen(password1);             //利用 strlen 计算字符串长度
    }while(len<8||len>20);
    printf("请再次输入要设置的密码(8～20 位)：\n");
    gets(password2);                       //读入确认密码的字符串
    if(strcmp(password1,password2)==0)     //利用 strcmp 判断两字符是否相等
        printf("密码设置成功\n");
    else
        printf("密码设置失败\n");
    return 0;
}
```

运行结果 1：

```
请输入要设置的密码（8～20 位）：
1234567890
请再次输入要设置的密码（8～20 位）：
1234567890
密码设置成功
```

运行结果 2：

```
请输入要设置的密码（8～20 位）：
abc
请输入要设置的密码（8～20 位）：
abcd1234
请再次输入要设置的密码（8～20 位）：
1234abcd
密码设置失败
```

解析：

案例 8 的代码中定义两个长度为 100 的 char 数组 password1 和 password2，用于保存用户两次输入的密码。虽然，使用长度 21 的 char 数组就可以保存长度不超过 20 的字符串，但这里担心用户输入的密码“太长”会导致程序“崩溃”。

在 do-while 循环中，使用 strlen 函数计算出用户输入密码的长度，存入变量 len。当 len 在 8 至 20 之间时，退出循环，否则继续循环，用户重新输入密码。

在用户输入确认密码之后，使用 strcmp 函数判断两次输入的密码是否完全相同，相同则提示设置成功，否则提示设置失败。

练一练

【练习 7】定义长度为 19 的字符数组并将自己的身份证号码作为初始值。提示：使用字符串字面常量的方式初始化更加简便。

【练习 8】定义 2 个长度适合的字符数组，分别输入自己的学号和姓名，并输出。提示：一个汉字字符占用 2 字节或更多字节的内存，所以保存姓名的字符数组要有足够的空间。

【练习 9】完善案例 8，要求用户设置的密码必须同时包含大小写字母、数字字符和其他字符。

【练习 10】用户输入一个字符串，判断该字符串是否是回文。所谓回文是指从左向右读和从右向左读完全相同。例如，"12321"、"abba"是回文，"abab"不是回文，等等。

【练习 11】用户输入一个字符串到字符数组，将字符串内容翻转存入另一个字符数组。例如，输入"abcd"，翻转后为"dcba"。

知识拓展：选择排序和插入排序

本项目中介绍的冒泡排序算法只是诸多排序算法之一，这里再介绍两种简单的排序算法——选择排序和插入排序。连同冒泡排序在内，这三种排序算法的时间效率较差，因此在实际应用中，仅适合为规模较小的数据排序，而为规模较大的数据排序时，需要使用快速排序、归并排序、堆排序等其他算法。

1. 选择排序

以为长度为 N 的数组 a 排升序为例，选择排序算法描述为：在数组元素下标范围[0,N−1]中寻找最小元素与 a[0]交换，在数组元素下标范围[1,N−1]中寻找最小元素与 a[1]交换，…，在数组元素下标范围[N−2,N−1]中寻找最小元素与 a[N−2]交换，排序结束。图 5.13 展示了为 5、

3、1、9、7 进行选择排序的过程。

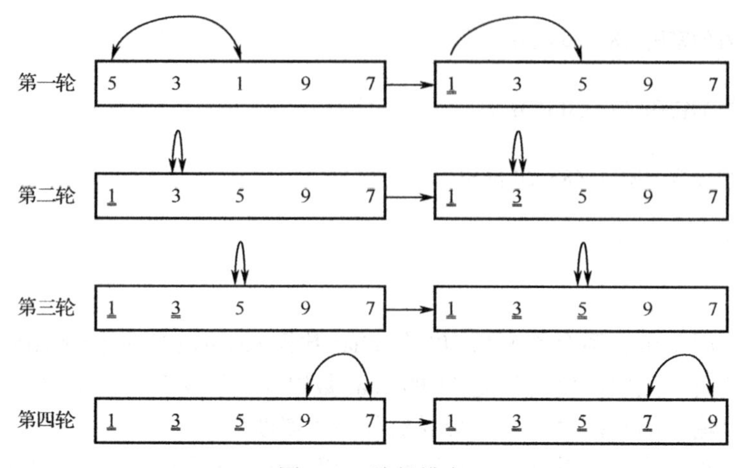

图 5.13 选择排序

选择排序第一轮所选的最小数是 1，将其与 5 交换位置；第二轮所选的最小数是 3，将其与自身交换位置（没动）；第三轮所选的最小数是 5，将其与自身交换位置（没动）；第四轮所选的最小数是 7，将其与 9 交换位置；排序结束。

显然，为 N 个数使用选择排序算法进行排序，需要进行 N−1 轮选择和交换。

【案例 9】 选择排序算法排升序。

源程序：

```
#include<stdio.h>
#include<stdlib.h>
#define N (10)
int main()
{
    int scores[N],i,j;
    for(i=0;i<N;++i){                          //随机生成数组元素
        scores[i]=rand()%101;
    }
    printf("排序前：\n");                       //排序前打印数组
    for(i=0;i<N;++i){
        printf("%d ",scores[i]);
    }
    printf("\n---------------\n");
    for(i=0;i<N-1;++i){                        //外层循环进行 N-1 次
        int min=i;                             //min 表示本轮选择最小元素下标，初始为 i
        for(j=i+1;j<N;++j){                    //内层循环寻找当前轮次最小元素下标
            if(scores[j]<scores[min]){
                min=j;
            }
        }
        int t=scores[i];                       //交换第 i 个元素和第 min 个元素位置
        scores[i]=scores[min];
        scores[min]=t;
    }
```

```
        }
        printf("排序后：\n");                    //排序后打印数组
        for(i=0;i<N;++i){
                printf("%d ",scores[i]);
        }
        return 0;
}
```

运行结果：

略

解析：

本例代码开头部分开头和结尾部分与案例 4 相同。中间排序部分替换为选择排序算法。排序部分外层循环，进行 N−1 次，循环变量 i 从 0 变化至 N−2；外层循环体中，使用内层循环寻找“最小值”的下标，内层循环结束后，交换最小元素 scores[min]和当前元素 scores[i]的位置。

2．插入排序

将一个新元素插入到一个有序序列之中，形成新的有序序列的操作，被称为“插入”。例如，向有序序列 1、2、5、6、7 插入 3 时，为 3 寻找插入位置，需要从有序序列尾部开始，将新元素 3 逐个与有序序列中的元素比较大小。比较过程为：3<7 为真；继续比较 6，3<6 为真；继续比较 5，3<5 为真；继续比较 2，3<2 为假，比较过程结束。新元素 3 应插入在元素 2 之后的位置，元素 5、6 和 7 依次向后挪动一个位置。插入结束后，新的有序序列为：1、2、3、5、6、7。

插入排序的过程就是重复“插入”操作的过程。以为长度为 N 的数组排序为例，插入排序算法描述为：排序开始前，数组第 0 个元素自身构成有序序列，将第 1 个元素插入后，有序序列长度增长为 2；再插入第 2 个元素，有序序列长度为 3；…；插入第 N−1 个元素，有序序列长度为 N，整个数组排序结束。图 5.14 展示了为 5、3、1、9、7 进行插入排序的过程。

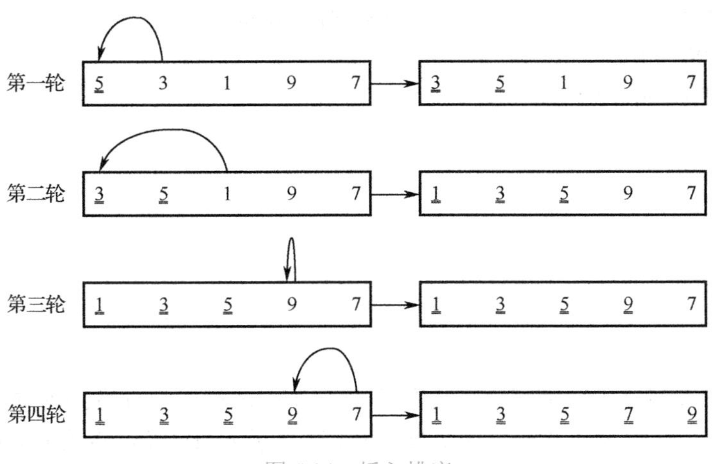

图 5.14　插入排序

排序前，有序序列为 5；插入 3 后，有序序列为 3、5；插入 1 后有序序列为 1、3、5；插入 9 后，有序序列为 1、3、5、9；插入 7 后，有序序列为 1、3、5、7、9，排序结束。

【案例 10】插入排序算法排升序。

源程序：

```
#include<stdio.h>
#include<stdlib.h>
#define N (10)
int main()
{
    int scores[N],i,j;
    for(i=0;i<N;++i){                          //随机生成数组元素
        scores[i]=rand()%101;
    }
    printf("排序前：\n");                       //排序前打印数组
    for(i=0;i<N;++i){
        printf("%d ",scores[i]);
    }
    printf("\n---------------\n");
    for(i=1;i<N;++i){                          //外层循环进行 N-1 轮，每轮插入一个元素
        int t=scores[i];                       //使用 t 保存当轮要插入元素的值
        if(t<scores[0]){                       //如果要插入元素比第 0 个元素小，则插入到最前
            for(j=i-1;j>=0;--j){               //向后逐个移动元素
                scores[j+1]=scores[j];
            }
        }
        else{                                  //要插入的元素不能插入到最前
            for(j=i-1;t<scores[j];--j){        //边比较边向后移动元素
                scores[j+1]=scores[j];
            }
        }
        scores[j+1]=t;                         //将 t 放入已腾出来的插入位置
    }
    printf("排序后：\n");                       //排序后打印数组
    for(i=0;i<N;++i){
        printf("%d ",scores[i]);
    }
    return 0;
}
```

运行结果：

```
略
```

解析：

本例代码开头部分和结尾部分与案例 4 相同。中间排序部分替换为插入排序算法。排序部分外层循环，进行 N−1 次，循环变量 i 从 1 变化至 N−1，表示将第 i 个元素插入到前面的有序序列之中。

外层循环体中有三个步骤，一是使用临时变量 t 保存要插入的变量 scores[i]；二是使用内层循环边寻找插入位置边向后挪动元素；三是内层循环结束后，将 t 存入插入位置。

代码中，if-else 的两个分支各包含一个内层循环，分别对应将 t 插入到序列最前位置，以及为 t 寻找插入位置两种情况。

综合练习

1．编写程序，求一维数组中最小元素值。

2．编写程序，求一维数组中最小元素下标。

3．定义长度为 100 的数组，为每个元素存入 0～50 的随机数，输出最大值出现的次数。

4．将乘法口诀表的结果存储到 9×9 二维数组的左下三角部分，并输出。

5．定义 50×50 的二维数组 a，随机初始化数组元素；再定义长度为 50 的一维数组 b，找到二维数组 a 每行中最小元素的下标，存入一维数组 b。

6．从键盘上输入一个字符串，统计字符串中每个字母出现的次数（不区分大小写）。例如，输入 ABC1324ab，输出 a 出现 2 次，b 出现 2 次，c 出现 1 次，d 出现 0 次，……提示：使用长度为 26 的整型数组统计各个字母出现的次数。

7．电子邮箱合法性验证。用户输入代表电子邮箱的字符串，验证邮箱的合法性。要求至少要验证字符串中是否存在符号@，并且符号@前后的内容不能为空。

8．用户输入一个字符串到字符数组，原地翻转字符串，即不使用另一个数组，而是在本数组内翻转存储字符串。

9．在网络中搜索 18 位身份证验证方法，并选择合适的方案，实现一个身份证号码验证程序。

拓展案例

跨越困难，实现梦想的力量

杨辉，南宋时期杭州人。在他 1261 年所著的《详解九章算法》一书中，辑录了如本项目中介绍的三角形数表，并说明此表引自 1050 年（约）贾宪的《释锁算术》。故此，杨辉三角又被称为贾宪三角。在欧洲，这个表叫作帕斯卡三角形。帕斯卡是在 1654 年发现这一规律的，比杨辉要迟 393 年，比贾宪迟 600 年。

其实，中国古代数学史曾经有自己光辉灿烂的篇章，杨辉三角的发现就是十分精彩的一页。但是，目前我国在许多科技领域面临“卡脖子”问题，作为当代的大学生，与“老乡”杨辉相比，我们有着更好的生活和学习条件，实在没有理由虚度光阴。相信通过我们这代人的共同努力，会有更多的“卡脖子”问题被解决，中华民族伟大复兴的梦想终将实现。

项目 6

实现一个简易计算器——函数

学习目标

❖ 知识目标

- 理解使用函数的意义
- 掌握声明函数、定义函数及调用函数的方法
- 掌握定义递归函数的方法
- 理解标识符的作用域、变量存储期及变量和函数的链接性
- 掌握常用预处理命令的使用方法

❖ 技能目标

- 会正确定义、调用函数
- 能够在解决实际问题中合理运用函数

❖ 素质目标

- 培养团队合作意识
- 加强自我管理，用正确的方法做正确的事情

编程解决问题时，功能需求越多，需要的代码就越多；问题越复杂，代码的逻辑也就越复杂。如果将大量逻辑复杂的代码全部放在 main 函数中，则会使程序冗长且难于维护。此时，可以将一个大的程序分成若干个模块，每个模块实现一个特定的功能。这个程序模块就是函数。

本项目从阐述使用函数的意义开始，介绍自定义函数的方法、变量存储期和标识符作用域，以及常用的预处理命令。通过模块化的设计，训练学生团队合作分工意识；通过求两个整数最大公约数的案例，教导学生不论是解决问题，还是做人做事，都要采用正确的方法。

任务描述：实现一个简易计算器

本项目的实践任务是设计并实现一个能够进行加减乘除运算的简易计算器，具体要求如下：

（1）所有运算针对浮点型数据。

（2）实现 plus、minus、multiplies 和 divides 四个函数分别对应加减乘除四则运算。

（3）在主函数中或另外编写函数实现计算器操作界面。

（4）程序至少实现以双目表达式形式输入算式，以及输出计算结果的功能。

技能要求

6.1 函数及简单应用

6.1.1 函数的作用

以下 5 行代码可以在一行内打印 7 个星号：

```
int i,starNum=7;
for(i=0;i<starNum;++i)
{
    printf("*");
}
printf("\n");
```

现在小明要编写程序，打印 10 行由*组成的图案，由于在小明要打印的图案中，每行包含星号的个数不相同，且没有规律可循，故小明只好将上面的代码在主函数中重复编写 10 次，每次修改其中的变量 starNum，以保证打印不同个数的星号。

在实际程序设计中，像小明这样，将实现功能的代码全部写在主函数之中的做法是不可取的。原因主要有以下两个方面：

其一，一个实际项目往往会有成千上万，甚至上百万行代码，由许多开发人员合作完成。将大量代码全部写在主函数中不仅难于阅读和维护，而且不利于多人协作开发。

其二，将全部代码都写在主函数里面，难免会有类似的代码，甚至完全相同的代码被重复编写多次的情况发生。代码重复编写不仅降低开发效率，也使代码变得冗长。

所以，程序设计中应该将完成特定功能的代码抽象为函数，使其成为独立的代码单元。需要使用这个功能时，通过简单的函数调用即可，而不是将代码再次编写一遍。

函数使程序更加模块化，不仅省去重复编写代码的苦差，也可使程序的整体结构更加清晰，代码的易读性和可维护性也随之提高。

C 语言程序由若干个函数构成，程序执行的过程就是函数间相互调用的过程，不仅每个函数“各司其职”，而且函数间还要“相互协作”，共同为问题的解决发挥作用。在真实的项目开发中，项目团队成员也要像程序中的函数一样，既要分工，又要合作。只有团队成员团结一致、相互配合、相互帮助，才能有效地促进各项目标的达成。

思考：如何求解复杂问题？

提示：采用模块化编程，把一个复杂的问题分解为若干个简单的问题，提炼出公共任务，把不同的功能分解到不同的模块中。

注意：多数有错误的函数大于 500 行，小于 143 行的函数更易于维护。

6.1.2 函数的定义、调用和声明

函数的定义及案例 1

1. 函数定义

函数的定义也被称为函数的实现，是一段独立的代码单元。函数定义明确地指出函数要“做什么”，以及“怎么做”。C 语言中，函数定义的一般格式如下：

```
类型  函数名(形式参数列表)
{
    函数体
}
```

函数的定义包含“函数头”和“函数体”两个部分，其中，“函数头”也被称为函数原型，由“函数名”、“类型”以及“形式参数列表”构成。

（1）函数名：函数名属于标识符，为函数命名需要遵循标识符命名规则。

（2）类型：函数的类型是指函数执行结束后要返回数据的类型，如果函数没有返回值，函数类型应使用表示空类型的关键字 void 来说明。例如：

```
int f1()            //表示函数 f1 返回一个 int 类型数据
void f2()           //表示函数 f2 没有返回值
```

（3）形式参数列表：形式参数简称形参，形参列表说明了函数需要几个参数，以及每个参数的数据类型。如果函数没有参数，形参列表为空或者写成 void。例如：

```
int f3(int a,int b) //函数 f3 有两个 int 类型的形参
int f4()            //形参列表为空，但括号不可省略，省略括号 f4 将被视为变量
int f5(void)        //形参列表仅包含 void，表示函数没有参数
```

（4）函数体：函数体是函数实现其功能的具体代码。如果一个函数有返回值，则该函数的函数体中至少包含一条 return 语句，关键字 return 后面的表达式就是函数要返回的数值。return 是一种跳转语句，不论 return 出现在函数体的哪一个位置，只要执行 return，函数的执行就会立即结束。

【案例 1】 定义函数求两个整数的最大值。

解题思路：

如果将函数看成一个“工厂”，那么形参就是输送给“工厂”的“原材料”，返回值就是“工厂”输出的“产品”。根据题目含义，现在要定义一个“工厂”，命名为 max，“原材料”是两个整数 a 和 b，“产品”就是 a 和 b 中的最大值。所以，函数头设计为：

```
int max(int a,int b)
```

源程序：

```
#include<stdio.h>
int max(int a,int b)    //函数头
{   //函数体
    if(a>b)
{//返回 a
```

```
        return a;
    }
    Else
{//返回 b
        return b;
    }
}
int main()
{
    int x=9,y=10,z;
    z=max(x,y);            //调用 max
    printf("z=%d\n",z);
    printf("max(2,3)=%d\n",max(2,3));
    return 0;
}
```

运行结果：

```
z=10
max(2,3)=3
```

解析：

在函数 max 的定义中，使用 if-else 语句区分 a>b 成立和不成立两种情况，成立时使用 return 语句返回 a，不成立时返回 b。

特别地，代码中的 else 可以省略不写。因为一旦执行 return a，函数会立即结束，不论有没有 else 的控制，后面的 return b 都不会被执行。

main 函数中两次调用 max 函数，分别完成求 x 和 y 最大值，以及求 2 和 3 的最大值。

思考：使用函数编程的好处。

提示：

（1）对于函数的使用者，无须知道函数内部如何运作。

（2）只了解其与外界的接口（Interface）即可。

（3）把函数内的具体实现细节对外界隐藏起来，只要对外提供的接口不变，就不影响函数的使用。

（4）便于实现函数的复用和模块化编程。

函数的调用

2．函数调用

在函数被定义之后，便可以通过函数名调用函数来完成该函数对应的功能。例如：

```
z=max(x,y);
printf("hello");
```

其中，max(x,y)和 printf("hello")就是关于函数 max 和 printf 的调用。

与函数定义中的形式参数相对应，函数调用中出现的参数被称为实在参数，简称实参。例如，函数调用 max(x,y)中的两个实参分别是 x 和 y，函数调用 printf("hello")中的实参是"hello"，等等。

在 C 语言中，函数的调用一般存在两种形式：

（1）不使用返回值：在函数调用 printf("hello")中，虽然 printf 函数有返回值（printf 返回打印字符的个数），但这里没有使用 printf 的返回值，仅仅是让函数 printf 执行一次，输出字符串"hello"而已。特别地，对于类型为 void 的函数来说，只能使用这种形式调用。

（2）使用返回值：有返回值的函数调用被视为一个简单的表达式，可以作为复合表达式的子表达式，或者作为另外一个函数的实参。例如，在赋值表达式 z=max(x,y)中，函数调用 max(x,y)的返回值被用于给变量 z 赋值；在函数调用 printf("%d",max(2,3))中，max(2,3)的返回值作为 printf 函数的实参，等等。

函数调用的过程介绍如下。

（1）执行函数调用时。

- 现场保护并为函数内的局部变量（包括形参）分配内存。
- 把实参值复制一份给形参，单向传值（实参→形参）。
- 实参与形参的数目、类型和顺序要一致。

```
int main()
{
    int x=9,y=10,z;
    z=max(x,y);
    printf("z=%d\n",z);
    printf("max(2,3)=%d\n",max(2,3));
    return 0;
}

int max(int a,int b)
{
    int max;
    if(a>b)
        max=a;
    else
        max=a;
    return max;
}
```

当执行到调用语句时，程序控制权交给被调函数，执行函数内的语句，当执行到 return 语句或}时，从函数退出。

（2）从函数退出时。

- 根据函数调用栈中保存的返回地址，返回到本次函数调用的地方。
- 把函数值返回给主调函数，同时把控制权还给调用者。
- 收回分配给函数内所有变量（包括形参）的内存。

注意：C 语言的函数调用返回一个临时的数值，而非变量，不能作为左值使用。例如：

```
++max(2,3);     //编译错误，相当于++3
max(2,3)=x;     //编译错误，相当于 3=x
```

3. 函数声明

案例 1 中，max 的定义被放在了 main 函数之前。能不能把 max 的定义放在 main 函数之后呢？答案是可以，但必须事先声明函数 max。

声明函数的目的是告诉编译器函数叫什么名字，有哪些参数，以及返回值是哪种类型的。在 C 语言中，函数声明的一般格式如下：

```
类型  函数名(形式参数列表);
```

与函数定义的格式相比，函数声明仅是在函数定义中“函数头”的后面加了一个分号。例如案例 1 中函数 max 的声明可以写成：

```
int max(int a,int b);
```

由于函数定义中的“函数头”也包含了这些信息，所以，函数定义也被视为一次函数的声明。

C 语言要求函数被调用之前，至少出现 1 次函数的声明，而函数定义作为独立代码单元，其位置是任意的，甚至函数定义和函数调用可以写在不同文件之中。案例 1 的 main 函数中调用了函数 max，所以 max 的定义放在了 main 之前。如果将 max 定义在 main 之后，则必须在 main 之前单独地提前声明 max。另外，本书所有案例都要在代码开头包含文件 stdio.h，这是因为后面代码中要调用 scanf、printf 等函数，这些函数的声明就写在了 stdio.h 之中。

函数原型与函数定义的区别如表 6.1 所示。

表 6.1　函数原型与函数定义的区别

函 数 定 义	函 数 原 型
指函数功能的确立	对函数名、返回值类型、形参类型进行声明
有函数体	不包括函数体
是完整独立的单位	是一条语句，以分号结束，只起声明作用
编译器做实事，分配内存，把函数装入内存	编译器对声明的态度是“我知道了”，不分配内存，只保留一个引用，执行程序链接时，将函数的内存地址链接到那个引用上

6.1.3　函数的简单应用

【案例 2】编写函数，根据半径返回圆面积。

解题思路：

根据题意，函数原型设计如下：

```
double area(double r)       //求半径 r 圆的面积
```

案例 2、3-函数的简单应用

圆的面积通常是一个浮点数，所以这里函数 area 的类型被设计为 double。计算圆面积需要使用半径和 π 值，这里 π 值是一个常数，与此函数无关，所以 area 只有一个表示半径的参数 r。

源程序：

```
#include<stdio.h>
#define PI (3.14)
double area(double r);                               //函数声明
int main()
```

```
{
    printf("半径为-9.8 的圆面积:%.2f\n",area(-9.8));       //调用
    printf("半径为 9.8 的圆面积:%.2f\n",area(9.8));        //调用
    return 0;
}
double area(double r)      //函数定义
{
    if(r<0)
    {
        return -1;         //参数不合法返回-1
    }
    return PI*r*r;         //返回圆面积
}
```

运行结果：

半径为−9.8 的圆面积:−1.00

半径为 9.8 的圆面积:301.57

解析：

本例代码分成五部分，依次为：包含文件 stdio.h、宏定义 PI、函数 area 的声明、main 函数的定义以及 area 的定义。

在 area 的定义中，当参数 r 为负数时，返回−1，表示“错误”；当参数 r 为非负数时，使用宏 PI 和参数 r 计算圆面积，并返回。

在 main 函数中，两次调用 area，分别测试了参数非法和参数合法两种情况。

【案例 3】生活中经常遇到时间加法的问题，例如，高铁从上海到杭州花费 2 小时 2 分 3 秒，从杭州到温州花费 2 小时 10 分 0 秒，那么，从上海经过杭州再到温州需要花费 4 小时 12 分 3 秒（不算停车时间）。编写程序，用户输入 6 个整数代表两个时间，输出这两个时间的和。

解题思路：

如果直接将两个时间的时、分、秒分别相加，则需要考虑分和秒逢 60 进 1 的问题。不如换个思路，先设计一个函数将时、分、秒转换为一个“总秒数”。函数原型如下：

```
int toSecond(int hour,int minute,int second) //转换时分秒到总秒数
```

3 个参数分别对应时、分和秒，函数返回值就是相应的总秒数。有了函数 toSecond 之后，就可以方便地将两个待相加的时间先转换为总秒数后再相加。两个总秒数相加后得到的结果还是一个总秒数，所以还需要设计一个能够把总秒数以时分秒形式打印出来的函数，原型如下：

```
void printTime(int second)          //总秒数作为参数，以时分秒形式打印
```

源程序：

```
#include<stdio.h>
int toSecond(int hour,int minute,int second) //转换时分秒到总秒数
{
    return hour*3600+minute*60+second;
}
void printTime(int second)          //总秒数作为参数，以时分秒形式打印
```

```
{
    int hour=second/3600;                    //提取小时数
    int minute=second%3600/60;               //提取分钟数
    second%=60;                              //提取秒数
    printf("%d 小时%d 分%d 秒",hour,minute,second);
}
int main()
{
    int hour1,hour2,minute1,minute2,second1,second2;
    scanf("%d%d%d",&hour1,&minute1,&second1);
    scanf("%d%d%d",&hour2,&minute2,&second2);
    int s,s1,s2;
    s1=toSecond(hour1,minute1,second1);  //调用 toSecond
    s2=toSecond(hour2,minute2,second2);  //调用 toSecond
    s=s1+s2;                                 //相加
    printTime(s1);                           //调用 printTime
    printf("+");
    printTime(s2);                           //调用 printTime
    printf("=");
    printTime(s);                            //调用 printTime
    return 0;
}
```

运行结果：

```
2 2 3
2 10 0
2 小时 2 分 3 秒+2 小时 10 分 0 秒=4 小时 12 分 3 秒
```

解析：

在 toSecond 的函数体中，只有一条 return 语句，返回了根据参数计算出的总秒数。printTime 函数由于仅仅是打印一些信息，所以它不需要返回值，函数体中通过除法和取模运算，将总秒数分解为时、分和秒，并打印。

在 main 函数中，两次调用 toSecond 函数将时、分、秒转换为总秒数，又三次调用 printTime 以时分秒形式输出信息。

【案例 4】正在上小学的弟弟请教小明一道数学题：分别求 18 和 45，242 和 154，以及 1011087 和 1221183 的最大公约数。小明觉得第三组数据太大，于是他编程来求解。

解题思路：

由于需要计算 3 组数据的最大公约数，所以应将求两数最大公约数设计为一个函数：

案例 4-最大公约数

```
int gcd(int a,int b)                         //求 a 和 b 的最大公约数
```

求两个整数最大公约数可以使用下面公式表示的辗转相除法：

$$\gcd(a,b)\begin{cases} a & b=0 \\ \gcd(b,a\%b) & b\neq 0 \end{cases}$$

上式表达的含义是：如果 *b* 为 0，则 *a* 和 *b* 的最大公约数是 *a*，否则 *a* 和 *b* 最大公约数等于 *b* 和 *a*%*b* 的最大公约数。算法流程如下：

（1）判断 *b* 是否等于 0，是则转至（3），否则转至（2）。

（2）令 *a* 等于原来的 *b*，令 *b* 等于原来的 *a*%*b*，并转向（1）。

（3）此时的 *a* 为答案，结束。

表 6.2 展示了计算 18 和 45 最大公约数的过程。

表 6.2　辗转相除计算 18 和 45 的最大公约数

	a	*b*	*a*%*b*
初始	18	45	18
第一轮	45	18	9
第二轮	18	9	0
第三轮	9	0	已结束

源程序：

```
#include<stdio.h>
int gcd(int a,int b)
{
    int t;
    while(b!=0)
    {//辗转相除直至 b 等于 0
        t=a%b;
        a=b;
        b=t;
    }
    return a;//b 为 0 时，a 是答案
}
int main()
{
    printf("18 和 45 最大公约数:%d\n",gcd(18,45));
    printf("242 和 154 最大公约数:%d\n",gcd(242,154));
    printf("1011087 和 1221183 最大公约数:%d\n",gcd(1011087, 1221183));
    return 0;
}
```

运行结果：

```
18 和 45 最大公约数:9
242 和 154 最大公约数:22
1011087 和 1221183 最大公约数:13131
```

解析：

代码中，gcd 函数实现了辗转相除法，整体上看 gcd 会在 b 值变化为 0 时返回 a，while 循环体中只有 3 条语句，第一条暂存 a%b 到变量 t，另外两条改变 a 和 b 的值。

本例中使用的辗转相除法是由古希腊数学家欧几里得提出的，中国古代数学著作《九章算法》中的“更相减损术”也是类似的算法。在了解辗转相除法之前，读者可能自然地想到求 *a* 和 *b* 最大公约数，可以从 *a* 和 *b* 中较小的数开始循环试探。例如，求 18 和 45 最大公约数从 18 开始，试探 18 和 45 能否同时被 18 整除，在不能的情况下，再试探 18 和 45 能否同时被 17 整除，…，直至试探到 9，就找到了答案。

对比辗转相除和“从 *a*、*b* 较小者向下逐个试探”两种方法，求 18 和 45 最大公约数，辗转相除法经过 3 轮辗转即可求出答案，而第二种方法需要试探 18 至 9 这 10 个数字。如果求 100000001 和 100000000 的最大公约数，两种算法的效率差距更加明显。

综上所述，程序设计不仅逻辑要严谨，而且方法要正确。这里的方法正确并不是说“获得正确结果即可”，而是在“获得正确结果”的前提下，采用最适合的算法，使程序的时间和空间开销变得更小。

在学习和工作中，做事要把握两个原则：第一，目标正确；第二，方法正确。用一句话来概括就是：用正确的方法做正确的事。目标在左，方向靠右，再努力也是白费；结果在上，行动向下，白白浪费时间；目标、结果都正确，方法不对，也只会事倍功半。

6.1.4 单向按值传递参数

函数按值传递参数

C 语言中的函数是独立的代码单元，一个程序往往由多个函数构成。那么，这些函数之间如何传递信息呢？方法之一就是依靠函数的参数和返回值。对于一个函数来说，参数就是外部函数对它的信息“输入”，返回值就是它对外部函数的信息“输出”。例如，在案例 4 中，main 通过函数调用 gcd(18,45)向 gcd 传递了 18 和 45，gcd 执行结束后，又为 main 返回了计算结果 9。

如果函数 f 调用了函数 g，则称 f 为主调函数，称 g 为被调函数。在 C 语言中，实参是主调函数中的表达式（不一定是变量），用于发送数据；形参是被调函数中的变量（一定是变量），用于接收数据。虽然形参和实参在函数调用开始的那一刻取值相同，但却占用不同的内存空间，在被调函数中修改形参，与主调函数提供的实参无关。简单地说，形参是实参的复制品，而非实参本身。

上段描述的参数传递方式被称为单向按值传递，之所以被称为“单向”，是因为对形参的修改不会“反向”再传给主调函数中的实参。这种传递方式很像生活中使用即时通信软件发送文件。例如，老师使用微信将班级的通信录原件（实参）发送给小明，小明在计算机上接收到了通信录的“复制品”（形参），并且小明对通信录进行了修改（修改形参），但小明的修改却与老师计算机中的通信录原件无关。

为了帮助读者进一步理解单向按值传递参数的本质，下面给出一个“交换失败”的例子。

源程序：

```
#include<stdio.h>
void swap(int a,int b)
{
    printf("交换之前 a=%d,b=%d\n",a,b);
    int t=a;
    a=b;
```

```
        b=t;
        printf("交换之后 a=%d,b=%d\n",a,b);
    }
    int main()
    {
        int x=1,y=2;
        printf("调用之前 x=%d,y=%d\n",x,y);
        swap(x,y);
        printf("调用之后 x=%d,y=%d\n",x,y);
        return 0;
    }
```

运行结果：

```
调用之前 x=1,y=2
交换之前 a=1,b=2
交换之后 a=2,b=1
调用之后 x=1,y=2
```

代码中的 swap 函数有 a 和 b 两个形参，函数体中，利用临时变量 t 作为桥梁交换了 a 和 b 的值。main 函数定义变量 x 和 y，并将 x 和 y 作为实参调用 swap。通过运行结果可以发现，函数 swap 成功交换了 a 和 b，但这次交换却与实参 x 和 y 无关。参数传递过程如图 6.1 所示。

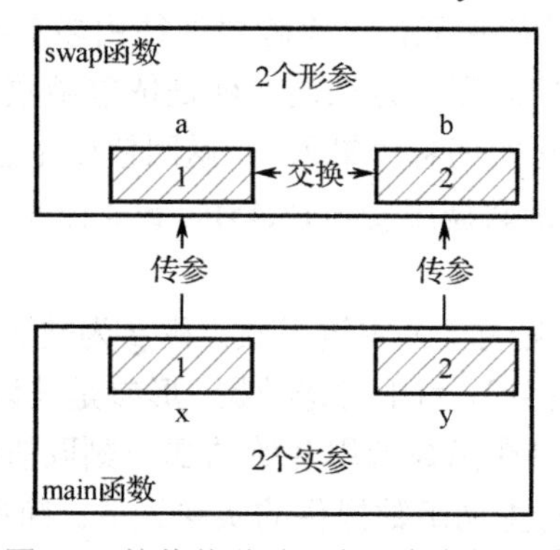

图 6.1　按值传递时形参和实参的关系

程序从 main 函数开始运行，变量 x 和 y 分别被初始化为 1 和 2；函数调用 swap(x,y)发生时，主调函数 main 中的变量 x 和 y 作为实参，分别传递给被调函数 swap 的形参 a 和 b，形参 a 复制了 x 的值，存入 1，形参 b 复制了 y 的值，存入 2；在 swap 的执行过程中，交换 a 和 b；待函数 swap 执行完毕回到 main 之中时，main 中的 x 和 y 的值不会发生变化。

练一练

【练习 1】定义一个函数，用于求三个整数的最大值。提示：函数定义中可以调用求两个整数最大值的那个函数。

【练习 2】定义函数根据底面半径和高，求圆柱体体积。

【练习 3】模仿案例 4 定义完成求两数最小公倍数的函数 lcm，并编写主函数，调用 printf 和 lcm 函数，输出 18 和 45、121 和 77 的最小公倍数。提示：两整数的最小公倍数等于两数之积除以两数的最大公约数。

【练习 4】定义函数 int isPrime(int n)，判断参数 n 是否是素数，是则返回 1，否则返回 0。在主函数中调用 isPrime，输出 2～100 之间的所有素数。

6.2 数组作为函数参数

数组作为函数参数

6.2.1 数组名作为参数的语法

数组是一组连续存储的同类型变量的组合，C 语言允许将整个数组作为参数从主调函数向被调函数传递。那么，传递数组时，实参和形参应该采用什么样的语法形式呢？

1. 数组名作为实参

数组作为函数参数时，实参就是主调函数中需要被传递的那个数组的名字。假设某函数中定义了如下两个数组：

```
int x[100],y[2][3];
f1(x);
f2(y);
```

以上代码片段中，数组名 x 作为实参调用函数 f1，数组名 y 作为实参调用函数 f2。

2. 数组形参

在主调函数中，简单地使用数组名作为实参就可以实现数组的“传出”。那么，对于接收端的被调函数来说，应该如何在函数头部说明形参，才能表示形参是一个数组呢？在函数头中定义数组形参的方法十分简单，只需要“抄写”数组定义的那条语句即可。例如，函数 f1 和 f2 分别接收语句“int x[100],y[2][3];”中的数组 x 和 y，则它们的函数原型可以写成：

```
void f1(int a[100])        //f1 的函数头中，形参 a 是一个一维数组
void f2(int b[2][3])       //f2 的函数头中，形参 b 是一个二维数组
```

不难发现，f1 中的形参 a 与数组 x 定义相同，f2 中的形参 b 与数组 y 定义相同。一切看起来十分简单，但先不要急着庆祝，还差一点点。在数组形参中，数组第一个维度的长度一般省略不写（因为写上长度，虽然不错，但没用）。例如以上两个函数的头部应写成：

```
void f1(int a[])           //f1 的函数头中，形参 a 是一个一维数组
void f2(int b[][3])        //f2 的函数头中，形参 b 是一个二维数组
```

至此，数组形参的表示方法就介绍完了。总结起来只有两个步骤：首先，照抄要传递数组的定义；然后，去掉第一个维度的长度。

另外，由于数组形参中没有长度信息，所以通常情况下，需要再为函数增加一个表示长度的形参。例如，上面函数 f1 和 f2 的头部应写成：

```
f1(int a[] , int len1)
f2(int b[][3] , int len2)
```

其中，f1 中的参数 len1 表示一维数组的长度；f2 中的参数 len2 表示二维数组的行数（即

二维数组第一个维度的长度）。如果使用“int x[100],y[2][3];”中定义的两个数组分别作为参数调用函数 f1 和 f2，可写成：

```
f1(x,100);        //100 表示数组长度
f2(y,2);          //2 表示二维数组的行数
```

6.2.2 传递数组首地址

6.2.1 节介绍的数组形参的表示方法虽然简单，但读者难免会有疑问：为什么要去掉数组形参中第一个维度的长度？为什么还要另外增加表示数组长度的参数？到底数组作为参数和普通表达式作为参数有什么区别？以下内容回答这些问题。

根据 6.1.4 节的内容，C 语言向函数传递参数采用的方式是“单向值传递”，即强调函数调用发生后，被调函数中的形参是实参的复制品。但是，如果采用“按值”方式为函数传递数组，当数组长度较大时，制作“数组复制品”就需要花费更多的时间和空间。因此，C 语言规定，数组名是表示数组首地址的常量，将数组名作为实参时，形参仅仅是“数组首地址的复制品”，而不是复制整个数组。此时，数组占用的内存空间被两个函数共享。图 6.2 通过代码来展示传递数组时，形参和实参之间的关系。

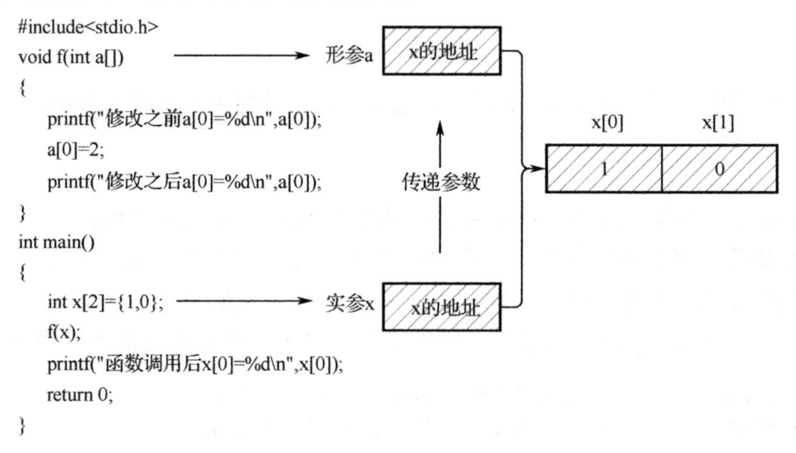

图 6.2　按地址传递

图 6.2 中程序的运行结果：

```
修改之前 a[0]=1
修改之后 a[0]=2
函数调用后 x[0]=2
```

程序从 main 函数开始运行，执行至“int x[2]={1,0};”时，系统为变量 x[0]和 x[1]分别存入 1 和 0；函数调用 f(x)发生时，主调函数 main 中的数组名 x 作为实参，传递给被调函数 f 的形参 a，形参 a 复制了数组 x 的首地址，相当于 main 中的数组 x 在 f 中多了一个名字叫作 a，此时两个函数共享数组 x（或称数组 a）的内存空间；在函数 f 被执行过程中，将数组元素 a[0]的值修改为 2；待函数 f 执行完毕回到 main 之中时，会发现 x[0]已被修改为 2。

在 6.1.4 节介绍的按值传递方式中，形参复制了实参的值；而在本节介绍的数组传递中，形参同样会复制实参，但此时的实参是代表数组首地址的数组名，形参复制的是一个首地址而非数组本身。为了强调数组作为参数时复制的是数组的地址，这种传参方式被称为按地址

传递。如果将按值传递比喻为在即时通信软件中传递文件，那么按地址传递就是传递共享文件的“链接”。例如，老师将班级通信录原始文件的“链接”发送给小明，与传递文件本身相比，传递“链接”不仅省去了小明计算机下载（复制）原始文件的时间和空间开销，而且小明可以通过“链接”直接修改老师计算机中的原始文件。

6.2.3 数组作为参数的应用

【案例 5】 使用函数打印一个数组中的元素。

案例 5-打印数组元素

解题思路：

打印数组元素的函数需要知道待打印数组的首地址和长度，所以函数至少包括两个参数表示这两项信息。同时，打印操作在函数内部进行，不需要返回任何数值。所以，函数原型设计如下：

```
void printArray(int arr[],int len)              //打印数组元素
```

另外，打印数组元素并不会改变数组元素的值，习惯上应在数组形参前加入表示“常量”的关键字 const。函数原型可以更改为：

```
void printArray(const int arr[],int len);       //打印数组元素
```

这里关键字 const 的作用是限定数组元素不能被修改，以及“告知”阅读此代码的程序员，该函数不会修改主调函数中数组的内容。虽然这样处理不是 C 语言的“硬性”要求，但却是一个良好的编程习惯。

源程序：

```
#include<stdio.h>
void printArray(const int arr[],int len)            //打印数组元素
{
    int i;
    for(i=0;i<len;++i)
    {                                               //循环打印每个数组元素
        printf("%d ",arr[i]);
    }
    printf("\n");                                   //打印一个换行
}
int main()
{
    int a[3]={1,2,3},b[4]={4,5,6,7};
    printArray(a,3);                                //调用函数打印数组 a
    printArray(b,4);                                //调用函数打印数组 b
    return 0;
}
```

运行结果：

```
1 2 3
4 5 6 7
```

解析：

在 printArray 函数的定义中，使用 for 语句完成对数组元素的打印，其中使用到的形参 arr 和 len 分别表示数组的首地址和长度。

在 main 函数中，两次调用函数 printArray，分别打印数组 a 和 b 的内容。

【案例 6】编写函数实现数组的拷贝功能。

案例 6-数组拷贝

解题思路：

将一个数组的内容拷贝到另一个数组的操作涉及两个数组，再加上数组的长度，函数应该有 3 个参数。其原型如下：

```
void copyArray(int arrDest[],const int arrSource[],int len);          //复制数组
```

函数原型中，arrDest 是拷贝操作的目标地址，arrSource 是拷贝操作的来源地址，len 表示两个数组的共同长度（拷贝操作涉及的两个数组长度相等）。拷贝操作不会修改来源数组的内容，但会修改目标数组的内容，所以 arrDest 声明中不含 const，而 arrSource 声明中含有 const。阅读此代码的其他程序员，可通过关键字 const 的有无，来区分哪个参数代表拷贝操作的来源，哪个参数代表拷贝操作的目标。

源程序：

```
#include<stdio.h>
void printArray(const int arr[],int len)                          //打印数组元素
{
    略
}
void copyArray(int arrDest[],const int arrSource[],int len)             //复制数组
{
    int i;
    for(i=0;i<len;++i)
    {//循环逐个复制数组元素
        arrDest[i]=arrSource[i];
    }
}
int main()
{
    int a[3]={1,2,3},b[3]={4,5,6};
    printf("复制前数组 a：");
    printArray(a,3);                    //调用函数打印数组 a
    copyArray(a,b,3);                   //调用函数复制数组 b 到 a
    printf("复制后数组 a：");
    printArray(a,3);                    //调用函数打印数组 a
    return 0;
}
```

运行结果：

```
复制前数组 a：1 2 3
复制后数组 a：4 5 6
```

解析：

在 copyArray 函数的定义中，使用 for 语句完成对数组元素的逐一复制。为了测试 copyArray 函数，本例代码中保留了案例 5 中的 printArray 函数，用于打印数组。

在 main 函数中，定义了两个长度为 3 的数组，并赋予了不同的初始值。函数调用 copyArray(a,b,3)，将数组 b 的内容复制给数组 a。通过运行结果可发现，函数 copyArray 实现了题目要求的复制功能。

【案例 7】编写函数，将数组中字符串的小写字母替换成相应的大写字母。

案例 7-小写字母转大写

解题思路：

函数原型设计如下：

```
void lowerToUpper(char str[]);          //小写换大写函数
```

与前面两个案例相比，lowerToUpper 函数原型中少了表示数组长度的参数 len。这是因为所要处理的字符数组中保存的是字符串，字符串默认以'\0'为结尾。

实现函数时，需要从数组第 0 个元素开始搜索小写字母，每当遇到小写字母时，就为其减去 32，使其变为大写字母。32 是小写字母与相应大写字母 ASCII 码的差值。如果读者不知道这个差值是 32，也可以使用表达式'a'-'A'代替，这个表达式就是在计算小写字母 a 和大写字母 A 的差。

搜索和修改的操作需要逐个数组元素进行，直到遇到字符串结尾的'\0'。

源程序：

```
#include<stdio.h>
void lowerToUpper(char str[])
{
    int i;
    for(i=0;str[i]!='\0';++i)
    {//for 循环直到 str[i]等于'\0'时停止
        if(str[i]>='a'&&str[i]<='z')
        {//判断 str[i]是否是小写字母
            str[i]-='a'-'A';
        }
    }
}
int main()
{
    char a[16]="Hello 123 C!";
    printf("替换前字符串 a：%s\n",a);
    lowerToUpper(a);//函数调用
    printf("替换后字符串 a：%s\n",a);
    return 0;
}
```

运行结果：

```
替换前字符串 a：Hello 123 C!
替换后字符串 a：HELLO 123 C!
```

解析：

在 lowerToUpper 函数的定义中，在 for 语句中对字符串进行搜索和替换，循环条件没有使用 i 与数组长度进行比较，而是判断数组元素 str[i]是否不等于字符'\0'。循环体中，使用 if 语句对当前字符 str[i]进行判断，如果 str[i]是小写字母则替换为相应的大写字母。

main 函数对 lowerToUpper 函数进行了简单测试。注意，本例提供的函数 lowerToUpper 与库函数 strcpy、strlen 等类似，都默认字符数组中存在'\0'表示字符串结尾。

练一练

【练习 5】将项目 5 中介绍的冒泡排序算法定义成函数，使其能为任意长度的整型数组排升序。

【练习 6】编写函数将字符串中的大写字母替换为小写字母。

6.3 递归函数及应用

递归函数及案例 8

一个非负整数 n 的阶乘使用公式可以表示为：

$$f(n)=\begin{cases}1 & n=0\\ n\times(n-1)\times\cdots\times 1 & n>0\end{cases}$$

按照上式关于阶乘的定义，读者自然会想到求 n 的阶乘可以使用循环语句。那么，还有没有更加便捷的编程方法呢？这里先使用另外一种形式给出阶乘的定义：

$$f(n)=\begin{cases}1 & n=0\\ n\times f(n-1) & n>0\end{cases}$$

在第二个关于 n 的阶乘定义中，嵌套地使用了 n−1 的阶乘。像阶乘这种嵌套定义的问题，非常适合使用“递归函数”来解决。以下定义的函数在未使用循环语句的情况下，就可以求 n 的阶乘。

```
int f(int n)
{
    if(n<=0){
        return 1;
    }
    return n*f(n-1);        //递归调用
}
```

在以上函数 f 的定义中，出现了关于 f 自身的函数调用 f(n-1)。这种在执行过程中，调用自身的函数，被称为递归函数。图 6.3 展示了使用 f 计算 3 阶乘的过程。

在执行函数调用 f(3)的过程中，会发生函数调用 f(2)；执行 f(2)时，会发生函数调用 f(1)；执行 f(1)时，会发生函数调用 f(0)；f(0)执行结束为其主调函数 f(1)返回 1；f(1)继续执行，为其主调函数 f(2)返回 1×1；f(2)继续执行，为其主调函数 f(3)返回 2×1；f(3)继续执行，最终返回 3×2。

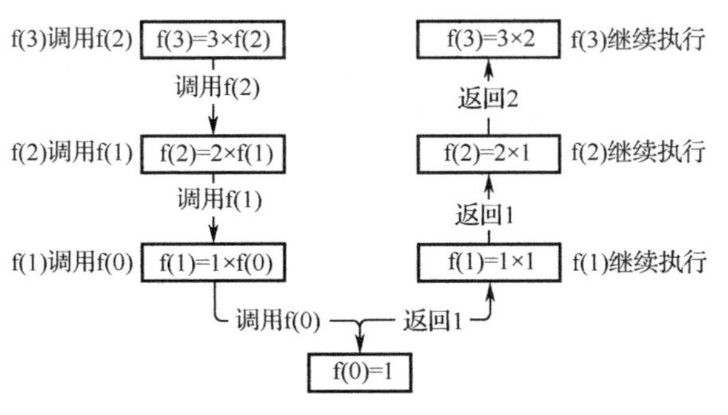

图 6.3　f(3)求阶乘的过程

在以上关于 f(3)的调用过程中，读者会发现，一次的函数调用 f(3)会引发多次关于 f 的调用。与非递归函数相比，递归函数虽然编写起来更加简单，但调用过程更复杂。读者在设计和实现递归函数时，无须过多考虑函数的递归调用过程，做好以下两点便可容易地编写递归函数：

（1）为递归函数找到一个或多个非递归出口，没有非递归出口的递归函数将陷入无限的递归调用之中。例如，求阶乘函数 f 的非递归出口就是参数 n 等于 0 时，直接返回 1。

（2）找到问题的递推关系，并且将递推关系以递归调用表达式的形式写在函数定义之中。例如，在求阶乘函数 f 的定义中，表达式 f(n−1)表示 n−1 的阶乘，代码 return n*f(n−1)代表的就是阶乘递推式 $f(n)=n\times f(n-1)$ 。

注意：在递归函数中应包含基本条件跟一般条件，基本条件控制递归调用结束，一般条件控制递归调用向基本条件转化。如果没有基本条件或者一般条件不能最终向基本条件转化，则将不能采用递归方式求解。

提示：通常下面三种情况需要使用递归。

（1）数学定义是递归的。

如计算阶乘，最大公约数和 Fibonacci 数列。

（2）数据结构是递归的。

如队列、链表、树和图。

（3）问题的解法是递归的。

如 Hanoi 塔，骑士游历、八皇后问题（回溯法）。

【案例 8】编写函数打印以下图形。

```
1
22
333
……
```

解题思路：

函数原型设计如下：

```
void printDigit(int n);        //打印 n 行数字
```

printDigit 在函数体内完成打印，所以不需要返回值。另外，本问题需要一个参数 n 表示打印内容的行数。

先为递归函数找一个非递归出口：在 n<=0 时，不用打印任何内容，直接返回即可。再找递推关系：打印 n 行数字相当于，打印前 n−1 行数字后，接着打印一行数字 n。

编码过程中，虽然暂时还没有完成 printDigit 的编写，但一定要“确信”将 printDigit(n−1)写在代码中，就能够完成前 n−1 行数字的打印。

源程序：

```
#include<stdio.h>
void printDigit(int n)                          //打印 n 行数字
{
    if(n<=0)
    {//非递归出口
        return;
    }
    printDigit(n-1);                             //递归调用打印前 n−1 行数字
    int i;
    for(i=0;i<n;++i)
    {//打印一行数字 n
        printf("%d",n);
    }
    printf("\n");
}
int main()
{
    print(3);
    return 0;
}
```

运行结果：

```
略
```

解析：

在递归函数 printDigit 的定义中，开始的 if 语句是该函数的非递归出口；递归调用 printDigit(n−1)完成前 n−1 行数字的打印；最后的 for 语句和 for 语句之后的打印换行语句，完成了一行数字 n 的打印。

【案例 9】编写递归函数翻转打印整数 n，例如，n 为 123，打印 321。

解题思路：

在项目 4 中，曾经使用此问题作为 do-while 语句的应用案例。本例中，换一种思路，使用递归函数去解决此问题。函数原型设计如下：

案例 9-翻转打印整数

```
void reversePrint(int n);            //翻转打印 n
```

reversePrint 在函数体内完成打印，所以不需要返回值。参数 n 表示要翻转打印的那个整数。

为递归函数找两个非递归出口：第一个非递归出口，当 n<0 时，认为参数有误，不打印任何内容直接返回；第二个非递归出口，当 n<10 时，直接打印 n 后返回。

找递推关系：翻转打印 n 相当于打印 n%10 后，继续翻转打印 n/10，例如，翻转打印 123456789 相当于先打印 9 后，再翻转打印 12345678。

源程序：

```
#include<stdio.h>
void reversePrint(int n)                    //翻转打印 n
{
    if(n<0)
    {//非递归出口一
        return;
    }
    if(n<10)
    {//非递归出口二
        printf("%d",n);
        return;
    }
    printf("%d",n%10);                      //打印 n 的个位
    reversePrint(n/10);                     //递归调用打印 n/10
}
int main()
{
    reverse(123456789);
    return 0;
}
```

运行结果：

```
987654321
```

解析：

在递归函数 reversePrint 的定义中，开始的两条 if 语句都是该函数的非递归出口，第 1 条 if 语句对应参数小于 0 的情况，第 2 条 if 语句对应参数是个位数的情况；printf("%d",n%10)打印 n 的个位；递归调用 reverse(n/10)完成 n/10 的翻转打印，即完成数字 n 除了个位以外其他数位上数字的翻转打印。

练一练

【练习 7】指出以下代码的运行结果，并分析原因。

源程序：

```
#include<stdio.h>
int f(int a,int b,int n)
{
    if(n<=0){return -1;}
    if(n==1){return a;}
    return f(b,a+b,n-1);
}
int main()
{
    printf("%d",f(1,1,6));
    return 0;
```

```
}
```

【练习 8】使用递归函数实现辗转相除法求两整数的最大公约数。

函数的嵌套调用及案例 10

6.4 函数的嵌套调用

C 语言定义的函数都是互相独立的，函数间不能嵌套定义（嵌套定义是指定义一个函数时，其函数体内包含另一个函数的完整定义），但可以嵌套调用，也就是说在调用一个函数的过程中，该函数又调用另一函数。

例如，f1 和 f2 是分别定义的函数，但在调用函数 f1 的过程中又要调用函数 f2。其调用过程如图 6.4 所示。

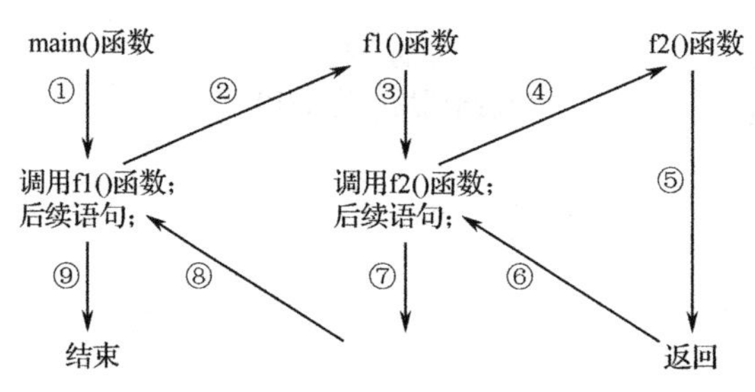

图 6.4　函数嵌套调用过程

图 6.4 表示的是两层嵌套，①～⑨为调用过程的步骤，即：

① 执行 main()函数的开头部分。

② 遇调用函数 f1()语句，流程转去 f1()函数。

③ 执行 f1()函数的开头部分。

④ 遇调用函数 f2()语句，流程转去 f2()函数。

⑤ 执行 f2()函数，如果再无其他嵌套的函数，则完成 f2()函数的全部操作。

⑥ 返回调用 f2()函数处，即返回到 f1()函数。

⑦ 继续执行 f1()函数中尚未执行的部分，直到 f1()函数结束。

⑧ 返回 main()函数中调用 f1()函数处。

⑨ 继续执行 main()函数的剩余部分直到结束。

注意：函数嵌套调用的层数是没有限制的。但是，为了程序结构的清晰、易读，建议嵌套调用的层数不要太多。

【案例 10】编写代码，实现组合函数 $C_m^k = \dfrac{m!}{k!(m-k)!}$ 的求解。

解题思路：

在函数 Fact()中利用递归求取 n 的阶乘，在函数 Comb()中利用乘法运算、除法运算求得表达式的右值。

函数的两层嵌套调用，主函数 main()调用函数 Comb()，在函数 Comb()的执行过程中又调用函数 Fact()。

注意函数 Fact()、函数 Comb()的参数个数、参数类型，以及函数的返回值情况。

源程序：

```
#include <stdio.h>
long Fact(int n);
long Comb(int m,int k);

int main()
{
    int m,k;
    long result;
    scanf("%d %d",&m,&k);
    result=Comb(m,k);
    printf("%ld\n",result);
    return 0;
}
long Fact(int n)
{
    int i;
    long fact=1;
    for(i=1;i<=n;i++)
    {
        fact*=i;
    }
    return fact;
}
long Comb(int m,int k)
{
    return Fact(m)/(Fact(k)*Fact(m-k));
}
```

运行结果：

```
输入：5 3
输出：10
```

解析：

本例中，函数调用发生前，main 函数的变量 m 和 k 通过键盘分别获得数值 5 和 3；当主函数 main()调用函数 Comb()进行运算时，函数 Comb()又调用函数 Fact()，分别算得 5!、3! 以及 2!，最后返回计算结果 10 给主函数，并进行打印输出。

6.5　变量的作用域及生命期

生命周期及作用域

C 程序由多个函数构成，每个函数又是相对独立的执行单元，程序的执行过程就是函数间相互调用的过程。那么，自然就产生了函数内定义的变量和函数外定义的变量，“在何处可以访问”、“在何时可以访问”等可访问性的问题。

变量“在何处可以访问”的问题被称为变量的作用域，“在何时可以访问”的问题被称为变量的生命期。

6.5.1 作用域

标识符包括变量名、函数名和宏名等。标识符的有效范围称为标识符的作用域。换句话说，声明某个标识符后，允许使用这个标识符访问其代表对象（这里的对象可能是变量、函数或者宏等）的代码区域，就是该标识符的作用域。变量名是最常用的标识符，下文介绍的变量作用域也适用于函数、宏等其他标识符。

C 语言中变量的作用域分为文件级、代码块级以及声明函数时语句级三种，由于声明函数时语句级作用域不常用，所以这里只介绍前两种作用域。

1. 文件级作用域

文件级作用域又称全局作用域，声明在所有函数之外的变量拥有该级别的作用域，这种变量被称为全局变量。全局变量从其声明或定义之处开始，直到文件结束处为止，在这个范围内出现的函数中，都是可访问的。例如：

```
void f1()
{
……
}
int a = 0;//变量 a 的作用域从此开始
void f2()
{
……
}
int main()
{
……
}
……//变量 a 的作用域到文件结尾结束
```

上面伪代码中，变量 a 是全局变量，可以被函数 f2、main 以及 main 以后的函数访问，但不能被在其定义之前的函数 f1 中访问。

2. 代码块级作用域

代码块级作用域又称局部作用域，声明或定义在一对大括号{}之间的变量和函数定义中的形式参数拥有该级别的作用域，这种变量被称为局部变量。局部变量从其声明之处开始，直到所属代码块结束，在这个范围内是可以访问的。局部变量不能被其他函数访问。

另外，局部标识符允许与全局标识符同名，内层局部标识符允许与外层局部标识符同名。当重名发生时，更小作用域的标识符在其作用域内将隐藏外部的标识符。例如，假设北京故宫作为全国范围的标识符被称为“故宫”，沈阳故宫在沈阳市的局部范围内作为局部标识符也被称为“故宫”。那么一个人在温州市说：“我参观了故宫。”他一定是参观了北京故宫，而说此话的地点发生在沈阳时，他一定是参观了沈阳故宫，这就是标识符的隐藏。

```
int b = 1;                     //初始值为 1 的全局变量 b 的作用域从此开始
void f3(int c)                 //局部变量 c 的作用域从此开始
{
    int b = 2;                 //初始值为 2 的局部变量 b 的作用域从此开始
    {
        int b = 3;             //初始值为 3 的局部变量 b 的作用域从此开始
        b + 10;                //此处引用初始值为 3 的变量 b
    }                          //初始值为 3 的局部变量 b 的作用域到此结束
    b + 100;                   //此处引用初始值为 2 的变量 b
……
}                              //初始值为 2 的局部变量 b 和变量 c 的作用域到此结束
void f4()
{
    b + 1000;                  //此处引用初始值为 1 的全局变量 b
……
}
……//全局变量 a 的作用域到文件结尾结束
```

在上面代码片段中，初始化为 1 的变量 b 是全局变量；初始化为 2 和 3 的变量 b 是局部变量，但它们的作用域不同；函数 f3 的形参 c 虽然在函数体之外，但 c 也算作函数体代码块内的局部变量，与初始化为 2 的变量 b 作用域相同。表达式 b+10 的结果是 13，这里的 b 是初始化为 3 的那个 b；表达式 b+100 的结果是 102，这里的 b 是初始化为 2 的那个 b；表达式 b+1000 的结果是 1001，这里的 b 是初始化为 1 的全局变量。

多学一点：

一个程序的源代码可以写在不同的文件之中，一个文件中定义的全局变量和函数，可以被其他文件使用，但在使用前需要使用关键字 extern 进行声明。例如，在文件 A 中定义如下全局变量和函数：

```
int d;                //定义全局变量 d
void f5()             //定义全局函数 f5
{……}
```

如果在文件 B 中想要使用文件 A 中的变量 d 和函数 f5，则需要在文件 B 中再次声明这两个标识符：

```
extern int d;         //这是变量 d 的声明不是定义
extern void f5();     //这是函数 f5 的声明不是定义
```

上例中的全局变量 d 被称为外部链接变量，函数 f5 被称为外部链接函数。如果不想让全局变量或函数被其他文件使用，则可以在定义之前加入关键字 static，使其链接方式变成内部链接。例如，在文件 A 中定义如下全局变量：

```
static int f;         //全局变量 f 是内部链接，不能被其他文件使用
```

变量 f 只能被文件 A 使用。

6.5.2 生命期

生命期主要针对变量而言，是指变量在程序执行期间，从开始占用存储单元到释放存储单元的这段时间。变量的生命期又称存储期，分为静态存储期和自动存储期两种。

1．静态存储期

全局作用域的变量以及局部作用域的静态变量（局部变量定义前加入关键字 static 时被称为局部静态变量）具备静态存储的生命期。这种生命期的变量在程序执行前分配内存，直到程序运行结束，占用的内存才被回收。例如：

```
int a;                  //全局变量 a 是静态变量
void f1()
{
    static int b;       //局部变量 b 是静态变量
}
```

以上代码片段中，变量 a 和 b 都是静态变量，但二者的作用域不同，a 是文件级作用域，而 b 的作用域仅是函数 f1 内部。

2．自动存储期

对于局部变量来说，定义前未加入关键字 static 或加入关键字 auto，该变量具备自动存储的生命期，这种生命期的变量在其所属函数开始执行时产生（分配内存），函数执行结束时回收内存，这种变量的内存是动态分配的（运行时分配），它的生命期是“临时”的。特别地，函数定义中的形参必须是自动变量，定义时不能像代码块中的局部变量那样加入 static 成为静态局部变量。

```
void f2(int c)          //形参 c 必须是自动存储期的，声明前不能加 static
{
    int d;              //省略 auto 的局部自动变量 d 具备自动存储期
    auto int e;         //局部自动变量 e 具备自动存储期
}
```

以上代码片段中，变量 c、d 和 e 都是自动变量，其中，在 c 和 d 的声明中，省略了关键字 auto。本书之前所有案例中，在声明自动变量时，都省略了关键字 auto。

多学一点：

另外，C 语言允许将频繁使用的变量直接产生在 CPU 的寄存器之中（普通变量存放在内存之中，使用时再将其复制到寄存器），这种变量被称为寄存器变量。定义寄存器变量使用关键字 register，寄存器变量具备自动存储期。例如：

```
{
    register int f;     //f 是寄存器变量，
}
```

在以上代码片段中，语句块内定义的 f 就是寄存器变量。

3．静态变量的作用

到目前为止，本书之前所有案例中出现的变量全部为局部自动变量，但这并不代表静态变量在程序设计中毫无用处。静态变量从作用域的角度看，分为全局静态变量和局部静态变量，它们在程序设计中的作用如下。

（1）全局静态变量：C 语言程序由多个函数构成，函数之间传递数据需要依靠函数的参数和返回值。使用全局静态变量可实现数据的共享，减少不必要的参数传递。

（2）局部静态变量：局部静态变量的作用域虽然仅局限于定义变量语句所处的代码块，但是却拥有与全局静态变量一样的存储期，占用的存储单元不会因为函数调用的结束，而被系统回收。因此，局部静态变量适用于那些“函数调用结束变量仍需要保留取值”的情况。例如，在一个“读书”函数中，每次函数调用结束后，要将“读到第几页”的信息保留，以便下次调用函数时，从这个“页数”开始继续“阅读”。案例 10 通过每次打印 5 个整数，来模拟这种应用场景。

【案例 10】 编写函数。要求函数可以打印 5 个连续的整数，第一次调用打印 1～5，第二次调用打印 6～10，……

解题思路：

在函数中每次打印连续的 5 个整数并不难，但要保证每次打印的数延续上一次的打印结果，就需要记住上次函数调用结束时最后被打印变量的值。因此，这里将被打印变量定义为局部静态变量，再次调用函数时，这个变量的值仍然“存在”，并不像局部自动变量那样会被系统回收。

源程序：

```
#include<stdio.h>
void printNumber()
{
    static int number=1;            //局部静态变量
    int i;
    for(i=0;i<5;++i,++number)
    {//循环 5 次
        printf("%d ",number);
    }
    printf("\n");
}
int main()
{
    printNumber();                  //第一次调用
    printNumber();                  //第二次调用
    return 0;
}
```

运行结果：

```
1 2 3 4 5
6 7 8 9 10
```

解析：

在函数 printNumber 中，number 是一个局部静态变量，其初始值为 1。在随后的循环语句中，每轮循环打印 number 的值后，number 的值增加 1。函数调用结束，number 的存储单元不会被回收，再次调用函数时，number 保留上次调用结束时的值，而不会被重新初始化。与 number 相比，循环变量 i 是一个自动变量，每次函数调用开始时为 i 分配空间，函数调用结束 i 的空间被回收，再次调用时，系统会为 i 重新分配空间。

在 main 函数中，两次调用 printNumber，打印的内容并不相同。

练一练

【练习 9】指出以下代码片段中出现的变量的作用域和生命期。

```
int a;
void f(int b)
{
        int c;
        {
                register int d;
                int e;
        }
        static int f;
}
```

6.6 编译预处理

编译预处理

在将源代码编译成机器代码之前，编译器要先进行宏替换、导入包含文件等预处理工作。本节介绍带参数的宏、文件包含以及简单的条件编译指令。

1. 带参数的宏

宏是一种文本替换模式，在项目 2 的内容中，曾经介绍过使用宏来定义符号常量的方法。定义符号常量的宏没有参数，而带有参数的宏可以用于代替“短小”的函数。例如：

```
#define MAX(a,b) ((a)>(b)?(a):(b))
```

以上的宏 MAX 有两个参数 a 和 b（a 和 b 很像函数定义中的形参），宏展开时，编译器预处理模块会“智能”地使用“实参”替换文本“((a)>(b)?(a):(b))”中的“形参”a 和 b。假设代码中有如下语句：

```
x=MAX(2,3);            //代码中使用宏 MAX
```

编译之前，以上代码将被替换为：

```
x=((2)>(3)?(2):(3));   //宏 MAX 展开后
```

很明显，宏 MAX 起到的作用和函数一样。

2. 包含文件

C 语言中预编译指令#include 用于包含文件，在一个文件中使用#include 包含另一个文件，相当于将被包含文件的内容在当前#include 出现的位置书写一次。

使用#include 指令包含文件时，被包含文件的路径和文件名应出现在一对尖括号或一对双引号之间，文件的路径可使用相对路径或绝对路径，但一般使用相对路径。

当文件的路径是相对路径时，使用尖括号或者双引号包含，预处理器的搜寻范围不同。使用尖括号时，预处理器将在系统目录中寻找该文件；使用双引号时，预处理器先在当前文件的工作目录中寻找该文件，如果未找到文件，则会在系统目录中寻找。因此，不论包含库文件，还是自定义文件，均可使用双引号包含。但是为了在代码中区分所包含文件是系统库文件，还是本工程中的自定义文件，同时也为了提高预处理器的搜索速度，一般情况下，包含库文件时通常使用尖括号，包含自定义文件时通常使用双引号。

习惯上，C 程序的源代码被写在后缀为.h 和.c 的文件中，.h 后缀的文件称为头文件，.c 后缀的文件称为源文件。一般情况下，我们将函数的声明、全局变量的声明和定义、类型的定义等，放在头文件中；而像函数定义那样的可执行代码放在源文件中。按照这种方式处理，当一个源文件中需要使用另一个源文件中定义的函数时，不必包含该源文件，仅包含声明那个函数的头文件就可以了。

实际上，不论后缀是.h，还是.c，或是其他的后缀，存放源代码的文件都是文本文件。所以，头文件中也可以存在函数定义，源文件中也可以存在函数声明，上段的叙述只是大部分程序员的“习惯”。当然，我们开发项目时，也应该保持这种习惯。

3. 条件编译

在实际的程序设计中，重复包含一些文件是不可避免的。例如，文件 B 和文件 C 都需要包含文件 A，而文件 D 需要包含文件 B 和文件 C，此时文件 D 中就隐含地两次包含文件 A。如果一个文件被另一文件包含多次，那么该文件中定义的全局变量和函数就会被重复定义多次。但是，重复定义变量或函数属于编译错误。面对这种局面时，应该通知编译器，根据条件有选择地编译源代码。

C 语言为条件编译提供#ifdef、#ifndef、#else、#endif、#if、#elif 等预处理指令，其中#ifndef 表示“如果没有定义”。#ifndef、#define、#endif 的组合可以解决重复包含文件时，变量和函数的重定义问题。例如：

```
#ifndef A_H
#define A_H
//a.h 的代码
……
#endif
```

假设，上面的伪代码是 a.h 文件的内容。当 a.h 被包含多次时，只会被编译一次，预处理器在第二次遇到#ifndef A_H 时，得到结果“假”，编译器不会再次编译#ifndef 和#endif 之间的内容。开发多文件构成的程序时，几乎所有的头文件都要像上面伪代码那样处理。

练一练

【练习 10】以下代码中宏 MAX 用于求两个整数的最大值：

```
#define MAX(a,b) a>b?a:b
```

指出表达式 MAX(2,3)+5 的值，并分析原因。

【练习 11】编写带参数的宏 ISDIGIT，判断一个字符是否是数字字符。

【练习 12】编写带参数的宏 TOLOWER，为小写字母返回对应大写字母，其他字符返回本身。

知识拓展：C 语言内存分配

程序是数据和操作数据指令的集合，运行中的程序被保存在内存之中。C 语言将内存划分为代码区、栈区、静态区和堆区，其中，代码区存放操作数据的指令，另外三个区域存放数据。

1. 代码区

函数作为独立的程序单元，其源代码经过编译后，形成机器指令序列存放在代码区。代码区是共享的，即多次执行某函数，内存中也只保存该函数的一份代码。另外，代码区是只读的，避免程序中的“错误代码”意外修改指令。由于代码区完全由编译器管理，不需要程序员干涉，所以这里不做重点介绍。

2. 栈区

函数内定义的局部自动变量和函数的形式参数、返回值等临时变量存放在栈区，栈区内的变量被称为栈变量。栈区内存是运行时动态分配的，程序块执行期间，函数形参、局部自动变量等被创建在栈上，退出程序块时这些存储单元由系统自动回收。从这个意义上，可以把栈区看成一个寄存、交换临时数据的内存区域。使用栈区变量时要注意以下三点：

（1）定义栈区变量，如果未对其显式初始化，其取值不确定。

（2）系统为一个程序准备的栈区内存是“有限的”，在函数中创建较大的变量时（例如超大数组），执行该函数，则会发生栈溢出，导致程序异常退出。

（3）使用栈区时应该避免一类被称为“返回栈内存”的错误，“返回栈内存”是指函数调用结束时，返回函数中使用的、属于栈区的变量的地址。因为函数结束后，函数栈区的变量自动释放，如果通过返回的地址间接访问被释放的内存将发生不可预料的错误。下面的案例 11 示范“返回栈内存”。

【案例 11】返回栈内存。

源程序：

```
#include<stdio.h>
char* printHello()                  //函数返回一个地址
{
    char str[]="hello";
    return str;
}
int main()
{
    printf("%s",printHello());
    return 0;
```

```
}
```

运行结果：

```
（不确定）
```

解析：

本例中函数 printHello 的类型为 char*，这是 C 语言中的指针，用于存储地址，关于地址和指针的详细介绍参见项目 7。

本例的运行结果不确定，但一定不会输出 hello。函数 printHello 中定义的数组 str，存放字符串“hello”，这个数组存储在函数的栈区，函数调用结束时返回数组的首地址，此处就犯了“返回栈内存”的错误。当 main 函数调用函数 printHello 时，将其返回值作为函数 printf 的参数进行打印，得到意外的结果。产生意外的原因是，在函数 printHello 返回后，数组 str 所占内存被释放，此时通过地址访问该段内存相当于访问一个生命期结束的变量，当然得到意想不到的结果。

3. 静态区

全局变量和局部静态变量存放在静态区，静态区内的变量被称为静态变量。静态区内存是运行之前分配的，程序执行结束后由系统自动回收。如果将案例 11 函数 printHello 中的数组定义在静态区：

```
static char str[]="hello";
```

由于静态变量占用的存储单元不会随着函数 printHello 的运行结束而回收，所以该程序能够成功输出 hello（读者可自行验证）。

定义静态变量时，如果未对其显式初始化，则系统自动将其初始化为 0。

另外，代码中出现的字符串文字常量，例如 printf("hello")中的"hello"，被存放在文字常量区，文字常量区可被视为静态区的一部分。由于系统可能复用像"hello"这样的文字常量，所以禁止对该区域内存进行修改。例如：

```
strcpy("hello","Dog");//运行错误
```

执行上面 strcpy 函数修改"hello"占用的存储单元，将导致程序异常结束。

4. 堆区

堆区和栈区一样属于运行时刻分配的动态内存。与栈区内存系统自动回收不同，堆区内存由程序员手动分配和回收。由于 C 语言手动分配和回收堆区内存涉及很多与指针有关的知识点，所以，关于堆区内存使用方法的详细介绍可参见项目 7。

综合练习

1. C 语言标准函数库中包括 isdigit 函数，用于判断数字字符。作为练习，我们自己编写一个功能与之相同的函数。

说明：函数原型 int isdigit(char x)；其中参数 x 是字符的 ASCII 码。若 x 是数字字符的

ASCII 码，则函数值为 1(真)，否则为 0(假)。

2．编写函数 fun，其功能是：计算出小于 *k* 的最大的 10 个能被 13 或 17 整除的自然数之和，要求 100<*k*<3000。

说明：函数原型 int fun(int k)；其中 k 是用户传入的参数。函数返回小于 k 的最大的 10 个能被 13 或 17 整除的自然数之和。

3．本题要求实现一个简单函数，能计算给定的年份和月份的天数，使得可以利用该函数，输出给定年份中每个月的天数。其中 1、3、5、7、8、10、12 月有 31 天，4、6、9、11 月有 30 天，2 月平年有 28 天，闰年有 29 天。判断闰年的条件是：能被 4 整除但不能被 100 整除，或者能被 400 整除。

说明：函数原型 int MonthDays(int year, int month);其中 year 和 month 是用户传入的参数，如果 1≤ month≤12，该函数必须返回 year 年 month 月的天数。

4．请编写函数 fun，交换一个数组中最大值和最小值的位置，其他元素的位置不变。要求在主函数中输入一数组，然后在调用 fun 函数后，输出处理后的数据。

说明：函数原型 void fun(int a[]);其中 a 是用户传入的参数。函数功能是交换数组 a 中最大值和最小值的位置，其他元素的位置不变。

5．本题要求实现一个统计整数中指定数字的个数的简单函数。

说明：函数原型 int CountDigit(int number, int digit);其中 number 是不超过长整型的整数，digit 为[0, 9]区间内的整数。函数 CountDigit 应返回 number 中 digit 出现的次数。

6．编写函数 fun 其功能是：求一个大于 10 的 *n* 位整数 *w* 的后 *n*−1 位的数，并作为函数值返回。例如：当 *w*=1234 时，返回 234。

说明：函数原型 int fun(int w);其中 w 是用户传入的参数。函数须返回 w 除最高位外的值。

7．编写函数 fun 其功能是：求给定正整数 *n* 以内的素数之积，其中(*n*<28)。

说明：函数原型 long fun(int n);其中 n 是用户传入的参数。函数须返回正整数 n 以内的素数之积。

8．编写递归函数返回斐波那契数列 1、1、2、3、5、…，第 *n* 项值。

9．将项目 5 中介绍的选择排序算法定义成函数，使其能为任意长度的整型数组排升序。

10．汉诺塔是一个源于印度古老传说的益智玩具。大梵天创造世界的时候做了三根金刚石柱子，在一根柱子上从下往上按照大小顺序摞着 64 片黄金圆盘。大梵天命令婆罗门把圆盘从下面开始按大小顺序重新摆放在另一根柱子上。并且规定，在小圆盘上不能放大圆盘，在三根柱子之间一次只能移动一个圆盘。使用以下函数原型，编写递归函数输出 n 层汉诺塔问题的解。

```
void hanoi(int n,char a,char b,char c);          //n 表示层数，a、b 和 c 表示三根柱子
```

拓展案例

团队合作的重要性

随着社会的飞速发展，团队合作精神是推动企业经济发展必不可少的关键。在组织或部门中，团队合作的重要性更加突出。

飞行的大雁有一种合作的本能，它们飞行时都呈 V 形。这些大雁飞行时定期变换领导者，因为为首的大雁在前面开路，能帮助它两边的大雁形成局部的“真空”。科学家发现，大雁以这种形式飞行，要比单独飞行多出 12%的距离。合作可以产生 1+1>2 的倍增效果。据统计，在诺贝尔获奖项目中，因协作获奖的占三分之二以上，且比例在不断增长。

启示：分工合作正成为一种企业中工作方式的潮流被更多的管理者所提倡，如果我们能把容易的事情变得简单，把简单的事情也变得很容易，我们做事的效率就会倍增。合作就是简单化、专业化、标准化的一个关键，世界正逐步向简单化、专业化、标准化发展，一个由相互联系、相互制约的若干部分组成的整体，经过优化设计后，整体功能能够大于部分之和，产生 1+1>2 的效果。

人们常说：“人心齐泰山移。”如果领导者将团队成员的特征聚集在一起，使团队成员相处和沟通良好，并且具有团队荣誉感和使命感，那么团队就是在做事。事半功倍的效果，可以使企业前进得更好。就如我们 C 程序，只有每个函数都完成了它预定的功能，程序就拥有了更高的可执行性，更强的健壮性。

项目 7

拆分实数——指针

学习目标

❖ 知识目标

- 理解内存地址
- 掌握定义指针变量和通过指针间接访问变量的方法
- 理解指针的算术运算
- 掌握按地址传递的函数参数方法
- 理解指针数组和指针的关系

❖ 技能目标

- 会正确定义指针类型的变量
- 能正确利用指针访问存储单元中的数据
- 能够在解决实际问题中合理运用指针

❖ 素质目标

- 理解代码安全的重要性，培养良好的职业行为习惯
- 加强自我管理，拒绝“校园贷”

在函数调用发生时，主调函数中的变量名无法在被调函数中使用，导致被调函数中无法使用变量名直接访问主调函数中的变量。那么，在这种无法使用变量名的情况下，应该如何访问变量呢？答案是：使用变量地址进行间接访问。这就像课堂上，老师突然地大声说：“第5排靠窗同学别睡觉，上课啦！”这里老师采用的方法就是按地址“访问”同学。

本项目从认识内存地址开始，介绍定义指针变量、使用指针间接访问变量的方法，指针的算术运算规则，指针做函数参数的方法，以及指针和数组之间的关系。在7.3节和知识拓展部分，介绍使用指针和堆区内存的注意事项，引导学生尽早形成良好的职业品格和行为习惯。

任务描述：拆分实数

编写函数将一个实数拆分为整数和小数两个部分，例如，1.5拆分为1和0.5，-1.5拆分为-1和-0.5，等等。

具体要求和提示如下：

（1）拆分函数的计算结果包括一个整数和一个小数，但 C 语言函数只能返回一个值。所以，拆分函数应使用指针形参，将计算结果通过间接访问的方式写入主调函数的变量中。

（2）函数体中，使用隐式类型转换可获得一个实数的整数部分，使用原实数减去整数部分便可获得小数部分。

（3）在主函数中测试拆分函数。

技能要求

7.1 指针的基础知识

指针的基础知识

7.1.1 地址和指针

1. 认识内存地址

“这是一块 4GB 的内存”，这句话中的“4GB”指的是内存的容量，说明这块内存能存放 4GB 的数据（$1G=2^{30}$）。所谓内存地址，就是对内存中的每字节进行的整数编号，为了与整数进行区分，习惯上表示地址时使用十六进制，如图 7.1 所示。

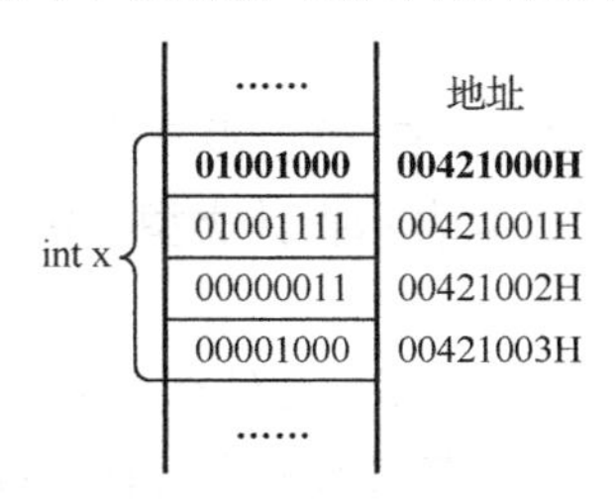

图 7.1 认识地址

查看图 7.1，认识地址需要明确以下三点：

（1）计算机系统为每字节编址，而不是为每个二进制位编址。这就像人们为教学楼中的每个教室编排了地址（房间号），却没有对教室中的座位进行编号。

（2）内存地址是线性连续的，假设某字节的地址是 00421000H，那么下一字节的地址一定是 00421001H。

（3）一个变量的地址实际上指的是变量的“首”地址。例如，图 7.1 中变量 x 占用 4 字节，加粗显示的就是 x 的首地址。

另外，虽然内存地址是对各字节的整数编号，但整数和地址完全是两回事。例如，整数 206 是整数 103 的 2 倍，而房间号 206（认为是地址）和房间号 103 没有这种倍数的关系。

2. 空地址 0

C 语言中的 0 存在多种“身份”：首先，0 是一个整数；其次，0 表示逻辑假；再次，0 表示字符串的结尾（'\0'就是 0）。这里再介绍 0 的另一个“身份”，0 是一个特殊的地址——空地址。C 语言中有很多库函数的返回值是一个地址，当函数返回特殊地址 0 时，则表示函数执行的操作“失败”。例如，项目 10 将要介绍的函数 fopen，用于打开磁盘上的文件，如果文件成功打开，fopen 返回磁盘文件在内存中的地址（一定不是 0），如果文件打开失败（文件不存在），fopen 就会返回 0。

多学一点：

在很多 C 语言库文件中，例如 stdio.h，存在关于 0 的宏定义：

```
#define NULL (0)
```

如果程序中包含了文件 stdio.h，那么 0 可以被写成 NULL。此时，强调 0 代表的是空地址，而非整数。

提示：指针变量使用之前必须初始化，若你不知把它指向哪里，那就指向 NULL。

3. 取地址符&

单目运算符&被称为取地址符，其作用就是返回一个变量的地址。例如，表达式&x 表示的就是变量 x 的地址。在之前介绍的 scanf 函数中，往往通过这种方式来获取待输入变量的地址。

使用取地址符&要注意的是，作为其操作数的表达式只能是变量，而不能像 2、x+1 这样返回一个“数值”的表达式。所以，表达式&2、&(x+1)等，都存在编译错误。

作为前缀式的单目运算符，&（取地址）与-（负）、!（逻辑非）等运算符的优先级相同，结合性也是从右向左。

4. 指针类型

所谓的“指针类型”就是地址类型。C 语言没有为指针类型提供专门的关键字，而是使用“现成类型”加上一个“*”的形式来表示指针类型。例如，void*、int*、double*等，都是 C 语言中的指针类型。

既然指针类型表示的就是内存地址，那么为什么 C 语言中会存在 void*、int*、double*等多种指针类型呢？换句话说，不同指针类型表示的内存地址又有什么区别呢？这里使用生活中的例子回答这个问题：“房间 103”、“房间 206”都表示教学楼中房间的“地址”，“教师办公室 103”、“学生自习室 206”表示的地址分别与“房间 103”、“房间 206”表示的地址相同，但其中包含的信息更多。例如，通过“教师办公室 103”不仅可以获知地址在“房间 103”，而且还能知道房间 103 中存放的数据是“教师”。

C 语言中，最基本的指针类型是 void*，即 void*单纯地表示“内存地址”。而 int*、double*等指针类型，不仅表示“内存地址”，还指出了存放在地址处的数据的类型。例如，int*表示 int 变量的地址，double*表示 double 变量的地址，等等。

7.1.2 指针变量的定义和初始化

1. 指针变量的定义

指针类型的变量，简称“指针变量”，进一步简称为“指针”，用于存放另外一个变量的地址。定义指针变量的一般形式如下：

```
类型 * 变量名;
```

例如：

```
int * p1;
double * p2;
```

其中，p1 和 p2 都是指针。在理想情况下，指针 p1 应该存放 int 类型变量的地址，指针 p2 存放 double 类型变量的地址。

注意：在一行代码中定义多个指针时，需要在每个变量名前加上*，不加*会被编译器认为是普通变量。例如：

```
int *p3,*p4;      //p3 和 p4 都是指针
int *p5,p6        //p5 是指针，p6 是 int 类型变量
```

2．指针变量的初始化和赋值

与普通变量类似，定义指针时可以对其进行初始化，定义之后也可以为其赋值。初始化和赋值的一般形式为：

```
类型 * 变量名=地址 1;    //定义并初始化
变量名=地址 2;           //为指针赋值
```

上式中的“地址 1”和“地址 2”可能是空地址 0、地址常量或者其他指针。其中地址常量需要通过取地址符&获得。例如：

```
int x=100;
int *p7=&x;
int *p8=0;
p8=p7;
```

其中，变量 x 的类型是 int，初始值为 100；变量 p7 的类型是 int*，初始值为变量 x 的地址，像 p7 存放 x 地址的这种情况被称为“指针 p7 指向了变量 x”；变量 p8 的类型也是 int*，初始值为空地址 0，在随后的语句中，使用同类型变量 p7 为其赋值，让 p8 也指向了 x。

7.1.3 指针的基本运算

指针的间接访问

1．间接访问运算符与间接访问表达式

单目运算符*被称为间接访问运算符，或者解引用运算符。由间接访问运算符和它的操作数组成的表达式被称为间接访问表达式，其一般形式如下：

```
* 变量地址
```

由上式可知，间接访问运算符唯一的操作数必须是地址。另外，间接访问表达式的返回结果不是“数值”，而是操作数代表的地址处存放的那个变量本身。由于返回变量本身的原因，间接访问表达式既能作为赋值表达式的左值，又能作右值。例如：

```
int x,y;
int *p;
p=&x;
```

```
*p=100;
y=*p;
```

以上代码片段中，定义 int 类型变量 x 和 y，int*类型变量 p 存放 x 的地址。在表达式*p=100 中，子表达式*p 就是一个间接访问表达式，由于 p 存放了 x 的地址，表达式*p 就相当于变量 x 本身，所以，*p=100 就相当于 x=100，y=*p 就相当于 y=x。使用变量名 x 访问 x 被称为直接访问，使用*p 访问 x 被称为间接访问。

间接访问运算符*与取地址符&进行的运算“相反”，取地址符&要求操作数必须是变量，功能是“根据变量取地址”；间接访问运算符*要求操作数必须是地址，功能是“根据地址取变量”。

另外，作为前缀式的单目运算符，*（间接访问）与-（负）、&（取地址）等运算符的优先级相同，结合性也是从右向左。

【案例 1】阅读以下程序，观察运行结果，理解间接访问运算。

源程序：

```
#include<stdio.h>
int main()
{
    double x=1.5,*p=&x;                                   //定义 double 变量 x，定义指针 p 指向 x
    printf("间接访问赋值前 x=%f,*p=%f\n",x,*p);
    *p=123.456;                                           //间接访问表达式作为左值
    printf("间接访问赋值后 x=%f,*p=%f\n",x,*p);
    int* q=&x;                                            //将 double*赋值给 int*类型变量是逻辑错误
    printf("使用错误类型的指针间接访问,*q=%d\n",*q);      //错误的间接访问
    return 0;
}
```

运行结果：

```
间接访问赋值前 x=1.500000,*p=1.500000
间接访问赋值后 x=123.456000,*p=123.456000
使用错误类型的指针间接访问,*q=446676599
```

解析：

代码中，定义 double 变量 x 的初始值为 1.5，定义 double*变量 p 的初始值为 x 的地址，即 p 指向 x。

第 1 个 printf 打印表达式 x 和*p 的值都是 1.5；表达式*p=123.456 使用间接访问的方式为变量 x 赋值；第 2 个 printf 打印表达式 x 和*p 的值都是 123.456。这些结果说明了，操作*p 就相当于操作 x。

代码中，又定义了 int*变量 q，初始值为 x 的地址，即 q 也指向 x。注意，这里 q 和 x 的类型不“匹配”，q 是 int*类型，应该指向 int 变量，而 x 却是一个 double 变量。当执行间接访问表达式*q 时，根据 q 的类型 int*，系统从 q 表示的首地址开始“获取”了 4 字节，并按照 int 类型进行解析（打印结果是 446676599）。也就是说，在 q 的“眼”中，放在变量 x 地址处的根本不是一个占 8 字节的 double 变量，而是一个占 4 字节的 int 变量。

这个例子告诉我们：“什么类型的变量，就应该用什么类型的指针”，不能“指鹿为马”。

2. 指针的算术运算

指针的运算

介绍指针的算术运算之前，先分析下面伪代码都表示什么含义。

```
房间号 103 + 1;                //地址加整数
房间号 103 - 1;                //地址减整数
房间号 103 - 房间号 102;        //地址相减
```

以上伪代码中，前 2 行使用地址与整数相加（减），这样的操作得到的结果还是一个地址，例如，“房间号 103+1”的结果是“房间号 104”；第 3 行使用两个“同类”地址相减的结果是整数 1，表示两个地址相差 1 个房间号。

再分析一下，以下伪代码是否有实际意义？

```
教学楼房间号 103-宿舍楼房间号 102;     //地址相减
房间号 103+房间号 120;                //地址相加
房间号 103×2;                        //地址乘以 2
房间号 103×房间号 102;                //地址相乘
```

第 1 行伪代码中两个地址属于不同的楼宇，二者没有可比性，所以这样的两个“异类”地址相减毫无意义；第 2 行使用两个“同类”地址相加也毫无意义，并不会得到“房间号 223”这样很可能不存在的地址；类似地，第 3 行和第 4 行分别使用地址乘整数、使用地址乘地址，均不存在实际意义。

综上所述，生活中地址和整数相加（减），以及同类型地址的相减，有实际意义。类似地，C 语言中的指针类型（地址类型）能够进行的算术运算，包括“指针+整数”、“指针-整数”以及“同类指针-同类指针”三种情况。另外，对于指针变量来说，“指针变量+=整数”、“指针变量-=整数”、“++指针变量”等，赋值与算术的复合运算也是被允许的。

【案例 2】阅读以下程序，观察运行结果，理解指针的算术运算。

源程序：

```
#include<stdio.h>
int main()
{
    int x,*p=&x;                              //定义 int 变量 x，定义指针 p 指向 x
    double y,*q=&y;                           //定义 double 变量 y，定义指针 q 指向 y
    printf("p 存储 x 的地址：%d\n",p);          //打印地址 p
    printf("表达式 p+1：%d\n",p+1);             //打印地址 p+1
    printf("q 存储 y 的地址：%d\n",q);          //打印地址 q
    printf("表达式 q+1：%d\n",q+1);             //打印地址 q+1
    printf("表达式 p+1-p：%d\n",p+1-p);         //打印两地址相减
    //p-q;//不同类的地址不能相减
    return 0;
}
```

运行结果：

```
p 存储 x 的地址：6487716
表达式 p+1：6487720
q 存储 y 的地址：6487704
```

```
表达式 q+1：6487712
表达式 p+1-p：1
```

解析：

代码中，定义 int 类型变量 x，int*类型变量 p，p 存放 x 的地址；定义 double 类型变量 y，double*类型变量 q，q 存放 y 的地址。

为了方便观察运行结果，代码中使用%d 打印地址，实际上应该使用专门打印地址的格式说明%p。

第 1 个 printf 打印变量 p 的值，即变量 x 的地址；第 2 个 printf 打印表达式 p+1 的值；比较两次打印的值，p 为 6487716，p+1 为 6487720，发现相差 4。

第 3 个 printf 打印变量 q 的值，即变量 y 的地址；第 4 个 printf 打印表达式 q+1 的值；比较两次打印的值，q 为 6487704，q+1 为 6487712，发现相差 8。

通过以上 4 次打印结果，会发现“地址+1”根本不是加上“1 字节”，而是加上“1 个变量占用的字节数”。p 的类型是 int*，应该指向 int 类型变量，所以地址 p+1 比地址 p 多了 4 字节（sizeof(int)等于 4）；同理，q 的类型是 double*，应该指向 double 类型变量，所以地址 q+1 比地址 q 多了 8 字节（sizeof(double)等于 8）。

第 5 个 printf 打印表达式 p+1-p 的值为 1，不等于 6487720-6487716。原因是 p+1 是 int 类型的地址，p 也是 int 类型的地址，二者相减结果为 1，表示两个地址之间相差 1 个 int 的大小。这就好像“房间号 103”与“房间号 102”的距离是 30 米，表达式“房间号 103-房间号 102”的结果为 1，表示两个地址相差 1 个房间号，而不是它们之间的实际距离 30 米。

最后，被注释的代码“p-q;”存在编译错误，这里是想告诉大家，两个不同类型的地址不能相减。

3. 指针的关系运算和逻辑运算

指针变量存放的是内存地址，C 语言允许指针参与关系运算和逻辑运算。指针参与关系运算是为了比较两个指针存储地址的大小。例如，有两个指针变量 p 和 q，表达式 p==q 是在判断两个指针是否指向同一变量，表达式 p<q 是在判断 p 指向变量的地址是否小于 q 指向变量的地址，等等。

指针参与逻辑运算时，空地址 0 表示假，正常地址（非 0）表示真。例如，有两个指针 p 和 q，表达式!p 是在判断 p 是否指向空，表达式 p&&q 是在判断 p 和 q 是否同时不为空。

练一练

【练习 1】分别定义 char、short、int、float、double 类型的变量，再定义 5 个指针变量，分别使用之前定义的 5 个变量的地址初始化这些指针变量，并使用 printf 函数打印这 5 个指针变量的值。提示，打印地址可以使用%p 进行类型说明。

【练习 2】执行下面代码片段后，变量 x 的值等于多少？

```
int x=2,*p=&x;
*p=*p**p;
```

7.2　指针的进阶应用

7.2.1　指针与函数

按地址传递

本项目的案例 1 中，使用指针 p 对变量 x 进行间接访问。那么，大家难免有疑问：明明可以直接访问，为什么还要间接访问呢？本节的内容回答这个问题。基本类型和指针类型变量的对比如表 7.1 所示。

表 7.1　基本类型和指针类型变量的对比

基本类型的变量作函数参数	指针类型的变量做函数参数
Call by Value - Passing arguments by value	Simulating Call by reference - Passing arguments by reference
实参变量的值→形参（parameter）	实参变量的地址→指针形参（pointer parameter）
在被调函数中不能改变实参的值	在被调函数中可以改变实参的值

根据项目 6 关于函数相关知识的介绍，在“单向值传递”方式下，形参是实参的复制品，在被调函数中修改形参，对实参没有影响。

如果需要在被调函数中修改主调函数中的局部变量，那么就不能直接使用主调函数中的局部变量作为实参，而应该将这个局部变量的地址作为实参，并使用指针作为被调函数的形参，保存主调函数中变量的地址。此时，通过被调函数中的指针形参，就可以间接访问主调函数中的局部变量了。这种传参方式被称为“按地址传递”，项目 6 介绍的使用数组名作为参数就属于“按地址传递”。

【案例 3】编写函数交换函数外部两个变量的值。

案例 3-交换两个变量

解题思路：

6.1.4 节中的 swap 函数是一个交换“失败”的例子，失败的原因是该函数使用按值传递的方式接收外部的实参，函数中交换形参与实参无关。本例重新定义函数 swap，使用指针作为形参，按地址传递参数：

```
void swap(int*p,int*q)                    //指针作为函数的形参
```

源程序：

```
#include<stdio.h>
void swap(int* p,int* q)                  //指针作为函数的形参
{
    int t=*p;
    *p=*q;
    *q=t;
}
int main()
{
    int x=1,y=2;
```

```
    printf("调用之前 x=%d,y=%d\n",x,y);
    swap(&x,&y);                    //调用时传递变量的地址
    printf("调用之后 x=%d,y=%d\n",x,y);
    return 0;
}
```

运行结果：

```
调用之前 x=1,y=2
调用之后 x=2,y=1
```

解析：

本例中，main 函数调用函数 swap 时的参数传递如图 7.2 所示。

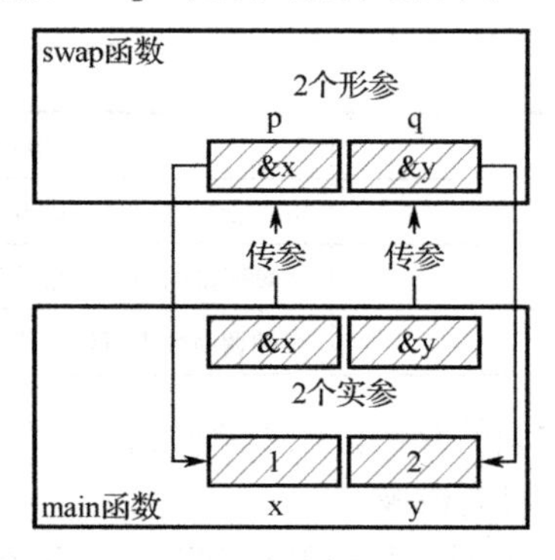

图 7.2 案例 3 的传参过程

函数调用发生前，main 函数的变量 x 和 y 分别存放 1 和 2；函数调用发生的那一刻，表达式&x 和&y 作为实参（注意这里的实参不是 x 和 y，而是它们的地址），由于这 2 个实参占用临时空间，所以图 7.2 中没有写出它们的名字；在被调函数 swap 中，形参 p 和 q 分别复制了表达式&x 和&y。不难发现，指针 p 和 q 分别获得了 main 函数中变量 x 和 y 的地址，即 p 指向了 x，q 指向了 y。此时，在被调函数 swap 中，通过间接访问的方式操作*p 和*q，就等同于操作 main 函数中的变量 x 和 y。

运行结果显示，swap(&x,&y)成功地交换了变量 x 和 y 的值。

【案例 4】可怕的校园贷。有一名同学看中了一款 8000 多元的新款手机，但不好意思开口向父母要钱。现在有一种无须担保、秒到账的“校园贷”，月利率为 5%，贷款 10000 元，12 个月后归还。小明听说这件事情后，为了劝说同学不要上当受骗，于是编写了一个程序，让同学看看 12 个月后到底要还多少钱。

案例 4-校园贷

解题思路：

如果是仅计算本金 10000 元，月利率 5%，12 个月后的还款额，则直接在主函数中编写代码即可。但为了更加通用，这里将该功能设计成函数。

这里的函数需要 3 个参数，“本金”、“月利率”以及“借款月数”。其中，“月利率”和“借款月数”不需要改变，使用按值传递即可；而“本金”会发生变化，所以这里采用按地址传递。函数原型设计如下：

```
void loan(double* pointer,double rate,int months);
```

函数 loan 模拟贷款的过程，参数 rate 和 months 表示月利率和借款月数，指针形参 pointer 表示本金的地址。函数体中需要将本金乘以（1+rate）的 months 次幂，幂运算可以使用循环实现，也可以调用库函数 pow。

源程序：

```
#include<stdio.h>
#include<math.h>
void loan(double* pointer,double rate,int months)
{
    *pointer=*pointer*pow(1+rate,months);                //间接访问修改本金
}
int main()
{
    double principal=10000;
    printf("借款额：%.2f\n",principal);
    loan(&principal,0.05,12);                            //函数调用修改本金 principal
    printf("12 个月后：%.2f\n",principal);
    return 0;
}
```

运行结果：

```
借款额：10000.00
12 个月后：17958.56
```

解析：

关于函数 loan 各个参数的含义已在前文介绍，这里使用图 7.3 展示参数传递的过程。

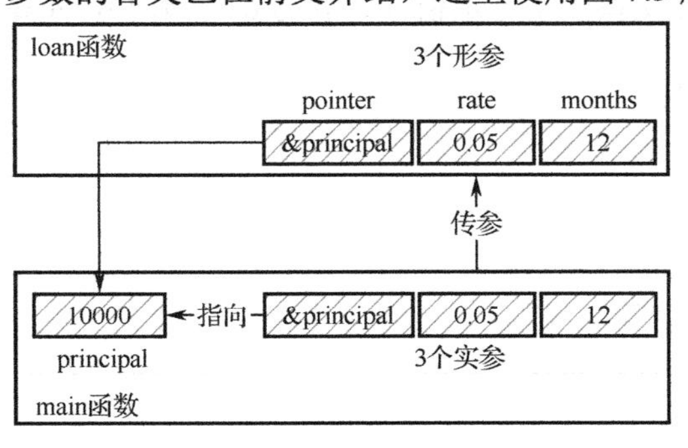

图 7.3　案例 4 的传参过程

函数调用发生前，main 函数中只有一个 double 变量 principal，初始值为 10000；函数调用发生的那一刻，表达式&principal、0.05 和 12 作为实参，由于这 3 个实参占用临时空间，所以图 7.3 中没有写出它们的名字；在被调函数 loan 中，形参 pointer、rate 和 months 分别复制了表达式&principal、0.05 和 12。不难发现，指针 pointer 获得了 main 函数中变量 principal 的地址，即 pointer 指向了 principal。此时，在被调函数 loan 中，通过间接访问的方式，便可修改主调函数 main 中的变量 principal。

在 loan 函数中，使用库文件 math.h 中声明的函数 pow，完成(1+rate)的 months 次幂的计算，并将结果与*pointer 相乘，乘积又存入*pointer。间接访问表达式*pointer 代表的就是变量 principal 本身。

通过运行结果可以看出，main 函数中的变量 principal 被 loan 函数成功修改，值由 10000 变成了 17958.56。

案例 4 介绍 C 语言中按地址传递参数方法的同时，也揭露校园贷的本质和危害。在月利率 5%的情况下，1 年后需要偿还的利息接近本金的 80%，要知道正规银行商业贷款年利率也就只有 5%左右。实际上，大多数真正校园贷的月利率远高于 5%，会达到 20%～30%，甚至更高。近年来，大学生陷入校园贷泥潭的惨痛案例比比皆是。这些受害大学生往往就是从几千元的借款开始的，无力偿还后，被继续“套路”以贷还贷，结果越陷越深，几千元的借款在短短一两年内，变成上百万元的负债，不仅坑害自己一生，也连累家人和亲友。

所以，作为一名大学生，不仅自身要坚决地拒绝校园贷，而且在发现身边同学被校园贷“蛊惑”时，要及时向学校或公安机关反映。另外，作为一个成年人，要能够抵制“奢侈”生活的诱惑，美好生活应该通过自己的双手去创造。

案例 3 的知识补充：

关于两数交换的两种常见错误。

错误 1：不能借助一个已初始化的指针变量进行两数互换。

```
void swap(int* p,int* q)
{
    int *t;
    *t = *p;
    *p = *q;
    *q = *t;
}
```

错误 2：借助指针 t 交换的是地址值（即 p 与 q 的指向），不是指针指向的内容。

```
void swap(int* p,int* q)
{
    int *t;
    t = p;
    p = q;
    q = t;
}
```

7.2.2 指针与数组

指针与数组及案例 5

1. 数组名和指针的异同

数组是同类型变量的组合，整个数组被统一命名，但数组中的每一个元素没有自己的名字，引用数组元素需要使用“数组名[下标]”的形式进行。例如：

```
int x[4];    //int 一维数组
x[0]=10;    //将数组第 0 个元素赋值为 10
```

以上回顾的关于数组元素引用的内容与地址有关。C 语言中，数组名是表示数组首地址的常量，一维数组名的数据类型就是其数组元素对应的指针类型。例如，int x[4]中数组名 x

的类型就是 int*，x 表示 x[0]的地址，x+1 表示 x[1]的地址，等等。

由于数组名就是地址常量，故引用数组元素不仅可以使用“下标法”（如 x[0]、x[1]等），还可以使用“指针法”（如*x、*(x+1)等），即“数组名[下标]”与“*(数组名+下标)”两种访问方式完全等价，例如，x[0]与*x 等价，x[1]与*(x+1)等价，等等。

反过来，指针是存放地址的变量，只要类型相同，数组名可以为指针变量赋值。例如：

```
int *p=x;          //定义指针 p，并使用数组 x 的首地址为 p 赋初始值
```

变量 p 的类型是 int*，与数组名 x 的类型相同。表达式 p=x 使指针 p 指向了 x[0]，或者说，p 指向了数组 x。使用 p 访问数组 x 中的元素时，同样可以使用“下标法”和“指针法”，例如，p[0]、*p、x[0]和*x，4 个表达式完全等价，均引用的是数组的 0 号元素，p[1]、*(p+1)、x[1]和*(x+1)，4 个表达式完全等价，均引用的是数组的 1 号元素，等等。

以上内容解释了数组名和指针的相同之处，即它们的类型相同，都表示地址。二者的不同之处在于，数组名是常量，而指针是变量。例如：

```
++x;       //编译错误，数组名 x 是常量其值不可变
++p;       //正确
```

其中，++x 是错误的，作为数组名，x 永远代表数组的首地址；而指针变量 p 原来指向 x[0]，++p 后，p 指向 x[1]。

下面，我们采用数组的方式实现案例 3 中两数的交换。

【案例 5】借助数组完成两个变量值的交换。

解题思路：

本例将两个需要互换的数放入到数组中，将数组作为函数的参数，调用 swap()函数实现数值交换：

```
void swap(int p[ ])   //数组作为函数的形参
```

源程序：

```
#include<stdio.h>
void swap(int p[ ])
{
    int t;
    t = p[0];
    p[0] = p[1];
    p[1] = t;
}
int main()
{
    int a[2] = {3 , 5};
    swap(a);
    printf("%d , %d\n",a[0],a[1]);
    return 0;
}
```

运行结果：

```
5,3
```

解析：

本例中，函数调用发生前，main 函数的数组元素 a[0]和 a[1]分别存放 3 和 5；函数调用发生的那一刻，数组的首地址&a[0]作为实参；执行被调函数 swap()后，数组 p 与数组 a 指向了同一个地址单元，因此，对数组 p 的操作相当于对数组 a 的操作。

运行结果显示，swap(int p[ ])成功地交换了 a[0]和 a[1]存放的数值。

另外，本书项目 6 曾经介绍到，向函数中传递一维数组可以采用以下方式：

```
void f(int arr[],int len)
```

函数原型中形参 len 表示数组长度，形参 arr 根本就不是一个数组，而仅仅是一个表示数组首地址的指针。所以，上面的函数原型也可写成如下形式：

```
void f(int *arr,int len)
```

【案例 6】模仿 strcpy 编写函数，完成向字符数组拷贝字符串的功能。

案例 6-字符串拷贝

解题思路：

字符串拷贝操作涉及两个字符数组（字符串），向函数中传递数组实际上是传递数组的首地址。函数原型设计如下：

```
void myStrcpy(char* dest,const char*src);
```

参数 dest 表示拷贝目标的首地址，参数 src 表示拷贝来源的首地址。以上函数原型也可以写成：

```
void myStrcpy(char dest[],const char src[]);
```

函数参数中，不必设置表示数组长度的参数，函数体中通过判断拷贝的字符是否为\0 来决定拷贝过程的何时结束。

源程序：

```
#include<stdio.h>
void myStrcpy(char* dest,const char*src)
{
    while(*src!='\0')
  {//拷贝至\0 结束
        *dest=*src;        //拷贝字符
        ++dest;            //移动指针
        ++src;             //移动指针
    }
    *dest='\0';            //写入\0
}
int main()
{
    char a[10],b[]="hello";
    myStrcpy(a,b);
    printf("字符串 a=%s,字符串 b=%s\n",a,b);
    return 0;
```

```
}
```

运行结果：

```
字符串 a=hello,字符串 b=hello
```

解析：

在函数 myStrcpy 中，while 语句的循环条件是*src!='\0'，循环体中首先完成当前一个字符的拷贝，随后将两个指针分别向后移动一个位置，准备下一个字符的拷贝。当 src 指向字符\0 时，while 循环结束，最后还需要向 dest 指向的位置再写入一个字符\0，字符串拷贝才彻底完成。

需要说明的是，本例中函数 myStrcpy 的类型是 void，而库函数 strcpy 的类型是 char*，该函数返回拷贝后目标字符串的首地址，以便 strcpy 的函数调用可以用作其他函数的参数。

2．指针数组和指向指针的指针※

“指针数组”这一名词，进一步解释为：由指针变量构成的数组，即一种数组，其中每一个元素都是一个指针变量。例如：

```
int *y[10];        //y 是指针数组
int** p = y;       //p 是指向指针的指针
```

上面的代码定义了一个指针数组，数组名为 y，数组长度为 10，存放 int*型数据。按照之前讨论的数组名与指针的关系可知，数组名类似于指针，int 型数组名类似于 int*型指针，double 型数组名类似于 double*型指针，等等。同理，int*型数组名类似于 int**型指针，即指向指针的指针。所以上面代码片段中，将 int**型变量 p 初始化为 y 是合理的。

3．多维数组和数组指针※

一维数组的名字类似数组元素的指针，那么，二维数组的名字便类似于一维数组的指针，三维数组的名字类似于二维数组的指针，等等。例如：

```
int z[2][3];        //z 是二维数组
int (*q)[3] = z;    //q 是指向数组的指针
```

上面代码片段中定义了一个二维数组，数组名为 z，数组第一维度长度为 2，第二个维度长度为 3，存放了 6 个 int 类型元素。换一种方式来理解二维数组，将 z 视为一个有 2 个元素的一维数组，每个数组元素都是长度为 3 的一维数组。

上面代码片段中的变量 q 是一个指针，类型为 int (*)[3]。这种类型的指针用于指向长度为 3 的 int 数组。所以，q 被称为数组指针，指针 q 和数组名 z 类型相同，使用 z 来为 q 赋初值是合理的。

练一练

【练习 3】编写函数实现三个整数升序排序。提示：需要按地址传递参数。

【练习 4】实现以下声明的函数，求解一元二次方程 $ax^2+bx+c=0$，函数返回值为实数解的个数，并在方程有实数解时，将解存入指针形参 x1 和 x2 指向的变量之中。

```
int f(double a,double b,double c,double*x1,double*x2);
```

【练习 5】指出下面代码运行后，数组 a 中各个元素的值，并给出原因。

```
int a[]={1,2,3,4};
int *p=a;
*a=10;
(p-1)[4]=20;
p+=3;
p[-1]=30;
```

【练习 6】指出下面代码运行后的输出结果，并给出原因。

```
char str[]="hello";
char* p=str+1;
p[2]='\0';
printf("%s",str);
```

7.3 安全地使用指针

安全地使用指针

指针是 C 语言的灵魂，通过指针可以灵活方便地操纵内存数据。但是，指针使用不当是非常危险的，会给整个系统带来“灭顶之灾”。使用指针时需要在以下三个方面多加注意：

（1）滥用野指针。野指针是指取值不确定或指向的存储单元已被回收的那一类指针。使用野指针操作指向的存储单元，其后果不可预料，可能造成系统崩溃，也可能是难于发现的逻辑错误。例如：

```
int *p;            //野指针，取值不定
*p = 100;          //为未知存储单元存入 100
```

在以上代码片段中，如果指针 p 是栈变量，定义 p 时未对其进行初始化，则 p 的取值不确定，*p=100 是在为一段“不知道在哪”的存储单元写入数据。

（2）访问越界。不论是使用下标法，还是使用指针法，访问数组元素时，有需要注意访问越界的问题。例如：

```
int x[10],i;
int *min=x;
for(i=1;i<=10;++i)            //多循环一次
        if(x[i]<*min)
                min=&x[i];
```

在以上代码片段中，原意是想让指针 min 指向数组 x 中最小的元素，但在循环查找最小元素时，多循环了一次。此时代码存在的逻辑错误不易被发现，因为在不同的运行过程中，数组 x 中元素的取值以及越界访问的那块存储单元的内容均不确定，很可能这一次运行是正确的，另一次运行是错误的。但在真实的项目中，哪怕上百次运行，就只错了一次，也是不被允许的。

（3）类型失配。C 语言中所有的指针类型，两两之间均可以相互隐式转换，使用 A 类型指针指向 B 类型变量时，编译器不会报告任何错误。如果使用 A 类型的指针操作 B 类型的变量，则产生的逻辑错误很难被发现。例如：

```
short y[2]={1,2};
int *q=y;
*q=3;
```

在以上代码片段中，int 类型的指针 q 指向了 short 类型的数组 y，通过*q 可以修改 y[0]为 3，但此时 y[1]会被修改为 0。原因是 q 的类型是 int*，*q 将操作 4 字节的存储单元。

针对以上问题，除了编写代码时多加小心，以及编写代码后充分测试外，还要养成良好的使用指针的编程习惯。

（1）当指针暂时“无处可指”时，令其指向 0，形成空指针，例如：

```
int *p=0;
```

对空指针进行间接访问操作会使程序运行崩溃，这样程序员会很容易地意识到所犯的错误，而不至于为程序埋下逻辑错误带来的安全隐患。

（2）严防数组访问越界。如果不是特殊需求，而只是简单地遍历数组元素，则最好以“左闭右开”的方式访问数组元素，例如：

```
for(i=0;i<n;++i)            //n 是数组长度
        //访问数组元素 i
```

（3）尽量避免指针间的类型转换，如果实在避无可避，使用显式类型转换代替隐式类型转换，例如：

```
int *p1;
short *p2;
p1=(int*)p2;                //显式转换指针
```

程序员使用显式类型转换，说明此时程序员很“清楚”自己所要做的事情。

知识拓展：动态分配堆区内存

在项目 6 的知识拓展部分曾经介绍到，C 语言将内存划分为代码区、栈区、静态区和堆区。其中，堆区内存和栈区内存一样，属于运行时动态分配的内存。但与栈区内存自动释放不同，堆区内存需要程序员手动调用 malloc 或 calloc 等库函数分配，手动调用 free 函数释放。另外，对于某个程序来说，可用的堆区内存要比栈区内存大得多，不会存在像栈一样的溢出问题（除非内存耗尽），虽然使用栈区内存会比使用堆区内存稍快，但在需要存储大量内存或者动态增长的内存时，堆区要比栈区更加适合。

C 语言分配堆区内存主要使用库函数 malloc，该函数被声明在 stdlib.h 之中，其原型如下：

```
void* malloc(size_t n);                //类型 size_t 是 unsigned long int 的别名
```

函数 malloc 操作成功时，会分配 *n* 字节连续的堆内存，并返回该段内存的首地址；操作失败时，返回一个空指针 NULL(0)。例如：

```
{
    int* p1 = malloc(sizeof(int));
    int* p2 = malloc(sizeof(int) * 100);
```

```
        *p1 = 100;
        p2[50] = 200;
    }
```

上面代码中，第 1 个 malloc 函数分配了能够存放 1 个 int 数据的堆内存，首地址保存在指针 p1 中；第 2 个 malloc 函数分配了能够存放 100 个 int 数据的堆内存，首地址保存在指针 p2 中。

表达式*p1 = 100 和 p2[50] = 200 展示了访问堆区内存的方法。由于无法为堆内存命名，所以只能使用指向堆内存的指针间接访问内存内容。另外，分配的堆内存是连续的，因此可以将 p2 指向的内存当作数组使用，此时的 p2 就像数组的名字一样。

也正是因为堆内存没有名字，如果在堆内存释放之前，指向堆内存的指针指向了其他地方，或者指针变量存储期结束，将会造成堆内存的“泄露”。例如，上面代码中的指针 p1 和 p2 分别指向了一段堆内存，然而这些指针本身属于语句块内的栈变量，当程序执行至右大括号（}）之时，指针 p1 和 p2 所占内存自动被系统回收，造成它们之前所指向的堆内存泄露。内存泄露虽然不会造成程序直接崩溃或者运行结果出错，但是如果内存泄露严重，将会使系统工作效率降低甚至瘫痪。所以为避免内存泄露，应该在堆区内存使用完毕之后，使用 free 函数释放。

释放堆内存使用库函数 free（与 malloc 同一文件），free 不能用于释放栈内存、静态内存等自动释放的内存。函数 free 的原型如下：

```
void free(void*p);
```

函数 free 中参数 p 表示待释放内存的首地址，注意 free(p)是释放 p 所指向的内存，而不是释放 p 占用的内存。补充上面的代码，示范 free 函数的使用方法。

```
    {
        int* p1 = malloc(sizeof(int));
        int* p2 = malloc(sizeof(int) * 100);
        //使用分配的堆内存……
        free(p2);
        free(p1);
    }
```

使用堆内存时往往涉及两段内存，一段是堆内存本身，一段是指向堆内存的指针。刚刚介绍的“内存泄露”错误发生在堆内存未释放，指针却已指向别处或已被释放的情况之下；反过来，在指针所指向的动态内存被释放后，指针仍然保存着已释放内存的首地址，这种指针属于野指针，如果使用野指针访问所指向的内存，就犯了“滥用野指针”的错误，其后果不可预料。例如，上面代码在 free(p2)后，若出现*p2 或 p2[i]等，就属于“滥用野指针”。避免这类错误的办法是释放动态内存后，应该立即将指针指向其他有效内存，或者赋值为 0，再或者像上面代码那样，确定指针本身马上也会被释放。

另外，与 malloc 和 free 声明在同一文件中的函数 calloc 的原型如下：

```
void * calloc(size_t n, size_t size);
```

函数 calloc 用于分配 n×size 字节的连续堆内存，calloc(n,size)的作用与 malloc(n*size)类似，只不过 calloc 函数分配的内存将被初始化为 0（malloc 函数不初始化分配的内存）。使用 calloc

分配的内存也需要使用 free 释放。

综合练习

【练习 1】本题要求实现一个字符串逆序的简单函数。

说明：函数原型 void f(char *p);函数 f 对 p 指向的字符串进行逆序操作。要求函数 f 中不能定义任何数组，不能调用任何字符串处理函数。

【练习 2】实现以下声明的函数：

```
int f(double a1,double b1,double c1, double a2,double b2,double c2,double*x,double*y);
```

求解二元一次方程组 $\begin{cases} a_1x+b_1y+c_1=0 \\ a_2x+b_2y+c_2=0 \end{cases}$，方程组无解则函数返回 0，方程组有无数解则函数返回-1，方程组只有 1 组解则函数返回 1，并将解存入指针形参 x 和 y 指向的变量之中。

【练习 3】模仿 strlen，自编函数求字符串长度。

【练习 4】模仿 strcat，自编函数实现字符串连接。

【练习 5】编写函数 f，统计一个整型数组中 0 值出现的次数。在主函数中使用指针 p 指向一个长度为 100000000 的 int 数组（需要使用 malloc 函数），并为数组元素随机赋值。调用 f 函数统计 p 指向数组中 0 的个数后，调用 free 函数释放内存。

拓展案例

增强民族自豪感，厚植家国情怀
——华为鸿蒙操作系统突出重围

华为的鸿蒙系统（简称鸿蒙），来自于中国古代神话传说：天地还没开的时候，我们的世界还只是一团气（盘古还没诞生），那个时候的那团混沌之气就叫鸿蒙。它代表着世界最初的样子。

华为取名“鸿蒙”，就是表示他们想从零做起，有决心和信心去开天辟地，创造一番新的局面。他们也打算在科技领域有一番新的作为（可见华为这一番被美国打压之后的倔强和誓死要东山再起的勇气和决心多么强大）。

鸿蒙系统时代背景

（1）数字化的时代背景：数字化新时代的到来需要新的操作系统。

（2）IoT 与 5G：5G 物联网时代的到来对操作系统提出了新的要求。

（3）中国面临“卡脖子”的挑战：独立自主地研发操作系统是迫切的需求。

（4）人工智能的兴起：AIoT 场景天然要求多设备智能协同，需要一个适用于各类型机器的操作系统。

（5）大数据与云计算：TB、PB 级的大数据需要一个能够提供多机互联的操作系统。

（6）全球信息安全面临挑战：网络安全威胁呈现多元化、复杂化、频发高发趋势，需要一个足够安全的系统进行保障。

直到鸿蒙出现，操作系统已经历了四代，分别是 UNIX、Windows/Mac/Linux、iOS/Android 和鸿蒙/Fuchsia。和安卓相比，鸿蒙与安卓都是基于 Linux 开发的，安卓是基于宏内核结构设计的，而鸿蒙是基于微内核结构设计的。鸿蒙使用 C 和 C++编写，不需要虚拟机这一中间过程，因此运行效率更高。

和 iOS 相比，iOS 和鸿蒙都是致力于万物互联的操作系统，iOS 底层是基于 UNIX 的，并且是闭源的，鸿蒙是基于 Lmux 的，是开源的。

2012 年，华为出于对谷歌如果对其断供就会难以维持生产的顾忌，开始布局自有分布式操作系统。

2019 年 5 月 15 日，华为被列入了所谓“实体清单”，谷歌 Android 服务 GMS 对华为禁供。

5G 迅猛发展，物联网时代来临，多年前的布局使华为抓住了最佳的发展时期。

项目 8

统计一组学生成绩的最高分、最低分和平均分——结构体与共同体

学习目标

❖ 知识目标

- 理解结构体和共同体的概念、定义和用途
- 理解枚举类型的概念、定义和用途
- 理解 typedef 关键字的作用和用法
- 理解结构体和共同体成员的访问方法

❖ 技能目标

- 能够合理地运用结构体和共同体来解决实际问题
- 能够使用 typedef 关键字为自定义类型创建别名

❖ 素质目标

- 理解尺有所短、寸有所长的哲学原理，采取扬长避短、物尽其用的做事态度
- 拓展抽象思维能力，提高分析能力和综合能力。

在编程中会遇到需要同时处理多个相关变量的情况，结构体（struct）和共同体（union）就会派上用场。它们是 C 语言提供的两种特殊数据类型，用于组织和存储不同类型的数据。

在本项目的第一部分将深入了解结构体和共同体的概念以及它们的使用方法，包括如何定义结构体类型、如何创建结构体变量并访问其成员，以及如何使用点操作符（.）来引用结构体的特定成员。还会学习共同体的概念、用法和定义，它允许在相同的内存空间中存储不同类型的数据。

本项目的第二部分介绍一种可以根据问题需要动态伸缩的线性结构——链表，并比较链式存储和顺序存储的优劣，引导学生理解尺有所短、寸有所长的哲学原理，鼓励学生采取扬长避短、物尽其用的做事态度。本项目通过案例研究和示例代码学习如何使用结构体和共同体来组织和处理复杂的数据，提高分析和综合能力，保障了程序的灵活性和可扩展性。

任务描述：统计一组学生成绩的最高分、最低分和平均分

小明所在班级有 30 名同学，本学期学习了数学、英语和 C 语言三门课程。本项目的任务是编写一个程序，实现对小明班级中总成绩最高分、最低分和平均分的统计，这里的平均分是指班级所有同学总分的平均值，而不是每名同学三门课程成绩的平均值，具体要求如下：

（1）设计一个结构体类型表示一名同学的成绩信息，至少包含学号、数学成绩、英语成绩以及 C 语言成绩等 4 个成员。

（2）使用结构体数组保存 30 名同学的信息，数组内容可随机初始化或录入。

（3）再设计一个结构体类型表示统计结果，至少包含最高分、最低分和平均分等 3 个成员。

（4）实现一个函数完成统计工作，函数返回类型为“要求（3）”中设计的结构体类型。

（5）编写 main 函数完成测试。

技能要求

8.1 结构体类型

C 语言中的基本类型主要包括整型、实数型（浮点型）和字符型三大类，想要在程序中表示包括姓名、学号、数学成绩、英语成绩以及 C 语言成绩等属性的“学生”类型，则需要使用多个独立的基本类型变量。例如：

```
char id[16];            //学号
char name[16];          //姓名
int math;               //数学成绩
int English;            //英语成绩
int c;                  //C 语言成绩
```

上面 5 个变量作为一个整体能够表示一名同学的成绩信息。这种信息表示方式给程序设计带来一些不便。例如，向函数传递一个同学的成绩信息需要使用 5 个参数（传递 6 个属性值），保存一组同学的成绩信息需要 5 个数组，等等。

如果存在一种方法能够将现有类型简单组合，形成新的数据类型，便能为程序设计带来很多便利，比如把书本放在书包里，更便携。C 语言中的结构体就是这样的一种数据类型。

8.1.1 结构体类型的定义

结构体类型、变量定义及初始化

C 语言中的结构体是一种构造类型，它是若干个现有类型的组合，定义结构体类型需要使用关键字 struct，一般形式如下：

```
struct 类型名
{
```

```
        成员的数据类型  成员 1;
        成员的数据类型  成员 2;
        ……
        成员的数据类型  成员 n;
    };
```

定义结构体类型要从关键字 struct 开始，随后是类型名，类型名属于标识符，需要遵循标识符命名规则；花括号包含的部分是结构体类型中各个成员的声明，声明结构体成员的语法与声明变量的语法相同；特别要注意的是，结构体类型的定义要以分号结束。

因此，可以这样来定义“学生”类型：

```
struct student
{
    char id[16];            //学号
    char name[16];          //姓名
    int math;               //数学成绩
    int english;            //英语成绩
    int c;                  //C 语言成绩
};
```

这里定义了结构体类型 student，具有学号、姓名、数学成绩、英语成绩、C 语言成绩成员变量。由于年月日的变量类型相同，定义类型时也可以将 3 个成员的声明写在同一行：

```
struct student
{
    char id[16];            //学号
    char name[16];          //姓名
    int math, english, c;   //各项成绩
};
```

多学一点：

结构体类型被定义后，不仅可以用于定义变量、数组和指针，还可以用于其他结构体类型定义中的成员声明，即结构体的嵌套定义。例如：

```
struct student
{
    char id[16],name[16];
    int score;
    struct Date birthday;
};
```

以上代码中定义了类型 student 表示学生，其中成员 id 和 name 是 char 数组，分别表示学号和姓名；成员 score 表示分数；成员 birthday 表示出生日期，birthday 的类型是自定义的结构体 Date。结构体类型 student 内部包含了另一个结构体类型 Date 作为成员。这样的结构体定义被称为嵌套定义，因为一个结构体类型的定义包含了另一个结构体类型的声明。

练一练

【练习 1】将时间定义为结构体类型，并给出实现代码。

【练习 2】修改练习 1 中的代码，在时间结构体中嵌套一个日期的结构体类型，并给出实现代码。

8.1.2 结构体类型变量的定义

1. 结构体变量的定义

结构体类型被定义后，可以使用该类型去定义结构体变量。在 C 语言中，使用结构体类型定义变量的一般形式如下：

```
struct 类型名 变量名;
```

与使用基本类型定义变量不同的是，使用结构体类型定义变量时，必须加入关键字 struct。以下语句使用 8.1.1 节中的结构体 student 定义一个变量：

```
struct student stu1;
```

2. 结构体变量定义时的初始化

初始化结构体变量需要使用花括号包含各个成员的初始值。定义并初始化结构体变量的一般形式如下：

```
struct 类型名 变量名={成员 1 的初始值,成员 2 的初始值,……};
```

初始化结构体变量时，可以给出全部成员的初始值，也可以给出部分成员的初始值，初始值个数小于成员数时，使用默认值 0 补充。各个成员按照结构体定义中的声明次序，依次与初始值列表中的数值匹配。以下语句定义两个 student 类型的变量，并对其初始化：

```
struct student stu2 = {"1", "xiaoming", 79, 80, 81};
```

其中，定义变量 stu2 时将其成员学号、姓名、各项成绩，分别初始化为“1”，“xiaoming”，79，80，81。

想一想：结构体变量初始化时，初始化是按照什么顺序赋值的？

提示：在结构体变量初始化时，可以给出全部成员的初始值，也可以只给出部分成员的初始值。如果给出的初始值个数少于成员数，剩余成员会被自动初始化为默认值，通常是 0。

```
struct student stu3 = {"2", "xiaohong"};
```

定义变量 stu3 时，成员 id 获得初始值“2”，成员 name 获得初始值“xiaohong”，各项成绩没有相应的显式初始值，因此将被初始化为 0。

3. 结构体数组和指针的定义

C 语言中，使用结构体类型定义数组和指针的方法也和基本类型相似，其一般形式如下：

```
struct 类型名 数组名[长度];
struct 类型名 *指针名;
```

以下语句分别定义了 student 类型的数组和指针：

```
struct student stu[10];
```

```
struct student stu4, *p = &stu4;
```

其中，stu 是长度为 10 的结构体数组，stu4 是结构体变量，p 是结构体指针，并且 p 初始化指向了 stu4。

注意：如果指针 p 定义时尚未定义确定要指向哪个变量，则需要让其指向空，即：

```
struct student *p = null;
```

想一想：根据在项目 5 中提到的数组的初始化和本项目中提到的结构体初始化，结构体数组的初始化代码应该怎么写呢？

8.1.3　结构体成员的引用

结构体成员引用

定义结构体变量之后，可以使用变量名或变量的地址引用结构体变量中的成员，其一般形式如下：

```
结构体变量名.成员
结构体变量地址->成员
```

如上式所示，引用结构体变量的成员时，如果使用变量名引用，则需要使用圆点运算符（.）；如果使用变量地址引用，则需要使用箭头运算符（->）。通过这两种方式引用到的结构体成员，都是“成员变量本身”，而不是“临时值”。所以，这两种引用表达式既能作为赋值表达式的左值使用，又能作为右值使用。例如：

```
struct student stu=c{"1","zhangsan"}, *p=&stu;
stu.math=79;              //设置 stu 成员 math 为 79，即设置张三的数学成绩为 79 分
p->english=80;            //设置 stu 成员 english 为 10，即设置张三的英语成绩为 80 分，相当于 stu.english=80
printf("%s",stu.name); //输出：zhangsan
```

以上代码片段中，使用 8.1.1 节的 student 类型定义变量 stu，初始化为“1”和“zhangsan”，定义结构体指针 p 并初始化指向 stu。后续代码中使用变量名 stu 和圆点运算符，将 stu 的成员 math 设置为 79，使用指针 p 和箭头运算符将 stu 的成员 english 设置为 80。在随后的 printf 中，使用变量名 stu 和圆点运算符，将 stu 的成员 name 输出。这里混合使用了圆点运算符和箭头运算符，请注意区分。

8.1.4　结构体在函数中的应用

案例 1～3-结构体在函数中的应用

当需要在函数中传递多个值时，可以通过全局变量、地址传值等方式传递多个值。使用结构体作为函数参数或者函数返回值也是一种常见方法。使用结构体进行参数传递可以方便地将多个相关的数据打包传递给函数，使得函数的参数列表更加清晰和简洁。而结构体作为返回值可以将多个相关的数据打包返回给调用者，提高代码的可读性和可维护性。相比较使用地址或者全局变量，结构体在函数中会更加直观。

1．按值传递结构体变量

结构体变量与基本类型变量一样，当结构体变量本身作为实参传递时，被调函数中结构体形参是实参的复制品，修改形参与实参无关。

【案例 1】定义类型 student，定义函数 output 实现 student 变量的输出。

分析：因为需要使用函数来实现 student 类型变量的输出，则该函数需要接收一个 student 类型的变量，因此在形式参数表中，需要声明一个 student 类型的变量。

源程序：

```
#include<stdio.h>
struct student                          //结构体定义
{
    char id[16], name[16];              //学号和姓名
    int score;                          //成绩
};
void output(struct student s)           //结构体形参
{
    printf("学号：%s\n", s.id);          //引用学号
    printf("姓名：%s\n", s.name);        //引用姓名
    printf("成绩：%d\n", s.score);       //引用成绩
}
int main()
{
    struct student stu = {"20230001", "xiaoming", 89};
    output(stu);
    return 0;
}
```

运行结果：

```
学号：20230001
姓名：xiaoming
成绩：89
```

解析：

代码中，定义结构体类型 student 表示学生，其中的成员 id 和 name 为 char 数组，分别表示学号和姓名，成员 score 为 int 型数据，表示成绩。

函数 output 用于输出一个结构体 student 变量中的各个成员，其原型中形参 s 的类型是 struct student。函数体中，使用 3 条 printf 语句，分别对 s 的成员 id、name 和 score 进行输出。

在 main 函数中，定义结构体变量 stu，并使用“小明”的信息进行初始化。在函数调用 output(stu)中，结构体变量 stu 为实参。

注意：执行 output 时，形参 s 是实参 stu 的复制品。即使 output 中存在修改 s 中成员的代码，对实参 stu 也没有任何影响。

想一想：执行 output 时，形参 s 的值被修改以后，会影响实参 stu 的值吗？为什么？

2．传递地址在函数中修改外部结构体变量

案例 1 通过按值传递方式实现了结构体变量的输出函数，如果需要在函数中修改外部的结构体变量，则需要传递结构体变量的地址。

【案例 2】定义函数 input 实现 student 类型变量的输入。

解题思路：

函数 input 要实现的是对结构体变量的输入，该操作必然修改变量。因此，不能将结构体变量本身作为实参传递，作为实参的应该是结构体变量的地址，形参类型应该是结构体指针。函数原型如下：

```
void input(struct Student *p)          //结构体指针作为形参
```

源程序：

```
#include<stdio.h>
struct Student                         //结构体定义
{略};
void output(struct student s)          //结构体形参
{略}
void input(struct student *p)          //结构体指针作为形参
{
    printf("输入学号、姓名和成绩\n");
    scanf("%s", p->id);                //结构体指针引用学号
    scanf("%s", p->name);              //结构体指针引用姓名
    scanf("%d", &p->score);            //结构体指针引用分数
}
int main()
{
    struct student stu;
    input(&stu);
    output(stu);
    return 0;
}
```

运行结果：

```
输入学号、姓名和成绩
20230002 小华 99
学号：20230002
姓名：小华
成绩：99
```

解析：

本例代码中关于 student 类型的定义和 output 函数的定义与案例 1 中完全相同，因此省略了部分代码。

函数 input 中的形参 p 的类型为 struct student*，即 struct student 类型的指针，用于保存 struct student 类型变量的地址。函数体中，使用 3 条 scanf 语句分别为 struct student 变量的 3 个成员进行输入。由于 p 是结构体指针，所以箭头（->）运算符被用于成员的引用。成员 p->score 是一个 int 变量，使用 scanf 输入这个变量时，需要对其取地址&(p->score)，运算符->的优先级比取地址符&的优先级高，所以&(p->score)等同于&p->score；成员 p->id 和 p->name 都是数组，数组名本身就代表了数组的地址，因此在输入这两个成员的 scanf 语句

中，没有使用取地址符。

在 main 函数中，定义结构体变量 stu，并使用变量的地址&stu 作为实参调用函数 input，完成对结构体变量 stu 的输入。

3．结构体数组作为函数参数

当结构体数组作为函数参数传递时，与普通数组类似，采用按地址传递的方式进行，需要使用数组名作为实参，同时被调函数原型中需要定义相应的结构体指针作为形参。

【案例 3】 定义函数 inputArr 和 outputArr 分别实现 student 数组的输入和输出。

解题思路：

函数 inputArr 需要接收主调函数传递的 student 数组，这要求函数 inputArr 中至少要有 2 个形参，一个是 student 数组的首地址，另一个是数组的长度。函数原型设计如下：

```
void inputArr(struct student arr[], int len);          //结构体数组形参
```

C 语言中，根本就不能在函数中声明数组作为形参，所谓的“数组形参”实际上就是保存数组首地址的一个指针。所以，以上函数原型还可以写成：

```
void inputArr(struct student *arr, int len);           //结构体指针形参
```

虽然，数组形参“struct student arr[]”和指针形参“struct student *arr”写法不同，表达的意思也不同。但它们在本质上没有任何区别，两种写法都是正确的。

另外，函数 outputArr 不会修改主调函数传递过来的数组中的元素，所以最好在表示数组首地址的形参声明中加入关键字 const：

```
void outputArr(const struct student arr[], int len);   //结构体数组形参
```

源程序：

```
#include<stdio.h>
struct student                                         //结构体定义
{略};
void inputArr(struct student arr[], int len)          //结构体数组形参
{
    printf("输入%d 组学号、姓名和成绩\n",len);
    int i;
    for(i=0;i<len;++i){                                //循环输入数据
        scanf("%s%s%d",arr[i].id,arr[i].name,&arr[i].score);
    }
}
void outputArr(const struct student arr[], int len)   //结构体数组形参
{
    printf("学号\t\t 姓名\t 成绩\n");
    int i;
    for(i=0;i<len;++i){                                //循环输出数据
        printf("%s\t%s\t%d\n",arr[i].no,arr[i].name,arr[i].score);
    }
}
```

```
int main()
{
    struct student students[3];
    inputArr(students,3);
    outputArr(students,3);
    return 0;
}
```

运行结果：

```
输入 3 组学号、姓名和成绩
20230001 小明 89
20230002 小华 99
20230003 明华 100
学号        姓名    成绩
20230001    小明    89
20230002    小华    99
20230003    明华    100
```

解析：

函数 inputArr 中的形参 arr 表示 student 类型数组的首地址，在函数中可以像使用数组名一样去使用 arr。所以，arr[i]就表示数组 arr 的第 i 个元素，arr[i].score 就表示第 i 个元素的成员 score，&arr[i].score 就表示第 i 个元素的成员 score 的地址（圆点运算符优先级高于取地址符&，所以不用加括号）。

在函数 outputArr 中，对结构体数组元素成员的引用方式与函数 inputArr 相同。

在 main 函数中，定义结构体数组 students，并将其作为参数调用函数 inputArr 和 outputArr。

想一想：可以将结构体数组和数组长度打包成一个新的结构体类型吗？可以的话要怎么做？请给出代码。

【练习 3】定义类型 person，成员包括 id（身份证号码）、name（姓名）和 weight（体重），id 和 name 的类型为字符数组，weight 的类型为 float。

【练习 4】使用练习 3 中定义的类型 person，在 main 函数中定义结构体变量，使用自己的信息初始化结构体变量，并输出类型 person 定义的变量中的各个成员。

【练习 5】模仿案例 1 和 2，实现对 person 类型的变量的输出和输入函数。

【练习 6】模仿案例 3，实现对 person 类型的数组的输出和输入函数。

8.2　类型定义 typedef

类型定义 typedef

使用结构体类型定义变量、指针和数组时，总要在类型名前加入关键字 struct，这似乎有些烦琐。C 语言提供关键字 typedef，用于为现有数据类型定义“别名”，使用这种方法可以把复杂的类型名变得简单，使得代码更易读、更易于维护。例如：

```
typedef struct student stu;
```

```
stu s, *p, arr[10];
```

以上代码片段，为类型 struct student 定义了别名 stu。随后利用类型 stu 定义了结构体变量 s、结构体指针 p 以及结构体数组 arr。

typedef 既可以为简单类型定义别名，又可以为指针、数组、结构体等构造类型定义别名，其一般形式如下：

```
typedef 类型名 类型别名;
typedef 类型名* 指针类型别名;
typedef 类型名 数组类型别名[长度];
typedef struct 结构体类型名 结构体类型别名;
```

使用 typedef 为类型定义别名的语法总结成一句话就是：使用“类型名”定义变量时变量名写在哪里，那么，使用 typedef 为“类型名”定义的别名就写在哪里。例如：

```
typedef int I;
I x;
typedef int* IP;
IP y;
typedef int IA5[5];
IA5 z;
```

其中，I 是 int 的别名，x 是 int 类型的变量；IP 是 int*的别名，y 是 int*类型的变量；IA5 是构造类型 int [5]的别名，z 是 IA5 类型的变量，即 z 是一个长度为 5 的 int 型数组。

另外，对于结构体等自定义类型来说，定义类型别名有两种方式。

其一，先定义类型，再定义别名，一般形式为：

```
struct 类型名                          //类型定义
{
……
};
typedef struct 类型名 类型别名;        //类型别名定义
```

其二，定义类型的同时定义别名，一般形式为：

```
typedef struct 类型名{                 //类型和别名同时定义
    ……
}类型别名;
```

这里为第二种方式举个例子：

```
typedef struct student {
……
}stu;
```

上例中，定义类型 struct student 的同时，定义其别名 stu。使用 stu 定义变量时，不必使用关键字 struct。

多学一点：

在这种定义方式下，类型名 student 可以省略不写，即：

```
typedef struct{
    ......
}stu;
```

【练习 7】使用 typedef 为 struct person 定义别名。

【练习 8】使用 typedef 为 struct time 定义别名。成员变量参考练习 1。

8.3　共同体类型

共同体及案例 4

8.3.1　共同体的概念、定义及变量

共同体（union）是 C 语言中的一种数据类型，又称联合体，它允许在同一内存空间中存储不同类型的数据，但同时只能存储其中的一种类型数据。共同体的成员共享同一块内存，大小等于最大成员的大小。定义共同体类型和变量需要使用关键字 union，语法形式与定义结构体类型和变量采用的语法类似，区别仅是将定义结构体的关键字 struct 换成 union。引用共同体变量成员的方法也与结构体类似。

结构体和共同体的区别在于，两种类型成员的存储方式不同。结构体变量是其各个成员的组合，每个成员占用不同的内存空间；而共同体变量中的各个成员共享同一段存储空间，如图 8.1 所示。

```
struct S
{
  int a,b;
};
union U
{
  int a,b;
};
```

1 2

a b

2

既是a又是b

图 8.1　结构体和共同体的区别

在图 8.1 中，结构体 S 和共同体 U 都有两个成员 a 和 b。结构体变量中成员 a 和 b 各自占用一段存储单元，而共同体变量中的成员 a 和 b 共享一段存储单元。假设有以下代码：

```
struct S s;
union U u;
s.a=1;
s.b=2;
u.a=1;
u.b=2;
```

在以上代码中，首先，分别定义结构体变量 s，共同体变量 u。然后，以先 a 后 b 的次序，分别为 s 和 u 的成员赋值。s.a 和 s.b 占用不同空间，它们分别保存了 1 和 2；u.a 和 u.b 占用同一段空间，对 u.b 操作就等同于对 u.a 操作，所以后存入的 2 覆盖了先存入的 1。

8.3.2　共同体的应用

【案例 4】在体育课考试中，同学们要在三个项目中选择一个进行测验，不同项目的成绩表示方法不同。一些同学选择立定跳远，成绩是浮点数表示的距离；一些同学选择引体向上，成绩是整型表示的个数；一些同学选择篮球中的“三步上篮”，成绩是使用字母 A、B、C 表示的等级。定义一个数据类型表示某同学选择的项目和成绩，并在主函数中测试。

解题思路：

一个体育考试的成绩由“项目类别”和“成绩”组成，需要使用结构体表示。其中，“项目类别”分为 3 种，可以使用整数 0、1 和 2 来分别表示立定跳远、引体向上和篮球。而“成绩”的类型则与“项目”相关，分为 float、int 和 char 等 3 种情况，可以使用 3 个成员分别表示：

```
typedef struct{              //体育
    int type;                //项目类别 0 表示立定跳远，1 表示引体向上，2 表示篮球
    float longjump;          //立定跳远成绩
    int chinning;            //引体向上成绩
    char basketball;         //篮球成绩
}PE;
```

以上定义的类型 PE 虽然可以实现题目的要求，但存在空间浪费的问题。对于一个 PE 类型的变量来说，成员 longjump、chinning 和 basketball 之中，仅有一个是有效的，另外两个成员占用的空间被浪费。所以，这里应该先定义一个表示“成绩”的共同体类型：

```
typedef union                //成绩
{
    float longjump;          //立定跳远成绩
    int chinning;            //引体向上成绩
    char basketball;         //篮球成绩
}Score;
```

在类型 Score 中，成员 longjump、chinning 和 basketball 共享同一段存储空间，节约了存储空间，提高了程序的运行效率。此时，可将结构体类型 PE 的定义修改为：

```
typedef struct               //体育课
{
    int type;                //项目类别 0 表示立定跳远，1 表示引体向上，2 表示篮球
    Score score;             //共同体变量表示成绩
}PE;
```

源程序：

```
#include<stdio.h>
typedef union                //成绩类型
{略}Score;
typedef struct               //体育课程成绩
{略}PE;
void printPEscore(PE pe)  //打印成绩
{
    switch(pe.type){//根据类型区别打印
            case 0:printf("立定跳远:%.2f 米\n",pe.score.longjump);break;
            case 1:printf("引体向上:%d 个\n",pe.score.chinning);break;
            default:printf("三步上篮:%c 级\n",pe.score.basketball);
    }
}
int main()
```

```
{
    PE pe1,pe2,pe3;
    pe1.type=0;
    pe1.score.longjump=2.36;
    pe2.type=1;
    pe2.score.chinning=18;
    pe3.type=2;
    pe3.score.basketball='B';
    printPEscore(pe1);
    printPEscore(pe2);
    printPEscore(pe3);
    return 0;
}
```

运行结果：

```
立定跳远：2.36 米
引体向上：18 个
三步上篮：B 级
```

解析：

代码中先定义 Score 和 PE 两个类型，具体代码参见解题思路部分。

函数 printPEscore 用于打印一个体育课成绩，参数 pe 的类型是结构体 PE。在函数体中，使用 pe 中的成员 type 作为 switch 语句的测试条件，区别地打印 3 种项目的成绩。在 printf 语句中，表达式 pe 表示 PE 类型的变量，表达式 pe.score 表示 pe 的成员 score，其类型是共同体 Score，pe.score.longjump 表示 pe.score 的成员 longjump。

在 main 函数中，定义了 3 个 PE 类型的变量，表示 3 名同学的体育课成绩，分别为它们的成员赋值后，调用 printPEscore 进行测试。

【练习 9】下面类型 U 的变量占用几字节。

```
typedef union
{
    char a[4],b[4];
    int c;
}U;
```

【练习 10】将练习 9 的类型 U 的变量改为结构体变量，占用几字节。

枚举类型

8.4 枚举类型

案例 4 中表示体育“项目类别”时，使用 0、1 和 2 分别代表立定跳远、引体向上和篮球三种项目。这种使用整数表示“类别”的方式在实际的程序设计中十分常见，例如，“学籍管理系统”中使用“0（计算机）、1（软件）、……”的形式表示“专业”，使用“0（北京）、1（上海）、……”的形式表示“籍贯”，等等。

但是，将表示“类别”的整数直接放在代码中，不易被他人理解（除了编写代码的程序员本人，其他人不了解整数和“类别”的对应关系）。此时，可以将表示“类别”的整数与一些“助记符”进行对应，并在代码中使用“助记符”代替整数，这样可使代码更加易读。例如：

```
enum Type{LONGJUMP=0,CHINNING=1,BASKETBALL=2};
```

以上代码定义了 3 个助记符 LONGJUMP、CHINNING 和 BASKETBALL 分别与 0、1 和 2 对应。在案例 4 代码中，表示体育项目类别时，可以使用这些“助记符”代替相应的整数。

在 C 语言中，枚举类型由一组预定义的常量列表组成。每个常量都有一个关联的名称和一个对应的值。这些常量在程序中可以被用作变量的取值，从而增加了代码的可读性和可维护性。定义枚举类型需要使用关键字 enum，其一般形式如下：

```
enum 类型名{枚举常量名 1,枚举常量名 2,……};
```

按照上式定义的枚举类型是 int 类型的子集，定义枚举类型的同时也定义了一些符号常量。枚举类型在程序中有许多用途，例如表示状态、选项、模式等。通过使用枚举类型，可以提高代码的可读性，避免使用字符串，并且可以通过自动完成等功能来避免拼写错误。例如：

```
enum Weekday {
    Monday,
    Tuesday,
    Wednesday,
    Thursday,
    Friday,
    Saturday,
    Sunday
}
```

其中，Weekday 是枚举类型的名字，表示星期，Monday、Tuesday 等是 Weekday 类型的常量，表示从周一到周日。定义枚举常量时，如果首个常量未指定值，则其值取 0；其他常量未指定值，其值取前一个常量的值再加 1。所以，Monday 至 Tuesday 分别等于 0 至 6。

定义枚举常量时，也可以为常量指定数值。例如：

```
enum Time{BREAKFAST=7,LUNCH=12,TEA,DINNER=18};
```

其中，表示早饭、午饭和晚饭时间的常量 BREAKFAST、LUNCH 和 DINNER 都有指定值，喝茶时间常量 TEA 的值等于 13，即 LUNCH+1。

使用枚举类型时，可以通过名称引用其中的常量，如下所示：

```
enum Weekday today = Wednesday;
```

在上述示例中，today 变量被声明为 Weekday 类型，并被赋值为 Wednesday，即 today 变量表示星期三。通过使用枚举类型，我们可以提高代码的可读性，使得我们可以使用有意义的名称来表示特定的值。这相较于字符串或者直接使用数字而言，更加直观并且更加易于使用。

【练习 11】改写案例 4，定义枚举类型，并在代码中使用枚举常量代替整数。

8.5　链表※

在带格子的纸上写字时，写错 1 个字擦掉重写即可，但少写（或多写）一个字则需要把后面格子中的字全部擦掉重写。程序中使用数组保存数据也存在类似的问题。例如，使用数组保存用户输入的一组考试成绩，用户输入结束后，如果发现少录入一个成绩，则需要将出错位置之后的数组元素向后移动一个位置，以便插入补录的成绩；如果发现多录入一个成绩，则需要将出错位置之后的数组元素向前移动一个位置。

以上描述的问题，可以通过使用链表存储数据的方式来解决。链表是一种线性数据结构，向链表中插入数据或从链表中删除数据都不需要移动链表中的其他数据。

8.5.1　链表的概念

链表是一种常用的数据存储结构，在该结构中，使用指针将存放在不同存储单元的数据“链式”地组织起来。链表中数据的存储方式如图 8.2 所示。

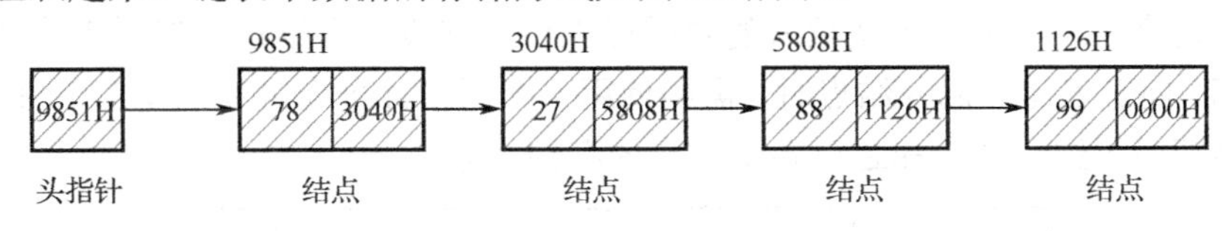

图 8.2　链表存储示意图

在图 8.2 中，由两个方格表示的存储单元被称为链表的结点（有的书中称为节点），每个结点由数据域和指针域构成，数据域保存要存储的数据，指针域保存下一个结点的地址。特别地，图中存放链表首个结点地址的存储单元被称为头指针，表示链表“从这里开始”；链表中最后一个结点的指针域保存特殊地址 0，表示链表“到此结束”。在程序中，通过头指针和各个结点指针域中保存的地址线索，就可以依次访问链表中每个结点存放的数据元素。

图 8.2 所示链表结点只有一个指针域，保存“下一个”结点的地址，这样的链表被称为单向链表；如果再为每个结点增加保存“前一个”结点地址的指针域，单向链表就变成了双向链表。

不论是单向或是双向，链表各个结点占用的存储单元可以是连续的，也可以是不连续的。大多数情况下，链表结点占用的存储单元来自于堆区内存，所以理论上链表中结点的数量不受“限制”。

8.5.2　链表的创建和销毁

在使用链表前应先创建链表，占用堆区内存的链表在使用完毕后，应对其进行销毁（释放堆区内存）。

【案例 5】 编写程序，使用链表方式存储用户输入的数据，并在打印数据元素后，将链表销毁。

解题思路：

根据题目要求，需要完成以下 4 个任务。

（1）定义表示链表结点的数据类型，以及链表的表示方法。

单向链表的结点由数据域和指针域构成，可由以下结构体类型表示：

```
typedef struct N            //链表结点
{
    int data;               //数据域
    struct N *next;         //指针域
}Node;                      //类型别名
```

类型 Node 中成员 data 的类型是 int，用于保存数据；成员 next 是本类型的指针，用于保存“下一个”结点的地址。

最简单的链表仅使用一个头指针就可以表示。例如：

```
Node* head=0;
```

头指针 head 用于指向链表的首个结点，初始值为 0，即 head 指向空地址，此时 head 表示一个没有结点的“空链表”。

（2）编写创建链表的函数。

在真实的程序设计中，链表的数据往往来自于磁盘文件，这里使用用户循环输入数据的方式模拟这个过程。用户每次输入的数据应先被包装成一个结点，然后再将结点插入到链表的尾部。向链表尾部插入结点时，需要使用一个尾指针指向链表的尾部，图 8.3 显示了在向链表尾部插入结点之前和之后各个结点的存储状态。

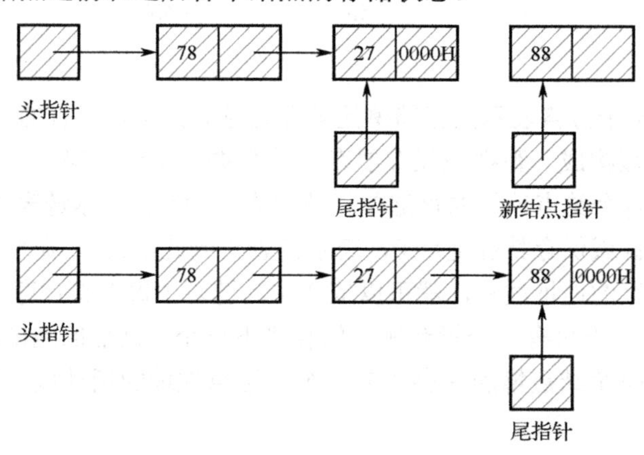

图 8.3　向链表尾部插入结点

图 8.3 中的链表在插入新结点（88）之前，已经包含两个结点（78 和 27），此时一个尾指针指向了结点 27。插入新结点 88 需要 3 个操作：一是，将当前尾部结点 27 的指针域由空地址 0 改成新结点 88 的地址；二是，将新结点 88 的指针域设置为空地址 0（表示该结点成为新的尾结点）；三是，将尾指针指向新尾结点 88，以便下一轮循环继续插入结点。

（3）编写打印链表的函数。

从头至尾打印链表所有元素，可以先使用一个临时指针指向链表首个结点，打印当前结点数据域后，临时指针根据当前结点指针域中的值指向下一个结点。循环“打印”和“指向下一个”两个操作，直至临时指针指向空地址 0。

（4）销毁链表。

销毁链表的方法与打印链表的方法类似，只是将 printf 语句换成 free 语句，用于结点占用内存的释放。

源程序：

```
#include<stdio.h>
#include<stdlib.h>
#define N (4)                          //链表长度
typedef struct NODE                    //链表结点
{
    int data;                          //数据域
    struct NODE *next;                 //指针域
}Node;                                 //类型别名
Node* head;
void createList(){                     //创建链表
    Node* tail,*newNode;               //尾指针和新结点指针
    int i;
    for(i=0;i<N;++i){                  //循环 N 次，为链表插入 N 个结点
        int x;                         //保存用户输入的数据
        scanf("%d",&x);
        //使用 malloc 函数分配一个结点的内存
        newNode=malloc(sizeof(Node));
        newNode->data=x;               //新结点的数据域等于用户输入的 x
        newNode->next=0;               //新结点指针域等于空地址 0
        if(i==0){                      //首次插入，插入到头部
            head=newNode;
        }
        else{                          //不是首次插入，插入到尾部
            tail->next=newNode;
        }
        tail=newNode;                  //不论是否是首次插入，插入后新结点都是链表的尾部
    }
}
void printList(){                              //打印链表
    Node*cur;
    for(cur=head;cur!=0;cur=cur->next){//循环打印
        printf("%d ",cur->data);
    }
}
void destroyList(){                            //销毁链表
    Node*del;
    while(head!=0){                            //循环删除
        del=head;                              //临时指针指向当前头
        head=head->next;                       //头指针指向下一个结点
        free(del);                             //释放结点
    }
}
int main()
{
    createList();
```

```
        printList();
        destroyList();
        return 0;
}
```

运行结果：

```
78 27 88 99
78 27 88 99
```

解析：

代码中，由于全部函数都要访问链表头指针 head，所以将其定义为全局变量，省去传递参数的麻烦。

createList 函数用于创建 N 个结点的链表，其中的局部变量 tail 和 newNode 在后面的循环过程中，分别指向链表尾部结点和新结点，如图 8.3 所示。在循环体中，首先，让用户输入一个整数，使用 malloc 函数分配一个结点占用的内存，并将新结点数据域赋值为用户输入的数，指针域赋值为空地址 0；然后，如果是首次插入，则令头指针指向新结点，否则令 tail 指向的尾结点的指针域指向新结点；最后，改变尾指针 tail，令其指向新的尾结点。

printList 函数用于打印链表。其中的指针变量 cur 类似于之前经常使用的循环变量 i，for 循环头部中的 cur=head 令 cur 指向链表头部结点，类似于初始化循环变量 i=0；cur!=0 是在判断是否仍未到达链表尾部，类似于 i<N；cur=cur->next 使指针 cur 指向下一个结点，类似于递增循环变量++i。

destroyList 函数用于销毁链表。循环过程与打印函数类似，但稍有不同的是，销毁函数中由于访问过的链表结点已被“删除”，所以每次删除头部结点之前需要将 head 指向原来头部结点的下一个结点。

main 函数中依次调用以上 3 个函数，对程序进行测试。运行结果显示，链表依次保存了用户输入的 4 个数据。

8.5.3　链表的插入和删除操作

与数组相比，使用链表存储数据的优势有两点：其一，是在任意位置插入或删除数据时，不必移动其他数据元素；其二，链表的长度是任意的，随时可以插入新结点，而数组则存在“装满”的情况。案例 6 示范链表的插入和删除操作。

【案例 6】在案例 5 的基础上编写两个函数，分别实现为链表插入一个数据以及删除一个数据的功能。插入函数有两个参数 x 和 y，该函数在链表中找到第一个值与 x 相等的数据，并将 y 插入在 x 之前；删除函数有一个参数 x，该函数在链表找到第一个值与 x 相等的数据，并将其删除。

解题思路：

（1）插入操作。

插入操作可分为两种情况，其一，当链表为空或者链表的首个元素等于 x 时，需要在链表头部插入 y。可以先令新结点指针域指向链表原来的头，再让头指针指向新结点即可。

其二，则需要将新元素 y 放在链表头部以后的某个位置。这种情况下，需要在链表中找到插入位置之前的那个结点：先定义一个指针 pre 并初始化为指向链表的头，然后使用指针 pre 循环查找第一个 x 的位置，循环停止条件是 pre 指针域指向空地址（链表中找不到 x）或者 pre 指向结点的下一个结点存放 x（找到 x），此时新元素 y 应放在 pre 指向的结点之后（找不到 x 时 y 放在链表尾部，找到 x 时 y 放在 x 之前）。图 8.4 显示了插入新结点之前和之后相关结点的存储状态。

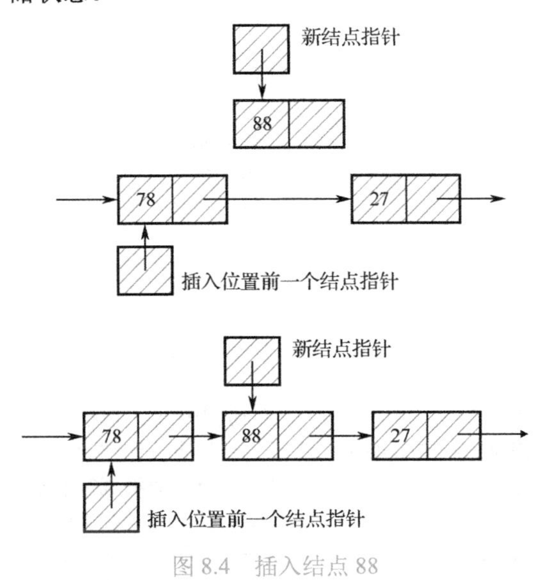

图 8.4　插入结点 88

在图 8.4 中，新结点 88 要插入在结点 78 和结点 27 之间，插入新结点 88 需要进行两个操作：一是，新结点 88 的指针域指向结点 27；二是，将结点 78 的指针域由原来指向结点 27 改为指向新结点 88。

（2）删除操作。

在链表中搜索 x 并将其删除的操作也分为两种情况，其一，当链表的首个元素等于 x 时，需要将链表头部结点删除。此时，可以先使用一个指针指向链表的头，再让头指针指向原头部结点的下一个结点，最后使用 free 函数释放原头部结点的内存即可。

其二，需要先定义一个指针 pre 并初始化为指向链表的头，然后使用指针 pre 循环查找第一个 x 的位置，循环停止时指针 pre 指向待删除结点的前一个结点。图 8.5 显示了删除结点 27 之前和之后相关结点的存储状态。

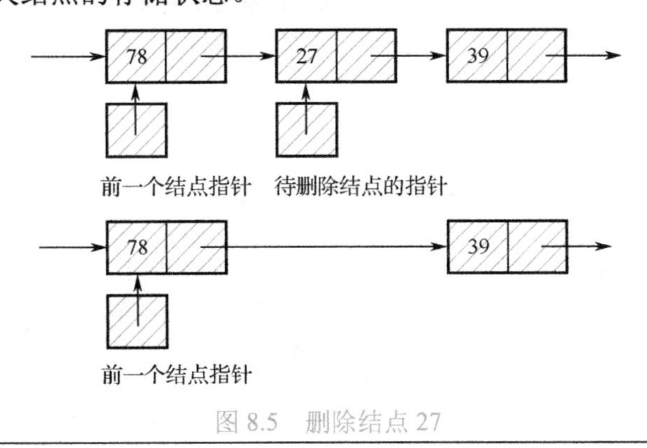

图 8.5　删除结点 27

要删除图 8.5 中的结点 27 需要进行 3 个操作：一是，使用一个指针指向结点 27；二是，将结点 78 的指针域由原来指向结点 27 改为指向结点 27 的下一个结点 39；三是，使用 free 函数释放结点 27 占用的内存。

源程序：

```
#include<stdio.h>
#include<stdlib.h>
typedef struct N                                    //链表结点
{
    int data;                                       //数据域
    struct N *next;                                 //指针域
}Node;                                              //类型别名
Node* head;
void printList()                                    //打印链表
{略}
void destroyList()                                  //销毁链表
{略}
void insertList(int x,int y){                       //向链表中 x 之前插入 y
    Node*newNode=malloc(sizeof(Node));              //为新结点分配空间
    newNode->data=y;                                //新结点的数据域等于 y
    if(head==0||head->data==x){                     //将新结点插入在头部
        newNode->next=head;                         //新结点指针域指向原来的头
        head=newNode;                               //头指针指向新结点
    }
    else{                                           //将新结点插入到其他位置
        Node*pre=head;                              //指针 pre 用于搜索 x 的前一个结点
        //循环将在 pre 找到 x 或指向链表尾部结点时停止
        while(pre->next!=0&&pre->next->data!=x){
            pre=pre->next;
        }
        newNode->next=pre->next;                    //新结点指针域指向 pre 的下一个
        pre->next=newNode;                          //pre 指向结点的指针域指向新结点
    }
}
int deleteList(int x){                              //删除链表中的 x
    if(head==0){                                    //空链表直接返回假
        return 0;
    }
    Node*del;
    if(head->data==x){                              //删除头
        del=head;                                   //del 指向头
        head=head->next;                            //头指针 head 指向下一个
        free(del);                                  //释放原来的头部结点
        return 1;                                   //成功删除后返回真
    }
    Node*pre=head;                                  //指针 pre 用于搜索 x 的前一个结点
    //循环将在 pre 找到 x 或指向链表尾部结点时停止
```

```
	while(pre->next!=0&&pre->next->data!=x){
		pre=pre->next;
	}
	if(pre->next==0){                          //未找到 x 则返回假
		return 0;
	}
	del=pre->next;                             //del 指针指向要删除的结点
	pre->next=del->next;                       //pre 指向结点的指针域指向下一个的下一个
	free(del);                                 //释放结点
	return 1;                                  //成功删除后返回真
}
int main()
{
	int i;
	for(i=1;i<=6;++i)                          //查找 0，插入 1~6
		insertList(0,i);
	printf("插入 6 个数：") ;
	printList();
	for(i=1;i<=10;i+=2)                        //查找并删除奇数
		deleteList(i);
	printf("\n 删除所有奇数：");
	printList();
	destroyList();
	return 0;
}
```

运行结果：

```
插入 6 个数：1 2 3 4 5 6
删除所有奇数：2 4 6
```

解析：

在本例代码中全局变量 head 仍然表示链表头指针，由于全局变量自动初始化为 0，所以 head 在程序开始执行前就已经表示了一个空的链表。

insertList 函数用于在链表中查找元素 x，并将 y 插入在 x 之前。在函数体中，首先使用 malloc 函数创建新结点的内存空间，并将其数据域赋值为 y；接下来的 if 分支，用于将新结点插入在链表头部；在 else 分支中，定义指针 pre 并初始化为指向链表头部结点，后续的 while 循环则不断地向后移动 pre，直到 pre 指向 x 的前一个结点或 pre 指向链表尾部结点，循环停止后将新结点 y 插入在 pre 指向结点的后面。

deleteList 函数用于在链表中查找元素 x，并将其删除。该函数有返回值，返回 0 表示删除失败（没找到 x），返回 1 表示删除成功。在函数体中，对空链表的情况进行判断，如果链表为空则直接返回 0；随后的 if 语句用于删除链表的头部结点；剩余部分的代码，先定义指针 pre 用于搜索 x 的前一个位置，当 while 循环停止时，pre 要么指向尾部结点，要么找到 x 并指向结点 x 的前一个结点，如果 pre 指向尾部结点，则说明链表中找不到 x，应返回 0，否则应删除结点 x，并返回 1。

main 函数对 insertList 和 deleteList 进行了测试。首先，使用 for 语句向链表依次插入 1～6，在函数调用 insertList(0,i)中，两个参数分别是 0 和 i，表示要在 0 前插入 i，但是链表中没有 0，所以插入 1～6 时，每个数都放在了链表末尾。其次，使用 for 语句删除了链表中的奇数。

【练习 12】在案例 6 的基础上，根据以下原型编写函数 find，实现在链表中查找 x 的功能，如果找到 x 则返回其结点地址，否则返回 0。

```
Node* find(int x);
```

知识拓展：线性表

线性表是最基本、最简单也是最常用一种数据结构。一个线性表由若干个相同类型的数据元素构成，这些数据元素之间的关系是一对一的关系，即除了第一个和最后一个数据元素之外，其他数据元素在逻辑上都是首尾相接的。

在实际的程序设计中，很多情况下需要将数据组织为线性表的形式。例如，一组学生的成绩，某饭店菜单上各个菜品的信息，手机中的通话记录，等等，都可以使用线性表来存储。

线性表是一种逻辑结构，实现线性表有顺序存储和链式存储两种形式。8.5 节介绍的链表就是线性表的链式存储形式。按顺序存储方式实现的线性表被称为顺序表，顺序表占用连续的存储单元（类似于数组），其存储方式如图 8.6 所示。

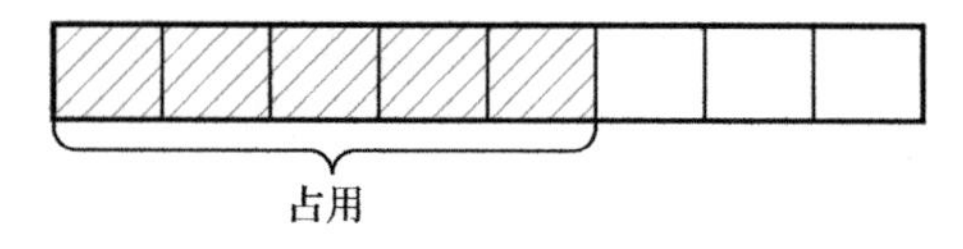

图 8.6　顺序表

图 8.6 所示的顺序表存放 5 个数据元素，在表的右侧还空闲了 3 个存储单元。

顺序表和链表具有不同的特点，适用于不用的应用场景。顺序表的特点如下：

（1）优点 1，支持随机访问，即通过简单的地址计算，就可以访问表中任意位置的元素。

（2）优点 2，在尾部可以实现数据的快速添加和删除。

（3）缺点 1，在表前部和中部插入或删除数据速度慢，需要移动大量数据。

（4）缺点 2，原有空间被占满后，更换另外的存储空间时，需要移动大量数据。

链表的特点如下：

（1）优点 1，在任意位置插入或删除数据，不需要移动元素。

（2）优点 2，不存在占满情况，即空间扩展时，不需要移动元素。

（3）缺点，不支持随机访问，访问任意元素都要从表头开始搜索。

通过顺序表和链表优缺点的对比可以得出结论：顺序表适用于经常访问元素，并且很少插入或删除数据的场景；反之，链表适用于经常插入和删除元素，但却很少查询元素的场景。

顺序表和链表之间没有“好坏”之分，二者恰好形成了“优势互补”。生活中，我们每个人都各有长处，也各有短处，彼此都有可取之处，没有一个人全是优点，也没有人全是缺点。要学会看到别人的长处和自己的短处，要善于取人之长，补己之短，这样才能不断进步。

综合练习

1. 定义数据类型表示“图书”，成员包括书名、ISBN、单价、作者、出版社。

2. 编写 2 个函数，分别实现单个“图书”类型变量的输入和输出。

3. 编写 2 个函数，分别实现“图书”类型数组的输入和输出。

4. 某省份高考文理不分科，采取“3+7 选 3”模式。语文、数学和外语为必考科目，政治、历史、地理、物理、化学、生物、技术 7 科中选考 3 科。合理使用结构体、共同体和枚举，定义表示“高考成绩”的数据类型。

5. 编写程序实现有序链表。所谓有序链表是指，链表中各个元素按序排列，例如，为有序链表依次插入数据 2、3、1、4，链表中按照 1、2、3、4 的逻辑顺序存储元素。

拓展案例

保持开放心态，创新解决之道
——计算机编程中的"Bug"精神

格蕾丝·霍波是一位杰出的计算机科学家，被誉为计算机编程的先驱之一。她在 20 世纪中叶的计算机发展历程中发挥了重要作用。

在二战期间，霍波参与了一项名为 Mark Ⅱ 的计算机项目。在这个项目中，她负责编写程序来控制这台巨大的机械计算机。故事中的关键时刻发生在 1945 年，当时 Harvard Mark Ⅱ 遇到了故障，无法正常工作。经过一番调查，霍波发现原因是计算机中的一个继电器卡住了。她动手拆卸继电器，并发现里面有一只小虫子卡在了里面。于是，霍波将这个故障称为“bug”（错误）。bug 的意思是“臭虫”，而这一奇怪的称呼，后来演变成计算机行业的专业术语。虽然现代计算机再也不可能夹扁任何飞蛾，大家还是习惯地把排除程序故障叫作 Debug（除虫）。

这个故事给编程领域带来了一个有趣的术语。从那时起，程序中出现问题被称为“bug”，而修复问题的过程就是“debug”。

这个故事不仅仅是一个趣闻，它还反映了编程过程中的挑战和解决问题的能力。格蕾丝·霍波通过她的聪明才智和勇于探索的精神，为计算机编程领域的发展做出了巨大贡献。她的故事鼓舞着许多人，激励着他们追求计算机科学的梦想，并展示了创造力和毅力在这个领域的重要性。

项目 9

不使用第三个变量交换两个变量——位运算

学习目标

❖ 知识目标

- 理解二进制表示和位级运算的基本概念
- 理解位运算符的优先级和结合性
- 理解位移操作符的含义和使用
- 熟悉位运算在计算机中的应用

❖ 技能目标

- 能够应用位运算解决相关问题
- 能够分析和调试涉及位运算的程序，理解位级操作对结果的影响

❖ 素质目标

- 加强自我管理，培养信息安全意识
- 培养创新意识和解决问题的多样性思维
- 提升算法设计能力，解决实际生活问题

本项目之前介绍过的算术运算、关系运算、逻辑运算等，都是以 1 字节或多字节组成的“数据类型”为单位进行的，但在很多实际应用中（如面向硬件的程序设计），经常需要直接对字节中的二进制位进行处理。这种对二进制位进行处理的运算被称为位运算。通过使用位运算可以高效地处理和操作二进制数据，从而在计算机系统中实现各种功能和算法。

本项目介绍 C 语言中的位运算符以及可以节省存储空间的位段结构体，并在知识拓展部分，使用异或运算实现了一个简单的字符串加密程序，引导学生理解信息安全的重要性，培养学生保护个人信息安全的良好习惯。本项目还将培养逻辑思维能力、抽象建模能力和问题解决能力。位运算要求使用者对二进制数进行分析和推理，能够进行抽象建模，并运用位运算解决复杂问题。通过学习位运算，能够增强创新意识，在实际应用中运用所学知识，不断拓展自己的计算机科学技能。

任务描述：不使用第三个变量交换两个变量

在程序设计中，交换两个变量时，通常需要使用第三个变量。但是，不使用第三个变量也可以实现这一功能。例如：

```
a=a+b;
b=a-b;
a=a-b;
```

以上三行代码可以交换变量 a 和 b 的值。假设交换之前 a 存储 5，b 存储 10；第一行代码执行结束后，a 存储 15（5+10）；第二行代码执行结束后，b 存储 5（15-10）；第三行代码执行结束后，a 存储 10（15-5），完成交换。

本项目的实践任务是按照以下原型编写函数，实现交换两个整型变量的功能。

```
void swap(int*p,int*q);
```

其他要求和提示如下：

（1）交换两个变量不能使用第三个变量。

（2）使用位运算符完成交换。

（3）编写 main 函数完成测试。

技能要求

位运算

9.1　位运算符

所谓位运算就是针对二进制位进行的一种运算，它们直接操作二进制数的各个位，可以进行逻辑和算术运算，以及位移操作。C 语言中为位运算提供了 6 个运算符号，如表 9.1 所示。

表 9.1　位运算符

运算符	~	&	^	|	<<	>>
名称	按位取反	按位与	按位异或	按位或	左移	右移

C 语言的位运算只能作用在整型数据上，有符号整数和无符号整数均可参与位运算。在实际的应用中，大部分情况下，位运算主要针对无符号整数，或者说，进行位运算编程时，把重点放在某一位是 0 或是 1 上，而很少考虑操作的整个整数是正数还是负数。

1. 按位取反

单目运算符~表示按位取反，取反是将操作数的所有二进制位都进行翻转（0 变 1，1 变 0）。例如，~5，

$$\sim 5\,\frac{00000000\ 00000000\ 00000000\ 00000101}{11111111111111111111111111111010}$$

常数 5 的类型是 int，占用 32 位（4 字节），上式中横线的上面是 5 的二进制存储形式，横线的下面就是对 5 按位取反的结果。

2. 按位与

双目运算符&表示按位与，对于一个二进制位来说，按位与的运算规则为：1 与 1 为 1，其余全为 0，如表 9.2 所示。

表 9.2　按位与

操作	0&0	0&1	1&0	1&1
结果	0	0	0	1

两个数按位与时，每个相同位置的位都要进行与运算。例如，9&12 的结果为 8。

$$
\begin{array}{r} 00000000\ 00000000\ 00000000\ 00001001 \\ 9\,\&\,12\ \underline{00000000\ 00000000\ 00000000\ 00001100} \\ 00000000\ 00000000\ 00000000\ 00001000 \end{array}
$$

3. 按位异或

双目运算符^表示按位异或，对于一个二进制位来说，按位异或的运算规则为：相同为 0，相异为 1，如表 9.3 所示。

表 9.3　按位异或

操作	0^0	0^1	1^0	1^1
结果	0	1	1	0

两个数按位异或时，每个相同位置的位进行异或运算。例如，9^12 的结果为 5。

$$
\begin{array}{r} 00000000\ 00000000\ 00000000\ 00001001 \\ 9\,\hat{}\,12\ \underline{00000000\ 00000000\ 00000000\ 00001100} \\ 00000000\ 00000000\ 00000000\ 00000101 \end{array}
$$

4. 按位或

双目运算符|表示按位或，对于一个二进制位来说，按位或的运算规则为：0 或 0 为 0，其余全为 1，如表 9.4 所示。

表 9.4　按位或

操作	0|0	0|1	1|0	1|1
结果	0	1	1	1

两个数按位或时，每个相同位置的位进行或运算。例如，9|12 的结果为 13。

$$
\begin{array}{r} 00000000\ 00000000\ 00000000\ 00001001 \\ 9\,|\,12\ \underline{00000000\ 00000000\ 00000000\ 00001100} \\ 00000000\ 00000000\ 00000000\ 00001101 \end{array}
$$

5. 左移

双目运算符<<表示左移，左移时，整数的各个二进制位整体向左移动，该数高位部分被丢弃，低位部分用 0 填充。在没有溢出的前提下，一个整数左移 1 位，相当于乘以 2。例如，9<<2 表示 9 左移 2 位，结果为 36。

$$9 \ll 2\ \frac{00000000\ 00000000\ 00000000\ 00001001}{00000000\ 00000000\ 00000000\ 00100100}$$

6. 右移

双目运算符>>表示右移，根据系统的不同分为算术右移和逻辑右移两种情况。

算术右移时，整数的各个二进制位整体向右移动，该数低位部分被丢弃，如果是无符号整数或非负的有符号整数，则高位部分使用 0 填充，如果是负的有符号整数，则高位部分使用 1 填充。在没有溢出的前提下，一个整数算术右移 1 位，相当于除以 2 后向下取整。例如，9>>2 的结果是 2，-9>>2 的结果是-3，等等。

$$9 \gg 2\ \frac{00000000\ 00000000\ 00000000\ 00001001}{00000000\ 00000000\ 00000000\ 00000010}$$

逻辑右移时，整数的低位部分同样被丢弃，高位部分使用 0 填充。

7. 复合赋值运算符

C 语言在 5 个双目位运算符的基础上，提供了 5 个复合赋值运算符，如表 9.5 所示。

表 9.5　复合赋值运算符

运算符	&=	^=	|=	<<=	>>=
示例	a&=b	a^=b	a|=b	a<<=b	a>>=b
作用	a=a&b	a=a^b	a=a|b	a=a<<b	a=a>>b

8. 优先级和结合性

单目运算符~（取反）优先级与-（负）、!（逻辑非）等运算符优先级相同，结合性为从右向左。5 个复合赋值运算符的优先级与赋值运算符=的优先级相同，结合性为从右向左。

双目运算符<<（左移）、>>（右移）、&（按位与）、^（按位异或）和|（按位或）的结合性都是从左向右。这些运算符与其他常用双目运算符的相对优先级如图 9.1 所示。

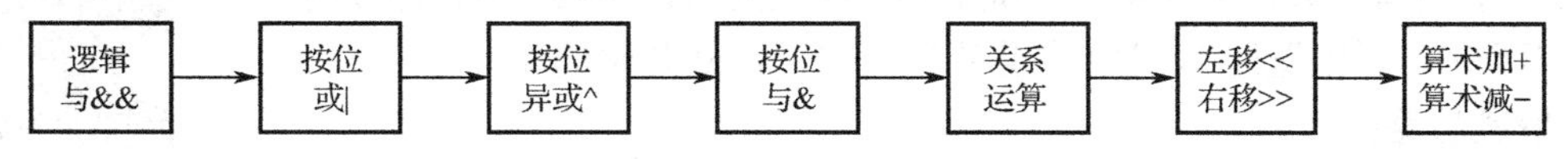

图 9.1　双目位运算符的优先级

【练习 1】在表 9.6 中填写表达式的值。

表 9.6　位运算

7&13		7|13		7^13	
7&&13		7||13		5<<4	

【练习 2】对于无符号整数 x 来说，x%2 等价于 x&1，x%4 等价于 x&3，那么，x%8 等价

于 x&y，y 是几呢？

想一想：位运算符可以用于浮点数吗？

注意：使用位运算符需要确保操作数的类型和操作顺序正确，以避免出现意想不到的结果。如果无法确定，可以通过代码进行调试，确保自己正确使用位运算符。

多学一点：

右移运算符的右移 1 位计算和除法中的除以 2 计算非常相似。对于正整数，这两个运算会得到相同的结果，但对于负数，会有不同的结果。

对于右移运算符（>>)，在对有符号整数进行右移操作时，结果的符号位会被保留，并使用符号位进行填充。这被称为“算术右移”。这意味着对于负数，右移运算会将其符号位进行复制，并用 1 填充左侧空出的位。例如，-7>>1 的结果是-4。

而对于除以 2 运算，在使用除法运算符（/）进行整数除法时，结果会自动向零取整，即直接舍弃小数部分。对于正数，除以 2 的结果就是整除 2 的结果。对于负数，除以 2 的结果也是向零取整的商。例如，-7/2 的结果是-3。

因此，在 C 语言中，右移运算符和除以 2 运算在处理负数时会得到不同的结果。右移运算会保留符号位并进行符号扩展，而除以 2 运算会直接舍弃小数部分并向零取整。

除此之外，在一般情况下，右移运算符的效率也要高于除法。

9.2 位运算的应用

在有些应用中，为了提高信息存储密度，会使用二进制位来表示信息。例如，使用 0 和 1 分别代表男和女，那么一个 32 位的 int 变量就可以表示 32 个人的性别。

位运算最常见的应用就是在按位存储信息时，对信息进行按位提取和设置。基本的操作有 4 种：

（1）从一个变量中提取某位上的值。

（2）设置变量中某位的值为 0。

（3）设置变量中某位的值为 1。

（4）翻转变量中某位上的值。

【案例 1】编写函数，从变量 x 中提取第 i 位上的值，当第 i 位存储 0 时，函数返回 0，否则返回 1。注：i 是从右向左，从 0 开始的序号。

案例 1-位运算的应用

解题思路：

按位提取操作需要使用与运算。以提取 x 第 5 位为例，可定义变量 y 等于 1<<5，再计算 x&y，

```
         bbbbbbbb bbbbbbbb bbbbbbbb bbbbbbbb
x & y    00000000 00000000 00000000 00100000
         -----------------------------------
         00000000 00000000 00000000 00b00000
```

对于一个二进制位 b 来说，b&0 一定等于 0，b&1 一定等于 b，所以，如果 x&y 等于 0，则说明 x 第 5 位为 0，否则为 1。

源程序：

```
#include<stdio.h>
int get(unsigned x,unsigned i)            //提取 x 第 i 位的值
{
    i%=32;                                //将 i 控制在 0~31 之间
    unsigned y=1<<i;
    return (x & y) != 0 ;
}
int main(void)
{
    unsigned x=99;                        //二进制 00000000 00000000 00000000 01100011
    printf("01100011 的第 4 位：%d\n",get(x,4));
    printf("01100011 的第 5 位：%d\n",get(x,5));
    return 0;
}
```

运行结果：

```
01100011 的第 4 位：0
01100011 的第 5 位：1
```

解析：

get 函数包括两个 unsigned 类型的参数 x 和 i，由于 i 的合理范围在 0 至 31 之间，所以函数体中，先令 i%=32，以确保 i 表示一个合法的位置。然后，令变量 y 等于 1<<i，此时 y 的第 i 位存放 1，其余位存放 0。最后，判断 x&y 是否不等于 0，便得到所要的结果。

在 main 函数中，通过提取 99 的第 4 位和第 5 位测试 get 函数。

【案例 2】 编写两个函数，分别用于设置一个变量某位上的值为 1，以及设置某位上的值为 0。注：设置操作不能改变变量其他位置的值。

案例 2-设置位的值

解题思路：

这里的两个函数都需要修改外部变量，所以函数应按地址传递参数。两个函数的原型分别为：

```
void set(unsigned *p,unsigned i)          //设置*p 第 i 位为 1
void reset(unsigned *p,unsigned i)        //设置*p 第 i 位为 0
```

set 函数设置 1 的操作需要利用或运算。以设置*p 第 5 位为例，可定义变量 y 等于 1<<5，再计算*p|y，将计算结果赋值给*p，即

```
           bbbbbbbb bbbbbbbb bbbbbbbb bbbbbbbb
*p |= y    00000000 00000000 00000000 00100000
           -----------------------------------
           bbbbbbbb bbbbbbbb bbbbbbbb bb1bbbbb
```

对于一个二进制位 b 来说，b|0 一定等于 b，b|1 一定等于 1。所以，执行*p|=y 后，*p 中除了第 5 位被设置为 1 外，其他各位保持不变。

reset 函数设置 0 的操作需要利用&运算。以设置*p 第 5 位为例，可定义变量 y 等于~(1<<5)，再计算*p&=y，

$$*p\&=y\frac{\begin{array}{c}\text{bbbbbbbb bbbbbbbb bbbbbbbb bbbbbbbb}\\ 11111111111111111111111111011111\end{array}}{\text{bbbbbbbb bbbbbbbb bbbbbbbb bb0bbbbb}}$$

对于一个二进制位 b 来说，b&0 一定等于 0，b&1 一定等于 b。所以，执行*p&=y 后，*p 中除了第 5 位被设置为 0 外，其他各位保持不变。

源程序：

```
#include<stdio.h>
void set(unsigned *p,unsigned i)        //设置*p 第 i 位为 1
{
    i%=32;                              //将 i 控制在 0~31 之间
    unsigned y=1<<i;
    *p|=y;
}
void reset(unsigned *p,unsigned i)      //设置*p 第 i 位为 0
{
    i%=32;                              //将 i 控制在 0~31 之间
    unsigned y=~(1<<i);
    *p&=y;
}
int main()
{
    int x=99;                           //二进制 00000000 00000000 00000000 01100011
    printf("设置 x 第 4 位为 1 前：x=%d 二进制 01100011\n",x);
    set(&x,4);
    printf("设置 x 第 4 位为 1 后：x=%d 二进制 01110011\n",x);
    x=99;
    printf("设置 x 第 5 位为 0 前：x=%d 二进制 01100011\n",x);
    reset(&x,5);
    printf("设置 x 第 5 位为 0 后：x=%d 二进制 01000011\n",x);
    return 0;
}
```

运行结果：

```
设置 x 第 4 位为 1 前：x=99 二进制 01100011
设置 x 第 4 位为 1 后：x=115 二进制 01110011
设置 x 第 5 位为 0 前：x=99 二进制 01100011
设置 x 第 5 位为 0 后：x=67 二进制 01000011
```

解析：

在函数 set 中，参数 p 是外部变量的指针，用于指向待修改的变量。在函数体中，先将 i 的值调整至合法区间，然后定义 y=1<<i，最后使用|=运算完成对*p 的修改。

函数 reset 与 set 类似，只是其中的 y=~(1<<i)，并且最后使用&=修改变量。

在 main 函数中，使用值为 99 的变量 x，对这两个函数进行测试。

【练习 3】模仿案例 2，编写函数实现翻转变量中某位上的值。所谓的翻转就是 0 变 1，1 变 0。提示：使用^运算。

位段

9.3　位段及其应用

虽然按位存储信息可使内存空间充分被利用，但使用位运算以位为单位进行信息提取和设置的操作十分烦琐。为解决这一问题，C 语言允许在一个结构体中以位为单位来指定其成员所占内存的长度，这种以位为单位的成员被称为“位段”或“位域”。使用以位段作为成员的结构体与使用普通结构体相比，几乎没有差别，这就解决了按位存储时，信息提取和设置操作困难的问题。此外，位段能够节省存储空间，通过位段可以指定成员占用的位数，从而有效地节省内存空间。这对于需要存储大量布尔值或具有限定范围的整数值的数据结构尤为有用。

9.3.1　位段结构体的定义

定义位段结构体的方法非常简单，就是声明成员时，在成员名字后加上冒号以及该成员所占的位数。定义位段结构体的一般形式如下：

```
struct 类型名
{
  基类型 位段成员 1 : 位段成员 1 占用位数;
  基类型 位段成员 2 : 位段成员 2 占用位数;
  ……
  基类型 位段成员 n : 位段成员 n 占用位数;
};
```

定义位段结构体时，同样可以使用 typedef 为类型定义别名。例如：

```
typedef struct
{
        unsigned char a:1;
        unsigned char b:1;
        unsigned char c:6;
        unsigned char d:5;
}A;
```

以上代码定义了一个位段结构体并命名为 A，包含 a、b、c 和 d 共 4 个成员，成员 a 占 1 位，成员 b 占 1 位，成员 c 占 6 位，成员 d 占 5 位，如果系统为该结构体变量分配内存，将分配 2 字节（16 位），4 个成员占用 13 位，空余 3 位。

使用位段结构体定义变量、指针和数组的方法，以及引用位段结构体变量成员的方法，均与普通结构体类似，这里不再赘述。但是，位段结构体与普通结构体也有一些不同之处，使用时需要注意以下几个问题：

（1）位段结构体成员的基类型只能是 char、short、int 等整数类型，并且最好使用无符号形式。

（2）基类型决定了存储单元的大小，例如，基类型为 char 时，存储单元大小为 8 位，基类型为 short 时，存储单元大小为 16 位，基类型为 int 时，存储单元大小为 32 位。

（3）所有成员的基类型应该保持一致，否则失去了使用位段的意义。

（4）位段成员的指定长度不能超过基类型的长度，例如，A 中成员 a、b、c 和 d 的指定长度都不能超过 8。

（5）不能对结构体变量的成员取地址，例如，

```
A x;
&x.a;        //将出现错误
```

（6）通过定义无名的 0 长度位段，可以强制下一成员从下一个存储单元开始存储，例如，A 成员 a 的声明之后，增加语句“char :0;”，将使成员 b 自动从下一个存储单元开始存储。

9.3.2 位段的应用

【案例 3】定义表示“人”的数据类型，并编写函数实现该类型变量的输出。“人”类型包含性别、文化程度和生肖 3 个属性，性别属性有男、女 2 种取值；文化程度属性有不识字、小学、初中、高中、专科、本科、硕士、博士等 8 个属性值；生肖有 12 个属性值。

解题思路：

案例 3-位段的应用

使用普通结构体表示以上的“人”类型，至少需要 3 个 char 类型的成员，分别代表 3 个属性，此时的结构体变量占用 3 字节空间。

仔细分析这 3 个属性，其中性别有 2 个属性值，使用 1 位即可表示；文化程度有 8 个属性值，使用 3 位即可表示；生肖有 12 个属性值，使用 4 位即可表示。所以，表示“人”类型一共需要 8 位，即 1 字节。

1 个 char 变量占用 1 字节，恰好可以表示 1 个“人”的信息。但是，直接使用 char 类型表示“人”时，从变量中提取各个属性信息需要使用位运算。

因此，使用位段结构体表示“人”类型是最佳的方案，既节省了存储空间，又可以方便地提取存储在位上的属性信息。

源程序：

```
#include<stdio.h>
typedef struct{                              //位段结构体定义
    unsigned char gender:1;                  //性别
    unsigned char education:3;               //文化程度
    unsigned char animalYear:4;              //生肖
}Person;
void print(Person p)                         //打印函数
{
    char  genderArr[2][8]={"女","男"};
    char  educationArr[8][16]={"不识字","小学","初中","高中",
                               "专科","本科","硕士","博士"};
    char  animalArr[12][8]={"鼠","牛","虎","兔","龙","蛇",
                            "马","羊","猴","鸡","狗","猪"};
    printf("性别：%s,",genderArr[p.gender]);
    printf("文化程度：%s,",educationArr[p.education]);
    printf("生肖：%s\n",animalArr[p.animalYear]);
```

```
}
int main()
{
    Person xm;
    xm.gender=1;
    xm.education=4;
    xm.animalYear=11;
    print(xm);
    return 0;
}
```

运行结果：

```
性别：男,文化程度：专科,生肖：猪
```

解析：

类型 Person 是位段结构体类型，成员 gender 占 1 位，成员 education 占 3 位，成员 animalYear 占 4 位。整个结构体类型占 1 字节。另外，Person 中成员基类型使用 unsigned char，成员 gender 的取值范围是 0～1，成员 education 的取值范围是 0～7，成员 animalYear 的取值范围是 0～15。这里如果将成员基类型改成 char，虽然占用空间大小不会变化，但成员取值范围将变化为-1～0、-4～3 以及-8～7。

print 函数实现了一个 Person 变量的输出。在函数体中，为使打印的信息容易被理解，使用了 3 个二维 char 数组保存了一些字符串。以 educationArr 为例，该数组有 8 行，每行有 16 个 char 能够存储一个长度不超过 15 的字符串，educationArr[0]存放"不识字"，educationArr[1]存放"小学"，等等。

【练习 4】定义位段结构体类型表示“日期”，包含年、月、日三个属性，其中年的取值范围 1900～2050，月的取回范围为 1～12，日的取值范围为 1～31。

知识拓展：使用位运算为字符串加密

位运算不仅可以实现信息的按位提取和设置，还可以用于数据的加密。数据加密就是通过特定的技术手段对明文数据进行转化，使之成为任何人都无法读懂的密文。与加密相对应，将密文还原成明文的过程被称为解密。

在传统数据加密技术中，“循环移位和异或”是经常被使用的算法之一，这里介绍该算法异或加密部分的原理，并实现一个简单的加密程序。

对于任意的整数 x 来说，x^x 必然等于 0，而 x^0 必然等于 x。加密时，将明文 x 与密钥 key（密钥是加密和解密过程中使用的一个参数）进行异或运算，将得到密文 y，即 y=x^key。解密时，使用 y 和 key 进行异或运算，便会得到原来的明文 x。因为 y^key 等价于 x^key^key，x^key^key 等价于 x^0，x^0 等于 x。

【案例 3】循环异或加密。

源程序：

```
#include<stdio.h>
```

```c
#include<string.h>
void encrypt(char str[],const char key[])                    //加密函数
{
    int len=strlen(key);
    int i,j;
    for(i=0,j=0;str[i]!='\0';++i,j=(j+1)%len){               //循环异或加密
        str[i]^=key[j];
    }
}
void decrypt(char str[],const char key[])                    //解密函数
{
    encrypt(str,key);
}
int main()
{
    char key[]="I love programming!";
    char str[]="我叫小明，我爱编程，我爱生活！";
    encrypt(str,key);
    printf("密文：%s\n",str);
    encrypt(str,key);
    printf("明文：%s\n",str);
    return 0;
}
```

运行结果：

```
密文：囿芽δ錏衙飆衙軌莴傚罹哓媄蘊唐
明文：我叫小明，我爱编程，我爱生活！
```

解析：

encrypt 函数用于加密，其中参数 str 是要加密的明文字符串，参数 key 是密钥字符串。在函数体中，首先，求出密钥字符串的长度并存入变量 len。然后，循环遍历 str 中的每个字符，令 str[i]^=key[j]。这里使用了 i 和 j 两个循环变量，i 用于遍历字符串 str，每循环 1 次 i 值增 1，直至 str[i]=='\0'时循环结束；j 用于循环遍历字符串 key，每循环 1 次 j 值增 1，当 j 增长到 len 时，令 j=0，即从字符串 key 的开头重新遍历，这里描述的关于字符串 key 的循环遍历是通过 j=(j+1)%len 实现的。

decrypt 函数用于解密，由于在异或加密方法中，加密和解密过程完全相同，所以 decrypt 仅仅是简单地调用了 encrypt 函数。

在 main 函数中，使用“I love programming!”作为密钥，为一段中文进行加密。运行结果显示，原文加密后得到的密文是一组乱码。随后，通过 decrypt 函数将密文还原成明文。

随着现代通信技术的发展和迅速普及，信息的共享和应用日益广泛与深入，但同时也使得信息的安全问题日渐突出。从大的方面来说，信息安全问题已威胁到政治、经济、军事、文化、意识形态等领域。从小的方面来说，信息安全问题也是人们能否保护自己个人隐私的关键。保护信息安全不仅要依靠数据加密技术，个人信息安全意识的建立也十分重要。

为保护好个人信息的安全，生活中要养成以下良好习惯：

（1）不要使用个人信息，如身份证号码、姓名全拼、出生日期等，作为密码，重要的密码要定期更换。

（2）不要访问非法网站，不要使用“赚钱类”的 App。

（3）收到陌生邮件、短信和微信应立即删除，不要单击其中的链接。

（4）收快递时要撕毁快递箱上的面单。

（5）不要在社交网站类软件上发布火车票、飞机票、护照、照片、日程、行踪等信息。

（6）在图书馆、打印店等公共场合，或是使用他人手机登录账号，不要选择自动保存密码，离开时记得退出账号。

（7）从正规渠道下载软件和手机 App。

综合练习

1．编写函数实现在一个 unsigned int 变量中，提取从 from 到 to 位上的数值，$0 \leqslant from \leqslant to \leqslant 31$。

2．编写函数实现在一个 unsigned int 变量中，将从 from 到 to 位上的数值设置为 1，$0 \leqslant from \leqslant to \leqslant 31$。

3．编写函数实现在一个 unsigned int 变量中，将从 from 到 to 位上的数值设置为 0，$0 \leqslant from \leqslant to \leqslant 31$。

4．编写函数实现在一个 unsigned int 变量中，将从 from 到 to 位上的数值翻转，$0 \leqslant from \leqslant to \leqslant 31$。

5．编写函数计算一个 unsigned int 变量 x 中，各个二进制位上 1 的个数。例如，整数 6 有 2 个 1，整数 13 的二进制位上有 3 个 1，等等。

6．定义位段结构体类型表示“学生”，包含系别、年级、生源地 3 个属性，其中系别有 6 个属性值，年级有 4 个属性值，生源地有 11 个属性值对应浙江省 11 个地级城市。

拓展案例

“路漫漫其修远兮，吾将上下而求索”
——中国超算发展的曲折之路

我国超级计算机的发展史可以追溯到 20 世纪 70 年代末和 80 年代初。在那个时期，由于技术和经济条件的限制，我国在超级计算机领域起步较晚，面临着许多挑战。在 1983 年，我国研制的第一台超级计算机“银河”问世。然而，由于技术水平和资源匮乏，这台超级计算机的性能和可靠性与国外都存在较大差距，无法与国际上的领先水平相媲美。这标志着我国在超级计算机领域的起步并不顺利。

在接下来的几十年里，我国超级计算机发展经历了一系列的曲折和挑战。技术的落后、高性能芯片的短缺、软件开发能力的不足等问题成为制约因素。此外，国际上一些国家对超级计算机出口实施了严格的限制，进一步增加了超级计算机发展的困难。然而，政府和科研

机构没有放弃，而是积极寻求自主创新和发展。在 2001 年，中国发布了“863 计划”，将超级计算机列为国家重点研发项目。这为中国超级计算机的发展提供了政策支持和经济投入。

随着时间的推移，我国超级计算机逐渐取得了突破性进展。在 2002 年，中国的超级计算机“飞腾”首次进入了世界前十名。在之后的年份，我国陆续发布了天河一号、天河二号等超级计算机，取得了更高的性能和排名。

最具里程碑意义的是在 2016 年我国的超级计算机“神威 · 太湖之光”成为当时全球运算速度最快的超级计算机。这一成就展示了我国在超级计算领域的巨大进步和实力，彰显了我国在高性能计算技术上的独立创新能力。

我国超级计算机发展的曲折之路是在技术、经济和国际环境等多重因素的制约下走过来的。然而“路漫漫其修远兮，吾将上下而求索”，通过持续的努力、政策支持和自主创新，使得我国的超级计算机在近年来取得了显著的成就，成为全球超级计算领域的重要参与者和竞争者。

项目 10

存取学生信息——文件

学习目标

❖ **知识目标**

- 理解文件的概念
- 理解 C 语言中文本文件和二进制文件的区别
- 掌握文件打开、读写和关闭方法

❖ **技能目标**

- 能够打开、读写和关闭文件
- 能够在解决实际问题中正确运用 C 语言进行文件处理

❖ **素质目标**

- 提升数据安全意识，增强法治安全和素养
- 培养遵纪守法、遵守道德规范和公序良俗的自觉性

在实际的工作中，很多情况下需要处理的数据来自于文件。程序员需要编程从文件中读取数据，数据经过处理之后，还要将计算结果再写到文件之中。本项目首先认识什么是文件，并介绍了 C 语言常用的处理文件的类型 FILE 及常用的函数，然后通过对比的方式介绍了打开文件的两种模式即文本模式和二进制模式，最后重点介绍了文件的操作函数，包括文件打开和关闭函数及以不同方式进行读写文件的操作函数。

通过文件的操作，可以将项目中的数据永久地保留下来，防止数据丢失，提高数据的安全意识；不同文件类型通过定义不同文件格式进行规范约束，就像生活中，法律法规、道德规范等约束着每个人的行为一样，只有做到遵纪守法、按规矩办事，社会才会更加平等、自由、繁荣、和谐。

任务描述：存取学生信息

从键盘输入 3 个学生的信息记录，先将信息保存在 stuScore.dat 文件中，然后再从 stuScore.dat 文件中读取信息并显示在屏幕上。学生信息如表 10.1 所示。

表 10.1　学生信息

num	name	age	score
330301	Sam	18	90
330302	Tom	17	88
330303	Cindy	18	97

具体要求如下。

（1）定义以下结构体类型表示学生。

```
typedef struct                    //学生类型
{
    char num[16];                 //学号
    char name[16];                //姓名
    int age;                      //年龄
    float score;                  //成绩
}Stu;
```

（2）定义结构体类型 Stu 的数组 array，其长度为 3，用于存储输入的学生信息。

（3）将 array 数组中的内容写入 stuScore.dat 文件中。

（4）从 stuScore.dat 中读取内容并显示在屏幕上。

10.1　文件的概念

文件概念及分类

程序执行结束后，所有存储在内存中的数据都会“消失”，想要持久地保存数据，则需要将数据以文件的形式存储在磁盘等介质之中。

狭义上讲，文件通常是指磁盘中一段命名的存储区。例如前面已经多次使得过的源程序文件、库文件等，还有日常生活中常用的 Word 文件、音乐文件等。文件在磁盘上可能存储在一段存储区中，也可能分散存储在多段存储区中，但不管怎样存储，对于普通计算机用户来讲，它就是一个可进行读、写操作和管理的普通文件。

广义上讲，文件不仅仅指磁盘文件，一些操作系统将一切与主机设备相关联的外部设备都视为文件，例如，显示器、打印机、键盘等。它们的输入与输出等操作即等同于对磁盘文件的读和写，例如使用 scanf 输入数据时，就是在读键盘这个“文件”。使用 printf 输出数据，就是在控制台窗口写这个“文件”。

综上所述，文件可分为普通文件和设备文件两种，磁盘文件为普通文件，外部设备为设备文件。

在 C 语言中，处理文件需要使用结构体类型 FILE 和一些与文件操作相关的库函数，使用时需要引入头文件 stdio.h。由于在文件处理函数的参数中，使用 FILE 类型的指针来表示要操作的文件，所以，一般不会定义 FILE 类型的变量，而是定义 FILE 的指针。

另外，stdio.h 中已经定义了 stdin、stdout 和 stderr 等 3 个标准文件（实际上 stdin、stdout

和 stderr 的类型是 FILE*），stdin 被称为标准输入文件，stdout 被称为标准输出文件，stderr 被称为标准错误输出文件。在默认情况下，scanf、getchar 等输入函数就是从 stdin 指向的文件（键盘）中读取数据，printf、putchar 等输出函数就是向 stdout 指向的文件（控制台窗口）中写入数据。

10.2 文本文件和二进制文件

C 语言将文件分成文本文件和二进制文件两类，其中以 ASCII 或 Unicode 等文字编码形式存放的文件被称为文本文件，其余文件被称为二进制文件。也许大家会对这种分类方法感到奇怪，所有计算机文件都是二进制存储的，为什么仅把文本文件单独分类呢？

在回答这个问题前，可以先做一个简单的实验：使用 Windows 系统，在 D 盘根目录下，创建一个名为 a.txt 的文本文件，在文件中输入 123 并按下回车键，保存后关闭文件。此时，站在“C 语言”的角度，文件中存放了 1、2、3 和换行符共 4 个字符，文件应该占用 4 字节。但是，右键单击文件，查看文件属性会发现，a.txt 占用 5 字节。这是因为，Windows 系统和 C 语言表示“换行”的方法不同，Windows 系统使用\r\n 两个字符表示“换行”，而 C 语言使用\n 这一个字符表示“换行”。

同样的实验如果在 UNIX 或 Linux 系统中进行，a.txt 占用 4 字节。在这两个系统中，表示“换行”使用一个字符\n。而在另外一些系统中，“换行”还存在其他的表示方法，这里不一一列举。总之，不同系统中对文本中的“换行”有着不同的表示方法。

为了让程序员编写出能在各个系统中“通用”的文本文件处理程序，C 语言提供了两种打开文件的模式，一种是文本模式，另一种是二进制模式。这里所说的两种模式是看待同一文件的两种视角。使用二进制文件模式打开某个文件时，如果是读操作将读到文件的原貌，如果是写操作也会将内存数据原样写在文件中，例如在前面实验中，Windows 系统中的文本读出的换行就是\r\n 2 字节，而 UNIX 系统读出的就是\n 1 字节。使用文本文件模式打开某个文件时，不论是读操作还是写操作，C 语言都将屏蔽不同操作系统中文本文件的差异，也就是说，以文本文件模式打开文件，程序读到\n 就认为是“换行”，向文件中写入\n 就是写入“换行”，编译器会根据系统的不同，做出相应的转换。

综上所述，文本文件模式和二进制文件模式均可用于文本文件和非文本文件的读写操作。但由于不同操作系统对文本文件中的特殊符号可能有不同的表示方法。所以，最好还是使用文本文件模式处理文本文件，使用二进制文件模式处理非文本文件。

思考： 以下文件使用哪种模式进行处理比较合适：Word 文档、音乐、图片、视频、.c 源文件？

提示： 文件以文本方式打开后是否可正常阅读？例如 Word 文件被打开后我们可能认识里面的内容，但音乐文件用文本方式打后则显示为乱码。

10.3 文件的操作函数

对文件的操作只有读和写两种，通常情况下，将内存中的数据写入到文件，称为文件的输出；将文件中的数据读入到内存，称为输入。一般对文件操作的步骤为：定义文件指针→打开文件→读写文件→关闭文件。

C 语言为文件处理提供了许多标准函数，这些函数被声明在 stdio.h 之中。同时，处理文件需要定义 FILE 类型的指针。例如：

```
FILE *fp;
```

10.3.1 文件的打开和关闭

文件的打开与关闭

1. 打开文件

打开文件使用函数 fopen，其原型如下：

```
FILE * fopen(const char *filename, const char * mode);
```

函数的返回结果是 FILE 类型的指针，未来需要使用这个文件指针去操作打开的文件；参数 filename 是包含文件名的字符串（可含路径），参数 mode 是表示打开方式的字符串。例如，以下语句以只读方式打开 D 盘根目录下的文本文件 a.txt：

```
FILE * fp=fopen("D:\\a.txt","r");
```

在 C 语言中，基本的文件打开方式包括读 r、写 w 以及追加写 a 三种，其他打开方式都与这三种方式相关。

r 表示以只读方式打开文件，成功打开文件时返回文件指针，否则返回空地址 0（NULL）。文件不存在是打不开文件的主要原因，该方式不会创建新文件。

w 表示以只写方式打开文件，如果文件不存在，则创建新文件；如果文件存在，则将文件截断（内容全部删除）。

a 表示以追加写方式打开文件，如果文件不存在，则创建新文件；如果文件存在，则将在文件尾部续写文件内容，原来的内容保留。

在以上三种打开方式中，r 用于读文件，w 和 a 用于写文件。在这三个字母后分别加入符号+，都表示以“读写”方式打开文件，文件打开后既能被读又能被写。表 10.2 给出三者的区别。

表 10.2 读写打开方式

打开方式	文件不存在	文 件 存 在
r+	返回 0	成功打开，读写操作都从头开始，写操作会覆盖原文件内容
w+	新建文件	删除文件内容
a+	新建文件	保留原内容，读操作从文件头开始读，写操作在文件尾续写

另外，以上介绍的 6 种方式均以文本模式打开，如果以二进制模式打开，则需要加入字母 b，即 rb、wb、ab、rb+、wb+和 ab+。

2. 关闭文件

关闭文件就会使原来指向该文件的文件指针与文件之间建立的关系释放。C 语言使用函数 fclose 用于关闭文件，其原型如下：

```
int fclose(FILE *fp);
```

参数 fp 是需要关闭文件的指针，返回值表示关闭操作是否成功。成功关闭则返回值为 0，否则返回 EOF。EOF 是一个特殊值，一般为-1，表示文件结尾（End Of File）。使用 fgetc 等函数读文件时，如果读到文件末尾，函数将返回 EOF。

多学一点：

freopen 直译为“重新打开文件”，函数 freopen 用于文件的“重定向”，可以在不改变代码原貌的情况下改变输入/输出环境，其原型如下：

```
FILE *freopen(const char * filename, const char * mode, FILE * stream);
```

函数 freopen 与 fopen 相比多了参数 stream，该函数取消文件指针 stream 与原有文件的对应关系，而转向到 filename 表示的文件。例如：

```
freopen("D:\\a.txt","r",stdin);
freopen("D:\\b.txt","w",stdout);
int x;
scanf("%d",&x);
printf("%d",x);
```

在以上代码中，freopen("D:\\a.txt","r",stdin)将标准输入重定向至 D 盘文件 a.txt，freopen("D:\\b.txt","w",stdout)将标准输出重定向至 D 盘文件 b.txt。此时，按照 10.2 节中的描述创建文件 a.txt，执行以上代码时，scanf 将从 a.txt 中读取数据，printf 也会将输出内容写入文件 b.txt 之中。

PTA 等程序自动评测平台，评测用户提交代码时就利用了文件重定向的原理。在平台运行用户提交的代码前，会将标准输入和输出重定向为服务器上的本地文件。用户代码执行结束后，通过标准答案与用户输出的文件进行比对，来判断用户提交的代码是否正确。

10.3.2　文件的读写

1. 逐字节读写文件

函数 fgetc 和 fputc 分别用于从文件中提取 1 字节和向文件写入 1 字节，适合读写文本文件和二进制文件。两个函数的原型如下：

```
int fgetc(FILE *fp);
int fputc(int c, FILE *fp);
```

函数 fgetc 从参数 fp 指向的文件中提取 1 字节转换为 int 后，作为函数的返回值，文件读取结束后再次提取将得到返回值 EOF；函数 fputc 将 int 参数 c 的低位（1 字节）写入参数 fp 指向的文件，写入成功时返回写入字符的 ASCII 码值，写入失败则返回 EOF。

注意：在逐字节读写文件时，也可使用函数 getc 和 putc，它们分别与 fgetc 和 fputc 实现相同的功能，只不过在一些系统中 getc 和 putc 被定义为宏，而不是函数。

【案例 1】首先创建文本文件 read.txt，并事先存入 123 和一个回车符，然后以文本模式逐字节读取文件的内容并显示在屏幕上。

函数的定义及案例 1

解题思路：

对文件的操作，可参考 10.3 小节开头的文件操作一般步骤进行。题目要求以文本模式进行读取，在打开文件时设置打开方式为 r；文件必须被打开成功后才可以进行读取，如打开失败，则提示“打开文件失败！”，并结束程序。

源程序：

```
#include<stdio.h>
int main()
{
    FILE *fp = fopen("D:\\a.txt", "r");            //以文本模式打开
    int x;
    if (fp == NULL)
    {
        printf("打开文件失败");
        return 0;
    }
    while ((x = fgetc(fp)) != EOF)                 //逐字节读取文件,EOF 判断是否结束
    {
        printf("%d ", x);
    }
    fclose(fp);                                    //关闭文件
    return 0;
}
```

运行结果：

```
49 50 51 10
```

解析：

因为文件中可能有多字节，读取文件时使用 while 循环中的方式，通过调用 fgetc 函数逐个读取 read.txt 中的每个字符，并存入变量 x 后，再输出其应用的 ASCII 码值。当读取的值为 EOF 时表示读取结束。通过运行结果可以发现，使用文本模式打开时，读到的内容为 49、50、51 和 10，分别对应字符 1、2、3 和\n。

思考：如果使用二进制模式读取文件，代码该怎么修改？输出的所有 ASCII 码值为多少？

提示：二进制模式打开文件方式为 rb，其他代码均可不变。

注意：文本模式和二进制模式读取同一个文件可能输出的结果不同，结果会在 10 前面多个 13。

【案例 2】从键盘读入字符串“I love China！”，然后将其保存在 out.txt 中。

解题思路：

从键盘读入字符串可使用字符数组进行保存，输入结束后再使用循环依次取一个字符并写入 out.txt 文件。在写入之前同样需要判断文件是否打开成功。

案例 2-逐字节写文件

源程序：

```
#include<stdio.h>
int main()
{
    FILE *fp = fopen("out.txt", "w");              //以写方式打开
    char info[20];                                 //存储输入的字符串
    int i = 0;
    if (fp == NULL)
    {
        printf("打开文件失败");
        return 0;
    }
    printf("请输入一个字符串:");
    gets(info);                                    //读字符串
    while (info[i] != '\0')
    { //逐字写入文件
        fputc(info[i],fp);
        i++;
    }
    fclose(fp);                                    //关闭文件
    return 0;
}
```

运行结果：

```
查看 out.txt 文件，内容为：I love China！
```

解析：

代码使用 w 写的方式打开文件，同时路径只给了 out.txt，这是相对路径，即文件所在目录为程序文件所在目录，如想将 out.txt 文件存放在指定的目录中，比如 D:\\mydir 目录中（目录已经存在），可使用 fp=fopen("D:\\mydir\\out.txt", "w")语句，这种完整的路径方式，叫作绝对路径。

思考：如文件操作完成后，为什么需要使用 fclose()函数关闭文件？

提示：打开文件会占用资源，文件操作过程中数据可能存于缓存中，而没有写入文件。

2. 逐行读写文件

一般情况下，文本文件内容是按行来保存的，在处理时，如果能一行一行地读取或写入文件则可以更方便地进行数据处理。C 语言提供了函数 fgets 和 fputs 主要用于文本文件的逐行读写，它们的原型如下：

```
char * fgets(char *str, int size, FILE * fp);
int fputs(const char *str, FILE *fp);
```

函数 fgets 可从参数 fp 指向的文件中提取一行数据，并写入 str 为首地址的内存中。提取过程可能因为遇到换行符或文件末尾而结束，也可能是因为提取 size-1 个字符后而结束。但不论怎样结束，fgets 都会在 str 指向的内存中多写一个\0，表示字符串结束。另外，如果函数

读取数据成功，则返回参数 str 的原值，如果文件已经到达结尾，则 fgets 返回地址 0。

函数 fputs 用于将参数 str 指向的字符串输出至 fp 指向的文件中，函数返回非负数时表示写入成功，返回 EOF 时表示失败。

【案例 3】从键盘读入一行内容“I'm Chinese.”，并追加到 out.txt 文件中，要求单独成行。

案例 3-逐行写文件

解题思路：

从键盘读入一行内容的方法和案例 2 中的方法一样，读入后以逐行的方式写入 out.txt 文件中，只需要调用 fputs 函数即可。题目要求是“追加到 out.txt 文件中”，即原内容应该保留，所以打开文件时使用 a 方式。

源程序：

```
#include<stdio.h>
int main()
{
    FILE *fp = fopen("out.txt", "a");  //以写方式打开
    char info[20];                     //存储输入的字符串
    int i = 0;
    if (fp == NULL)
    {
        printf("打开文件失败");
        return 0;
    }
    printf("请输入一个字符串:");
    gets(info);                        //读字符串

    fputs("\n",fp);                    //写入一个换行
    fputs(info,fp);                    //一次写一行
    fclose(fp);                        //关闭文件
    return 0;
}
```

查看结果：

```
I love China!
I'm Chinese.
```

解析：

fputs 函数一次可将一个字符串写入文件，但写入时并不会自动换行，如需要换行则需要另外写一个回车符到文件中。本案例中，因为是在原来内容的基础上追加的，而原来的内容也没有回车符，所以在写入“I'm Chinese.”前需要先写一个回车符，且文件打开方式为 fp = fopen("out.txt", "a")。

【案例 4】以文本模式逐行读取 out.txt 文件中的内容，并显示在屏幕上。

案例 4-逐行读文件

解题思路：

要求以行的方式读取文件，可使用 fgets 函数读取，读取后放入一个字符串数组中保存并输出到屏幕上，因为一个文件中可能有多行，可以使用循环方式进行读取，当 fgets 返回值为 0 时表示读取结束。

源程序：

```
#include<stdio.h>
int main()
{
    FILE *fp = fopen("out.txt", "r");  //以文本模式打开
    char info[50];
    if (fp == NULL)
    {
        printf("打开文件失败");
        return 0;
    }
    int i=0;
    while (fgets(info,50,fp))              //逐字节读取文件,EOF 判断是否结束
    {
        printf("%s",info);
    }
    fclose(fp);                            //关闭文件
    return 0;
}
```

运行结果：

```
I love China!
I'm Chinese.
```

解析：

fgets 函数读取文件中的字符串时，只要有读取操作就返回一个地址，即结果非 0；如果没有读取到字符串，表明文件已经读取结束，此时返回空地址，即 0。在 C 语言中，0 表示假的意思，非 0 即真，故可以根据返回值判断循环是否结束。在按行读取的过程中，文件中的回车符或换行符也会被正常读取，此时会认为本次读取结束。

思考： 案例 4 中一共循环了多少次？如果将 fgets 中的第二个参数值设置为 5（out.txt 文件中每行长度都大于 5），会循环多少次？

提示： 代码中可增加一个变量 count 用于统计循环的次数。

注意： fget 函数按行读取时，并不一定每次正好读一行，具体读出多少字符，需要根据文件的具体内容及 fget 函数的第二个参数的设置而定。

3. 格式化读写文件

在对文件读或写的操作过程中，有时候数据也需要进行格式化，例如，程序计算出的平均成绩为 84.738，而文件存储时只需要保留两位小数。C 语言提供了函数 fscanf 和 fprintf 主要用于文本文件的读写，原型如下：

```
int fscanf(FILE *fp, const char *format, ...);
int fprintf(FILE *fp, const char *format, ...);
```

与 scanf 和 printf 相比，fscanf 和 fprintf 分别多了一个参数 fp，fp 指向要进行读（写）操作的文件。fscanf 和 fprintf 的其他参数的含义，与 scanf 和 printf 没有差别，这里不再详细介绍。

练一练

【练习 1】通过键盘输入 5 个不同的小数，并将其保留 2 位小数并存入 test.txt 文件中。

【练习 2】从上题的 test.txt 方件中，读取数据并保留一位小数，输出到屏幕上。

4．按块读写文件

之前介绍的 6 个文件读写函数都支持文本模式和二进制模式的操作，其中 fgetc 和 fputc 对两种模式均适合，而 fgets、fputs、fscanf 和 fprintf 更适合文本文件模式。除以上函数外，C 语言还提供了更适于二进制文件模式操作的 fread 和 fwrite 两个函数，它们的原型如下：

```
size_t fread(void *memptr, size_t m, size_t n, FILE *fp);
size_t fwrite(const void *memptr, size_t m, size_t n, FILE *fp);
```

函数 fread 从 fp 指向的文件中获取连续 m*n 字节的数据存入 memptr 指向的内存中，m 表示块的大小，n 表示块的个数，函数返回为读取到的数据块的个数。假设 fp 指向的文件中连续存放了 10 个 double 数据，现使用下面的 fread 将文件中的数据读入数组 a 中，读取的个数为 5，函数返回值即 x 也是 5。

```
double a[20];
int x = fread(a,sizeof(double),5,fp);
```

如将上述代码的读取个数由 5 修改为 20，函数返回结果 x 的值为 10 而非 20。这是由于文件中仅有 10 个 double 变量，所以函数读取至文件末尾后返回 10，而 10 为实际读取的个数。

函数 fwrite 将 memptr 指向的连续 m*n 字节的数据写入参数 fp 指向的文件中，参数 m 和 n 的含义与 fread 相同。函数在未出现写入错误的情况下返回第 3 个参数 n，即成功写入文件的内存块的个数。

注意：fread 函数设置的读取个数可能与实际读出来的不相符，需要根据返回值获取实际读取变量的个数。

【案例 5】 从键盘读取 10 个整数，并将其写入 array.dat 文件中。

案例 5-按块写文件

解题思路：

定义一个长度为 10 的整型数组 arr，从键盘输入 10 个数并保存在数组中，再使用 fwrite 函数一次性地将数组内容写入到 array.dat 文件中。文件操作的步骤依然按前面所讲的定义文件指针、打开文件、读写文件、关闭文件进行。

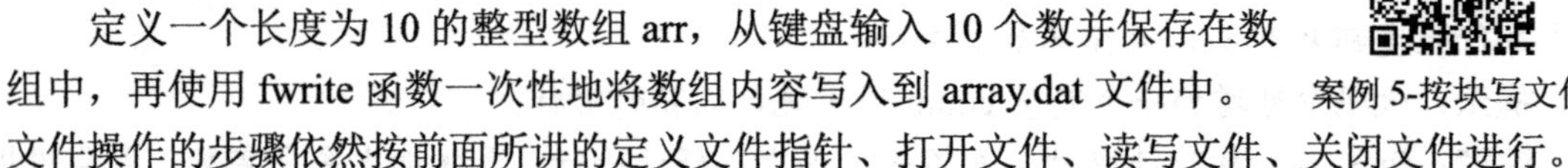

源程序：

```
#include<stdio.h>
int main()
{
    int arr[10];
    FILE* fp=fopen("arr.dat","wb");        //以二进制写模式打开
    if(fp==NULL)
    {
        printf("打开文件失败");
        return 0;
    }
    printf("请输入 10 个整数:");
```

```
    for(int i = 0;i<10;i++)              //输入 10 个整数
    {
        scanf("%d",&arr[i]);
    }

    fwrite(arr,sizeof(int),10,fp);       //一次性写入 10 个 int 整数
    fclose(fp);
    return 0;
}
```

运行结果：

请输入 10 个整数:1 2 3 4 5 6 7 8 9 0

解析：

代码中，使用二进制写模式打开相对路径中的 arr.dat，然后利用 fwrite 函数将数组 arr 中的 10 个 int 整数写入文件。程序运行结束后，使用文档方式打开 arr.dat 可看到里面都是乱码，这是因为文件是以二进制模式写入的。查看该文件的属性，可看到该文件占用 40 字节的空间。

思考：如果将案例 5 中读取的整数改为实数类型，以上代码应如何修改，文件占多少字节？

提示：数据类型定义需要修改，fwrite 函数的第二个参数也需要修改。

【案例 6】 读取上题中 arr.dat 文件的数据并显示在屏幕上。

案例 6-按块读文件

解题思路：

定义一个长度为 10 的整型数组 arr 用于存储从文件中读到的内容，可以使用 fread 函数以块的方式读取，文件打开方式为 rb。

源代码：

```
#include<stdio.h>
int main()
{
    int arr[10];
    FILE* fp=fopen("arr.dat","rb");      //以二进制读模式打开
    if(fp==NULL)
    {
        printf("打开文件失败");
        return 0;
    }
    fread(arr,sizeof(int),10,fp);        //一次读入 10 个 int 整数

    for (int i = 0; i < 10; ++i) {       //输出结果
        printf("%d ",arr[i] );
    }
    fclose(fp);
    return 0;
}
```

运行结果：

```
1 2 3 4 5 6 7 8 9 0
```

解析：

从运行结果看，输出的结果与之前写入的结果相同，该案例中写入的是整数，每块的大小为 sizeof(int)，这里也以每块 sizeof(int)大小，连续读取 10 块内容并放入 arr 数组中，此时可输出正确结果。如果读取时每块大小为其他值，屏幕显示可能为不正确的数。

提示：在按块进行读写操作时，将根据情况进行分块处理，一块看成一个整体，比如使用结构体时，将一个结构体类型的内容看成一块内容，这样不破坏数据内容。

【练习 3】定义一个学生的结构体 stu，包括姓名、年龄和成绩三个成员，从键盘输入学生信息，将信息存入 stu.dat 文件中。

【练习 4】从 stu.dat 文件中读取信息，保存在练习 3 定义的 stu 结构体类型变量中，再将变量信息输出到屏幕上。

5. 随机读写文件

C 语言支持顺序读写和随机读写两种读写文件的方式。截至目前，对文件的读写操作都是按顺序进行的。实际上，被打开的文件与数组类似，可以随机存取其中的数据。打开文件后，文件指针指向了一个 FILE 结构体变量，在该结构中包含一个访问位置指示器（可认为是整数），该指示器记录当前文件的访问位置。通过函数 ftell 可获得访问位置指示器的值，即文件当前的访问位置；通过 rewind 和 fseek 函数可以改变对文件的访问位置。ftell、rewind 和 fseek 的原型如下：

```
long ftell(FILE *fp);
void rewind(FILE *fp);
int fseek(FILE *fp, long offset, int origin);
```

函数 ftell 以 long 类型返回 fp 指向的文件中，当前位置指示器的值，这个值是当前访问位置与文件首个字节位置的差。

函数 rewind 的功能是设置位置指示器为 0，即从头开始访问文件。

函数 fseek 可以设置访问位置指示器为任意值，成功时返回 0，否则返回值为非 0，参数 fp 是指向文件的指针，参数 offset 是访问位置指示器的偏移量，参数 origin 表示偏移量 offset 的参照物。参数 origin 的取值可能是 SEEK_SET、SEEK_CUR 以及 SEEK_END，分别表示从文件开头、当前访问位置以及文件结尾计算偏移量，这 3 个符号常量对应的整数分别是 0、1 和 2。例如：

```
fseek(fp, 100 , SEEK_SET);        //从文件开头向后偏移 100 字节
fseek(fp, 100 , SEEK_CUR);        //从当前访问位置向后偏移 100 字节
fseek(fp,-100 , SEEK_END);        //从文件结尾向前偏移 100 字节
```

【案例 7】文件中以二进制模式存放了 10 个 int 数据 1～10，使用 fread 随机读取文件中的数据。

案例 7-随机读取文件

源程序：

```
#include<stdio.h>
```

```
int main(){
    int a,b[2],c[3];
    FILE* fp=fopen("D:\\a.dat","rb");              //以二进制写模式打开
    fseek(fp,2*sizeof(int),SEEK_SET);              //从头向后偏移 2 个 int 变量
    fread(&a,sizeof(int),1,fp);                    //读 1 个 int 数据到 a
    printf("a=%d\n",a);
    fseek(fp,3*sizeof(int),SEEK_CUR);              //从当前位置向后偏移 3 个 int 变量
    fread(b,sizeof(int),2,fp);                     //读 2 个 int 数据到 b
    printf("b[0]=%d,b[1]=%d\n",b[0],b[1]);
    fseek(fp,-7*sizeof(int),SEEK_END);             //从结尾向前偏移 7 个 int 变量
    fread(c,sizeof(int),3,fp);                     //读 3 个 int 数据到 c
    printf("c[0]=%d,c[1]=%d,c[2]=%d\n",c[0],c[1],c[2]);
    fclose(fp);
    return 0;
}
```

运行结果：

```
a=3
b[0]=7,b[1]=8
c[0]=4,c[1]=5,c[2]=6
```

解析：

代码中，首先使用二进制读模式打开 D 盘中的文件 a.dat，此文件由案例 3 创建，文件中以 int 的格式存入整数 1～10。

首先，使用 fseek 函数将访问位置指示器从文件开头向后偏移 2 个 int 变量的位置（跳过文件中存储的 1 和 2），使用 fread 函数读取 1 个 int 类型数据并存入变量 a，运行结果显示读到整数 3。

然后，使用 fseek 函数将访问位置指示器从当前位置向后偏移 3 个 int 变量（刚刚读完整数 3，跳过文件中存储的 4、5 和 6），使用 fread 函数读取 2 个 int 类型数据并存入数组 b，运行结果显示读到整数 7 和 8。

最后，使用 fseek 函数将访问位置指示器从文件结尾位置向前偏移 7 个 int 变量，使用 fread 函数读取 3 个 int 类型数据并存入数组 c，运行结果显示读到整数 4、5 和 6。

【练习 5】使用 fprintf 函数将自己的姓名、年龄、身高和体重写入文本文件 self.txt。

【练习 6】使用 fgetc 和 fputc 函数复制 self.txt 的内容到另一文件。

【练习 7】使用 fgets 和 fputs 函数复制 self.txt 的内容到另一文件。

知识拓展：文件类型与编码方式

存放 ASCII 等文字编码的文件属于文本文件，而其他文件则属于二进制文件。函数 fscanf 和 fprintf，以及 fgets 和 fputs，用于文本文件的读写。以下两条语句均以文本形式向某文件中写入字符串"123"：

```
fprintf(fp1,"123");
```

```
fputs("123",fp2);
```

文件中以 ASCII 形式存放这三个字符：

00110001　00110010　00110011

其中，从左到右依次存入整数 49、50 和 51，分别对应'1'、'2'和'3'。

函数 fread 和 fwrite 用于二进制本文件的读写，以下语句将以补码形式向某文件中写入 int 类型的 123：

```
int x=123;
fwrite(&x,sizeof(int),1,fp);
```

文件中存放以 4 字节表示的整数 123：

01111011 00000000　00000000 00000000

其中，从左侧开始的是整数 123 的 32 位补码中的低 8 位，最右侧的则是高 8 位。

通过以上存储 123 的例子可以看出，同样的 123 使用不同的编码方式写入文件，会在文件中呈现不同的存储结果。

实际上，计算机存储所有类型的文件都采用二进制形式，单独地看待某字节，根本无法知道该字节表示的含义。例如，某字节存放 01111011，它可能是文本文件中的一个字符'{'，也可能是 int 变量的一部分，还可能是音频文件中的一帧振幅值，还可能是图像文件中的一个像素值，等等。

那么，有没有办法区分文本文件和二进制文件呢？很遗憾，没有办法。严格意义上来说，除非提前约定，否则除了文件创建者外，没有任何手段能够辨别文件的类型。不过也不必为此担心，因为在大部分实际的应用场景下，程序中所要处理的文件类型是"已知"的，程序员要做的事情只是按照具体情况选择合适的"打开方式"，以及按照已知的"文件格式"对文件进行读写。

这里所谓的文件格式是指文件中信息的数字编码方式，以及数码的排列方式。特定的文件格式被设计用于存储特定类型的数据，例如，JPEG 格式文件用于存储静态的图像；txt 格式文件用于存储简单的 ASCII 或 Unicode 的文本；MP3 格式的文件用于存放音频，等等。

同一个文件格式，用不同的程序处理可能产生截然不同的结果。例如，使用音乐播放软件打开 MP3 格式文件时，可以听到声音，而以记事本软件打开时，则看到的是一组乱码。一种文件格式对某些软件会产生有意义的结果，对另一些软件来看，就像是毫无用途的数字垃圾。

在生活中，法律法规、道德规范以及公序良俗等，就像不同类型的文件格式一样，约束着我们每个人的行为规范。如果社会中更多的人，在做每一件事，进行每一项活动时，都能做到遵纪守法、按规矩办事，整个社会才会快速地向着更加平等、自由、繁荣、和谐的方向发展。

综合练习

1．将 double 变量 x=123.456，以二进制模式写入文件，读取此文件内容到 double 型变量 y。

2．将 double 变量 x=123.456，以字符串形式写入文本文件，读取此文件内容到 double 型变量 y。

3．在文本文件中，存入以下内容，并改写项目 3 中实践任务的代码，将文件中的内容读取到数组中，使用数组查询的方式代替原来代码中的分支语句。

3301 杭州市
3302 宁波市
3303 温州市
3304 嘉兴市
3305 湖州市
3306 绍兴市
3307 金华市
3308 衢州市
3309 舟山市
3310 台州市
3311 丽水市

拓展案例

大数据时代的信息安全

当前，大数据正在成为信息时代的核心战略资源，对国家治理能力、经济运行机制、社会生活方式产生深刻影响。近年来，有关数据泄露、数据窃听、数据滥用等安全事件屡见不鲜，保护数据资产已引起国家高度重视。

在我国数字经济进入快车道的时代背景下，如何开展数据安全治理，提升全社会的“安全感”，已成为普遍关注的问题。以我们经常坐的网约车为例，一些网约车企业在长期的业务开展中，积累了海量的出行数据与地图信息。此外，汽车在使用过程中联动的摄像头、传感器等，都涉及众多数据安全问题，消费者的个人隐私、企业的商业机密乃至国家安全，都有可能受到严重威胁。

2021 年 5 月，由国家工业信息安全发展研究中心和华为公司联合发布的《数据安全白皮书》指出，数据安全已经上升到国家主权的高度，是国家竞争力的直接体现，是数字经济健康发展的基础。这就要求我们必须解决数据安全领域的突出问题，有效提升数据安全治理能力。

当前形势下，我们要如何保护数据安全？

一方面，在技术设施领域，要持续提升数据安全的产业基础能力，构筑技术领先、自主创新的数据基座，确保数据基础设施安全可靠。同时，不断强化数据安全领域关键基础技术的研究与应用，在芯片、操作系统、人工智能等方面，加强密码技术基础研究，推进密码技术的成果转化，确保基础软件自主可控。

另一方面，要健全数据安全法律法规，不断强化法律法规在数据安全主权方面的支撑保障作用。据不完全统计，近 5 年来我国国家、地方省市以及各行业监管部门关于数据安全、网络安全已颁布 50 多部相关法律法规。《数据安全法》的出台，也预示着我国数据开发与应用将全面进入法治化轨道。

比如，《数据安全法》第 32 条规定："任何组织、个人收集数据，应当采取合法、正当的方式，不得窃取或者以其他非法方式获取数据。法律、行政法规对收集、使用数据的目的、范围有规定的，应当在法律、行政法规规定的目的和范围内收集、使用数据。"互联网企业收集数据应符合此条规定，否则将面临法律风险。

此外，《数据安全法》第 36 条规定："非经中华人民共和国主管机关批准，境内的组织、个人不得向外国司法或者执法机构提供存储于中华人民共和国境内的数据。"

在希腊神话中，伊卡洛斯与父亲代达罗斯使用蜡和羽毛制造的羽翼逃离克里特岛，由于过分相信自己的飞行技术，所以飞得太高，结果双翼上的蜡在太阳照射下逐渐融化，导致羽翼脱落，最终葬身大海。大数据是把"双刃剑"，大数据技术如同"蜡和羽毛"制作的翅膀，它可以帮助我们飞得更高，但是如果我们不对其规范，便有葬身大海的风险。信息安全意识和保护能力的提升是防止数据泄露的关键。我们在享受数据红利的同时，数据安全保护这根弦须臾不能放松。

----摘自网络

项目 11

最近邻算法的实现与验证——综合应用案例

❖ 知识目标

- 理解 kNN 算法
- 理解数据归一化的目的
- 能够使用 C 语言实现 kNN 算法

❖ 技能目标

- 能够使用模块化设计方法解决问题

❖ 思政目标

- 理解“物以类聚，人以群分”、“近朱者赤，近墨者黑”的为人处世道理
- 加强自我管理与约束

在人工智能技术快速发展的今天，机器学习、深度学习和数据挖掘等技术已经成为现代社会中非常重要的一个部分。K 最近邻（k-Nearest Neighbor，kNN）分类算法是较常用的机器学习算法之一，本项目介绍了机器学习的相关问题，并重点介绍了 kNN 算法的描述和功能实现。通过对 kNN 算法的认识，可以更深入地理解“物以类聚，人以群分”、“近朱者赤，近墨者黑”的为人处世道理，同时也要树立自律意识，加强自我管理。

任务描述：最近邻算法的实现与验证

本项目的实践任务是使用 C 语言实现一个基于最近邻算法（kNN）的分类器，并使用留一验证法对分类器进行验证。具体要求和提示如下：

（1）学习 11.1 节的内容，理解 kNN 算法和留一验证法。

（2）通过 kNN 算法原理，感悟“近朱者赤，近墨者黑”的做人原则。

（3）扫描上方二维码下载实验数据，关于数据格式的说明以及下载更多实验数据的方法，参见 11.2 节。

（4）按照格式要求读取数据。

（5）设计适合的数据结构用于保存读入的数据。

（6）对数据进行归一化处理。

（7）实现 kNN 算法，并使用留一法验证进行验证。

（8）将实验结果输出在控制台窗口，同时写入文件。

（9）参考 11.3 和 11.4 节内容，按照要求（4）至（8），先完成仅针对指定数据集 Iris 的程序。

（10）按照 11.5 节的要求，修改程序使之适用于“任意”的数据集。

任务实现

11.1 开发背景

开发环境与需求

1. 机器学习中的分类问题

机器学习是让计算机具备像人一样的学习能力的高端技术，进而从堆积如山的数据中寻找出有用的知识。它是人工智能的核心，是使计算机具有智能的根本途径。

在机器学习中，最常见的任务就是分类问题。所谓的分类问题就是根据对象的一些属性（或称特征），去预测对象所属的类别。例如，根据身高、体重、头发长度、是否有胡子等属性，可以预测人的性别；根据发件地址、邮件主题和内容中的特征，可以预测邮件的类别（垃圾邮件和正常邮件），等等。

分类问题属于监督学习的范畴，所谓监督学习是指从已标注类别的数据中获得知识，对未标注类别的数据进行预测。例如，可以从表 11.1 中的前 5 行“学习”知识，去预测第 6 行和第 7 行数据的类别。

表 11.1　预测性别

序号	身高（cm）	体重（kg）	头发长度（cm）	是否有胡子	性别
1	158	50	30	否	女
2	190	80	60	否	男
3	170	80	5	是	男
4	175	51	90	否	女
5	169	70	40	否	女
6	170	51	10	是	?
7	162	46	60	否	?

表 11.1 中，身高、体重、头发长度和是否有胡子等 4 列被称为属性，一般使用 X 表示；性别列被称为标签，一般使用 Y 表示。表中的一行被称为一条记录或者一个样本，整个表格被称为一个数据集。

2. 最近邻算法 kNN

K 最近邻是最简单、最常用的分类算法之一。中国有句老话叫作“物以类聚，人以群分”，这句话就概况了 kNN 算法的原理。更通俗地讲，如果一些样本在距离上很接近，那么它们很可能属于同一个类别。

kNN 算法分为 3 个步骤：

（1）计算未知标签样本 s 与数据集中其他有标签样本之间的距离。

（2）找到与 s 距离最近的 k 个样本 s_1、s_2、……、s_k。

（3）按照样本 s_1、s_2、……、s_k 的类别标签，以“少数服从多数”的原则进行投票，从而预测出 s 的类别标签。

图 11.1 是一个使用 kNN 进行二分类的例子。

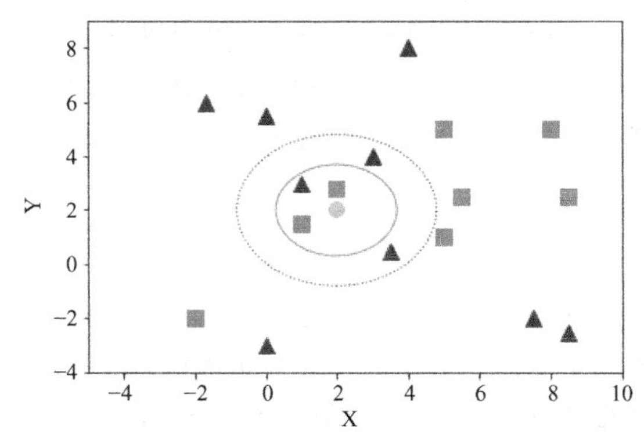

图 11.1　kNN 算法

图 11.1 中，样本分为两类，一类用矩形表示记为 A，另一类用三角形表示记为 B。现在要预测图中圆形表示样本的类别。如果为 kNN 算法选择 k=3，实线圆环里面的样本中，A 类样本与 B 类样本的比例为 2:1，那么圆形样本的类别被预测为 A；如果为 kNN 算法选择 k=5，虚线圆环里面的样本中，A 类样本与 B 类样本的比例为 2:3，那么圆形样本的类别被预测为 B。

如果说 kNN 算法的前提假设是“物以类聚，人以群分”，那么，kNN 算法的预测方式则可以总结为“近朱者赤，近墨者黑”这样一句话。孟母三迁，择邻而居的故事想必大家都还记得。在生活和工作中，我们也要像孟母对孟子要求的那样，和具有良好习惯的人在一起，远离不良群体。同时，当身边朋友犯错或者有走歪路的倾向时，要及时劝诫。也就是说，我们不仅要接近“朱”，还要成为“赤”，从而去影响其他人。

3. 模型的检验

当使用某种算法在数据集上学习得到一个分类模型后，应对该模型的分类能力进行检验。交叉验证是最常用的检验方法，该方法要将数据集中的数据随机分成训练集和测试集两部分，然后使用训练集数据训练出模型后，对测试集中的数据进行预测，并使用预测结果与样本真实的标签进行对比，从而评估模型的分类能力。以上叙述的“随机划分训练集和测试集”、“训练模型”和“预测测试集数据”等三步操作，需要重复进行多次。

留一验证法（简称留一法），是一种特殊的交叉验证方法。假设数据集中有 100 个样本，留一验证法要使用其中 99 个样本作为训练集去训练模型，然后对剩下的 1 个样本进行预测，这样的实验会重复 100 次，让 100 个样本中的每个样本都作为测试数据 1 次。本项目的实践任务就是要求使用留一验证法去检验 kNN 算法的分类能力。

11.2 开发需求

1. 实验数据集

这里准备了 2 个数据集 Iris 和 Wine，它们来源于 UCI 数据库，网址为 https://archive.ics.uci.edu/ml/datasets.php。

该网站是美国加州大学欧文分校提出的用于机器学习的数据库，这个数据库包含几百个数据集，目前数据集的数量还在不断增加。

鸢尾花数据集 Iris 是常用的分类实验数据集，数据集包含 150 个数据样本，分为 3 类（setosa、versicolour、virginica），每类 50 个数据，每个数据包含花萼长度、花萼宽度、花瓣长度和花瓣宽度 4 个属性值。实验中，程序通过 4 个属性值，去预测某一鸢尾花卉属于 3 个种类中的哪一类。

2. 数据格式

本项目实验使用的数据集以文本文件形式保存，并按照以下格式存储。

文件的第 1 行有三个整数 *R*、*C* 和 *L*，其中 *R* 表示数据的行数，即样本数量；*C* 表示列数，即属性数量；*L* 表示数据的类别数量。以 Iris 数据集为例，该文件第 1 行内容如下：

```
150 4 3
```

这意味着，Iris 数据集有 150 个样本，样本有 4 个属性，全体样本分为 3 个类别。

接下来的 *L* 行，每行有一个字符串，对应 1 个类别标签。仍以 Iris 数据集为例，文件的第 2～4 行内容如下：

```
Iris-setosa
Iris-versicolor
Iris-virginica
```

再接下来的 *R* 行是数据的内容，每行表示一个样本，前 *C* 个浮点数是样本的属性值，属性值后的字符串是该样本的标签。Iris 数据集文件中的内容如下：

```
5.1   3.5   1.4   0.2   Iris-setosa
4.9   3     1.4   0.2   Iris-setosa
……
5.9   3     5.1   1.8   Iris-virginica
```

和上面相同格式的数据，在 Iris 数据集文件中有 150 行。

3. 用户输入

数据集文件的路径和名称，以及 kNN 算法中的近邻个数 *k*，由用户输入。

4. 数据的预处理

根据用户输入信息读入数据后，需要先对数据进行归一化的处理。所谓的归一化是将数据从其自身的取值范围缩放至 0～1 的区间以内，以便使所有属性具有相同的度量尺度。

数据归一化对于 kNN 算法是十分必要的，例如，某数据集包含了年龄和收入两个属性。年龄取值范围为 0～110 岁之间，收入范围为 0～50000，收入取值范围大约是年龄的 500 倍。如果不对数据进行归一化处理，kNN 算法计算距离时，年龄这个属性就失去了作用。

“最小-最大归一化”是最简单、最常用的归一化方法之一。该方法按照下面公式对数据进行归一化：

$$x' = \frac{x - \min(x)}{\max(x) - \min(x)}$$

式中，属性值 x 减去该属性的最小值后，再除以该属性最大值与最小值的差，将得到归一化后的属性值 x'。例如，数据集共有 4 个样本，在年龄属性列上各样本的属性值分别为 1、30、50 和 101，其中最小值为 1，最大值为 101，对这 4 个属性值采用“最小-最大归一化”后，1 变成了 0，30 变成 0.29，50 变成 0.49，101 变成了 1。

5. kNN 算法和留一法实现分类实验

以 Iris 数据集为例，程序首先计算 150 个样本两两之间的距离，并保存；然后，使用 kNN 算法和 2～150 号样本预测 1 号样本的类别，使用 1 号和 3～150 号样本预测 2 号样本的类别，…，使用 1～149 号样本预测 150 号样本的类别；最后，使用预测结果和样本的真实标签进行对比，并将对比结果输出至屏幕和文件之中。

11.3 整体设计

整体设计

1. 数据结构设计

根据 11.2 节对所要处理数据的需求分析，程序中需要使用以下变量保存从文件中读入的数据。以 Iris 数据集为例，

```
double x[150][4];          //保存 150 个样本 4 个属性的值
char y[150][16];           //保存 150 个样本的真实标签，每个标签是一个字符串
char label[3][16];         //保存 Iris 数据集的 3 种标签
```

以上 3 个二维数组的数据将从文件中直接读取，另外，程序还要提供变量保存计算过程中得到的一些数据：

```
double dist[150][150];     //保存 150 个样本两两之间的距离
double min[4],max[4];      //保存 4 个属性的最小值和最大值
char y1[150][16];          //保存 150 个样本的预测结果，用于与真实标签 y 进行对比
```

可以将以上 7 个数组组合成一个结构体类型 Data，并定义一个 Data 类型的全局变量，以避免在各个函数之间传递参数。此外，程序中还要有两个全局变量分别保存用户输入的文件名和 kNN 算法中的 k 值：

```
Data data;                 //保存 Iris 数据集的 150 个样本
char filename[128];        //保存用户输入的文件名
int k;                     //保存用户输入的 k
```

2．功能模块设计

程序中的各个功能模块设计如下：

（1）数据加载模块，根据用户输入的文件路径和名称，从文件中读取数据存入 data 变量中的相关成员。

```
int    loadData();                    //函数的返回值表示读入数据是否成功
```

（2）数据归一化模块，读入原始数据后，使用“最小-最大归一化”方法处理 data.x 的每一列。

```
void to1();                           //属性值归一化
```

（3）距离计算模块，数据归一化后，计算数据中两两样本间的距离，并保存在 data.dist 之中。

```
void distance ();                     //计算两两样本间的距离
```

（4）kNN 算法模块，此模块需要一个外部参数 index，表示样本的序号。模块的功能是使用 index 以外的样本预测样本 index 的类别。

```
void kNN(int index);                  //预测 index 代表样本的类别
```

（5）结果输出模块，此模块对比样本真实标签 data.y 和预测标签 data.y1，并将对比结果输出至屏幕，同时保存成文件。

```
void print();                         //将结果输出至屏幕并保存文件
```

3．流程设计

本程序的流程如图 11.2 所示。

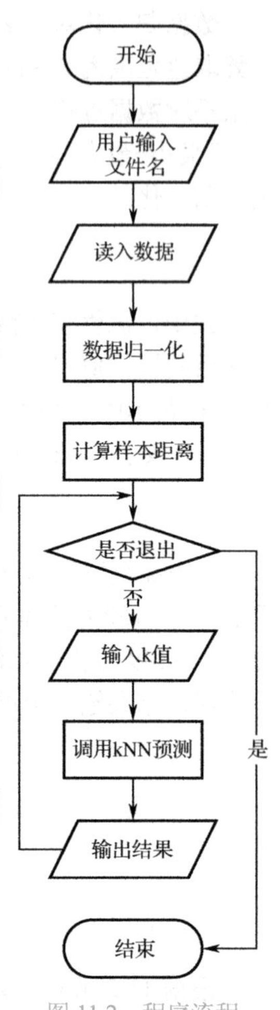

图 11.2　程序流程

11.4　程序实现

程序实现

【子任务 1】数据结构定义。

源程序：

```
#define ROW   (150)                          //行数
#define COL (4)                              //列数
#define LABEL (3)                            //标签数量（类别数）
typedef struct                               //“数据”类型
{
      double x[ROW][COL];                    //数据集所有样本的属性值
      char y[ROW][16];                       //数据集所有样本的真实标签
      char y1[ROW][16];                      //数据集所有样本的预测标签
      double min[COL],max[COL];              //每个属性的最小值和最大值
      char label[LABEL][16];                 //标签种类
      double dist[ROW][ROW];                 //保存数据集中两两样本的距离
}Data;
```

```
    Data data;                    //保存 Iris 数据集的 150 个样本
    char filename[128];           //保存用户输入的文件名
    int k;                        //保存用户输入的 k
```

解析：

代码中首先定义宏 ROW、COL 和 LABEL 分别表示 Iris 数据集中的样本数量、属性数量和类别数量。

在结构体类型 Data 中，包含 x、y、y1、label、min、max 和 dist 等 7 个成员。其中，x 用于保存每个样本的属性值，y 用于保存每个样本的真实标签，y1 用于保存每个样本的预测标签，min 和 max 分别用于保存各属性的最小值和最大值，label 用于保存数据集各类标签，dist 用于保存两两样本间的距离。

全局变量 data 用于保存从文件中读取的数据，以及计算过程中得到的一些数据，变量 filename 用于保存用户输入的文件路径和名称，变量 k 用于保存用户输入的关于 kNN 算法的 k 值。

【子任务 2】数据加载模块。

源程序：

```
int   loadData()
{
      FILE* fp=fopen(filename,"r");
      if(!fp){                              //文件不存在则报错返回 0
            printf("%s 文件不存在",filename);
            return 0;
      }
      int i,j;
      fscanf(fp,"%d%d%d",&i,&i,&i);         //读取前 3 个数抛弃不用
      //从文件中读取数据到 data.label
      for(i=0;i<LABEL;++i){
            fscanf(fp,"%s",data.label[i]);
      }
      //从文件中读取数据到 data.x data.y
      for(i=0;i<ROW;++i){
            for(j=0;j<COL;++j){
                  fscanf(fp,"%lf",&data.x[i][j]);
            }
            fscanf(fp,"%s",data.y[i]);
      }
      fclose(fp);
      return i;                       //返回读入数据的个数
}
```

解析：

在调用 loadData 函数之前，用户已经在全局数组 filename 中输入了数据集文件的路径和名称。所以，函数中首先使用只读方式打开文件，如果文件不存在（用户输入有误），则返回 0 表示数据加载失败。

如果用户输入的文件名正确，则函数按照 11.2 节描述的数据格式开始读文件。由于此版本程序只针对 Iris 数据集设计，程序中已经将代表样本数量、属性数量和类别数量的三个整数 150、4 和 3 定义为宏。所以，文件中的前 3 个整数被读入后抛弃。

接下来读入文件中代表 Iris 数据集标签的字符串 Iris-setosa、Iris-versicolor 和 Iris-virginica，并存入 data.label。

最后，使用两重循环将数据的主体部分读入 data.x 和 data.y，并返回成功读入样本的数量。

【子任务 3】数据归一化模块。

源程序：

```
void to1()
{
    int i,j;
    //寻找每一个属性的最大、最小值
    for(j=0;j<COL;++j){                //先设第 0 行数据为最大（最小）值
        data.max[j]=data.min[j]=data.x[0][j];
    }
    for(i=1;i<ROW;++i){
        for(j=0;j<COL;++j){
            if(data.x[i][j]>data.max[j]){
                data.max[j]=data.x[i][j];
            }
            if(data.x[i][j]<data.min[j]){
                data.min[j]=data.x[i][j];
            }
        }
    }
    //每个属性值=（原值属性值-最小值）除以（最大值-最小值）
    for(i=0;i<ROW;++i){
        for(j=0;j<COL;++j){
            data.x[i][j]=(data.x[i][j]-data.min[j])/(data.max[j]-data.min[j]);
        }
    }
}
```

解析：

函数 to1 实现了“最小-最大归一化”方法，对 data.x 中的 4 列数据进行归一化处理。函数中首先使用双重循环找到各列数据的最小值和最大值，然后再使用一个双重循环修改每一个属性值。

【子任务 4】距离计算模块。

源程序：

```
//计算两个样本的欧氏距离
double calculateDistance(const double* sample1,const double* sample2)
{
    double sum=0;
```

```
        int i;
        for(i=0;i<COL;i++){
            sum+=(sample1[i]-sample2[i])*(sample1[i]-sample2[i]);
        }
        return      sqrt(sum);
    }
    //计算两两样本之间的距离保存至数组 dist
    void distance()
    {
        int i,j;
        for(i=0;i<ROW-1;++i){
            for(j=i+1;j<ROW;++j){
                data.dist[i][j]=data.dist[j][i]=calculateDistance(data.x[i],data.x[j]);
            }
        }
    }
```

解析：

距离计算模块包含两个函数。函数 calculateDistance 用于计算两个样本的欧氏距离，所谓的欧氏距离对于二维平面来说，就是两点之间的直线距离，例如，点 $P(p_1,p_2)$和点 $Q(q_1,q_2)$的欧氏距离等于

$$\text{dist}(P,Q)=\sqrt{(p_1-q_1)^2+(p_2-q_2)^2}$$

将二维平面的欧氏距离推广至 n 为空间，则计算两点距离的公式如下：

$$\text{dist}(P,Q)=\sqrt{(p_1-q_1)^2+(p_2-q_2)^2+\cdots+(p_n-q_n)^2}$$

函数 distance 调用 calculateDistance，计算 data.x 中所有样本两两之间的距离，并保存在 data.dist 中。

【子任务 5】kNN 算法模块。

源程序：

```
    void kNN(int index)
    {
        //为样本 index 找 k 个近邻
        int   neighbour[k];                    //存放 k 个近邻的下标
        double distTmp[ROW];                   //临时保存其他样本与样本 index 的距离
        //从 dist 数组中拷贝数据存入 distTmp
        memcpy(distTmp,data.dist[index],sizeof(double)*ROW);
        //设置样本 i 与自身的距离为一个很大的值，避免选择自己做近邻
        distTmp[index]=10000;
        int   i,j;
        for(i=0;i<k;++i){                      //循环 k 次，每次找到 1 个近邻
            int min=0;                                   //最近邻的下标
            for(j=1;j<ROW;++j){
                if(distTmp[j]<distTmp[min]){        //如果当前样本 j 与样本 index 更近
                    min=j;
                }
```

```
            }
            //设置找到的最近邻的距离为一个很大的值，避免再次选择
            distTmp[min]=10000;
            neighbour[i]=min;
        }
        //投票预测样本 i 的类别
        int   vote[LABEL];                              //用于统计每个类别的票数
        memset(vote,0,sizeof(int)*LABEL);               //初始 vote 为 0
        //统计各个类别的票数
        for(i=0;i<k;++i){                               //查看每个近邻的类别
            for(j=0;j<LABEL;++j){
                if(strcmp(data.label[j],data.y[neighbour[i]])==0){
                    ++vote[j];
                    break;
                }
            }
        }
        //找最大票数的类别
        int max=0;
        for(i=1;i<LABEL;++i){
            if(vote[i]>vote[max]){
                max=i;
            }
        }
        //保存预测结果存入 data.y1
        strcpy(data.y1[index],data.label[max]);
}
```

解析：

函数 kNN 有一个参数 index，功能是找到第 index 个样本的 k 个近邻，并通过近邻的类别预测样本 index 的类别。这里的 k 是全局变量，其值已在函数 kNN 调用之前由用户输入。该函数的代码分成以下 3 个部分。

（1）寻找样本 index 的 k 个近邻

二维数组 data.dist 中保存了所有样本两两之间的距离。在函数 kNN 中，使用一维数组 distTmp，复制了二维数组 data.dist 中的第 index 行。也就是说，distTmp 保存了其他样本与样本 index 之间的距离。复制过程使用了库函数 memcpy，该函数的 3 个参数分别表示拷贝目标地址、拷贝来源地址以及拷贝的字节数。如果对 memcpy 的使用方法不熟悉，也可以使用循环语句实现复制。

接下来就是为样本 index 寻找 k 个近邻的过程，寻找开始之前，先将 distTmp[index]设置为一个较大的值 10000，目的是在避免循环过程中，样本 index 将自身当作最近的邻居。寻找近邻使用双重循环，其中外层循环执行 k 轮，每轮找到一个近邻，当找到某个近邻的下标 min 后，需要将 min 保存在存放邻居的数组 neighbour 之中，同时也要将 distTmp[min]设置为 10000，避免下一轮循环再次选中该样本作为近邻。

（2）统计 k 个近邻的类别

寻找到样本 index 的 k 个近邻后，需要统计 k 个近邻所属的类别。数组 vote 用于记录每

个类别获得的票数(即 k 个近邻中,每个类别的样本个数)。使用 vote 之前,调用库函数 memset 设置 vote 中全部内容为 0，该函数的 3 个参数分别表示内存的首地址、设置值以及设置内存的字节数。如果对 memset 的使用方法不熟悉，也可以使用循环语句实现 0 值的设置。

统计过程是一个双重循环，使用 k 个近邻的标签与 data.label 中的标签进行一一对比，如果第 i 个近邻的标签 data.y[neighbour[i]]与数据集第 j 种标签 data.label[j]相同，就把 vote[j]值增 1。

（3）预测样本 index 的类别

当 vote 数组保存了每个类别获得的票数后，需要在 vote 中找到最大值的下标，该下标对应了票数最多的那个类别。最后，将该类别标签作为对样本 index 的预测结果，存入 data.y1[index]之中。

【子任务 6】结果输出模块。

源程序：

```
void print()
{
    //创建新文件用于写预测结果
    //新文件名=数据集文件名+系统时间
    char fileTmp[128];                          //临时文件名
    char timeStr[16];
    sprintf(timeStr,"%d",time(0));              //将系统时间转换为字符串保存至 timeStr
    int len=strlen(filename);                   //求数据集文件名长度
    strcpy(fileTmp,filename);                   //复制数据集文件名到临时文件名
    strcpy(fileTmp+len-4,timeStr);              //临时文件名末尾加上系统时间
    strcat(fileTmp,".txt");                     //临时文件名末尾加上后缀
    FILE* fp=fopen(fileTmp,"w");                //打开文件
    //写结果头部
    printf("%s 测试结果,近邻个数%d\n",filename,k);                        //写屏幕
    fprintf(fp,"%s 测试结果,近邻个数%d\n",filename,k);                    //写文件
    printf("%5s%20s%20s\n","序号","真实类别","预测类别");                  //写屏幕
    fprintf(fp,"%5s%20s%20s\n","序号","真实类别","预测类别");              //写文件
    int i,count=0;
    for(i=0;i<ROW;i++){
        if(strcmp(data.y[i],data.y1[i])==0){//如果 y[i]和 y1[i]相等则预测正确
            ++count;
        }
        else{//预测错误的写在屏幕上
            printf("%5d%20s%20s\n",i,data.y[i],data.y1[i]);                //写屏幕
        }
        fprintf(fp,"%5d%20s%20s\n",i,data.y[i],data.y1[i]);                //写文件
    }
    printf("正确预测%d/%d\n",count,ROW);                                   //写屏幕
    fprintf(fp,"正确预测%d/%d\n",count,ROW);                               //写文件
    fclose(fp);
}
```

解析：

在函数 print 被调用之前，Iris 数据集中的全部 150 个样本都已经被预测，预测结果保存在 data.y1 中。函数 print 的工作，仅仅是对比真实标签 data.y 和预测标签 data.y1，并将对比结果输出到屏幕和文件之中。

函数 print 的开头部分是在构造用于保存结果文件的名称。全局变量 filename 保存了用户输入的数据集文件的路径和名称，例如，文件名为“iris.txt”。此时，保存结果文件的名称被设置为“iris+一串数字.txt”，这里“一串数字”取自当前的系统时间。这样就保证了每次生成的结果文件会有不同的名字。

函数 print 的剩余部分完成对屏幕和文件的输出，由于数据集中的数据较多，将全部对比信息显示在屏幕上的意义不大，所以，这里只在屏幕上显示预测错误的那些数据，而全部对比结果则被保存在文件之中。

【子任务 7】main 函数的实现。

源程序：

```
int main()
{
    int i;
    //循环提示用户输入文件名，直至输入正确为止
    printf("请输入数据集文件的路径和名称\n");
    scanf("%s",filename);
    while(ROW!=loadData()){
        printf("请输入训练集文件的路径和名称\n");
        scanf("%s",filename);
    }
    to1(&data);                          //归一化
    distance();                          //计算距离
    //循环提示用户 k 值，直至输入 0 为止
    printf("请输入近邻个数 k，以 0 结束\n");
    scanf("%d",&k);
    while(k>0&&k<ROW) {
        for(i=0;i<ROW;++i){              //预测每个样本
            kNN(i);
        }
        print();
        printf("请输入近邻个数 k，以 0 结束\n");
        scanf("%d",&k);
    }
    return 0;
}
```

解析：

main 函数开头部分让用户输入数据集文件的位置和名称，并调用函数 loadData 读入数据。如果用户的输入有误，则让用户重新输入，直至正确输入为止。

接下来调用函数 to1 和 distance，完成数据的归一化以及样本距离的计算。

再接下来让用户循环输入不同的 k 值（k 是 kNN 算法的近邻个数），以便针对同一个数据集进行多次不同的分类实验。每次用户输入一个合理的 k 值后，循环调用 kNN 函数，完成在当前 k 值下，对数据集中每一个样本的分类预测。预测结束后，调用 print 函数输出实验结果。当用户输入非法 k 值（例如 0）后，程序结束。

11.5 程序拓展

11.4 节实现的程序只能用于 Iris 数据集，因为程序中已经将数据集样本数、属性数和类别数分别写成了固定值 150、4 和 3。本节的任务是要改写该程序，使其能够工作在“任意”的数据集之上。

【子任务 8】修改数据结构。

源程序：

```
int ROW;                          //行数
int COL;                          //列数
int LABEL;                        //标签数量
typedef struct                    //“数据”类型
{
    double **x ;                  //数据集所有样本的属性值
    char    **y;                  //数据集所有样本的真实标签
    char    **y1;                 //数据集所有样本的预测标签
    double *min,*max;             //每个属性的最大值和最小值
    char    **label;              //标签种类
    double **dist;                //保存数据集中两两样本的距离
}Data;
```

解析：

在原始程序中，数据集样本数 ROW、属性数 COL 和类别数 LABEL 被定义为宏，现在将它们改成全局变量，以便保存从文件中读取的信息。

将 ROW 等由常量改成变量后，原来程序中结构体 Data 的定义将出现编译错误。例如，double x[ROW][COL]存在错误，造成此错误是因为结构体定义中声明数组成员时，不能使用变量作为数组的长度，目前的 ROW 和 COL 就是变量。

那么，怎样才能定义出“可变长”的数组，来存放不同尺寸的数据集呢？这里我们使用 malloc 函数在程序运行时刻，根据 ROW 等变量的值，动态地分配堆区内存作为数组来使用。

使用堆区内存需要定义指针，所以，本例代码修改了类型 Data 的定义，原来程序中的二维数组，在本例中被修改为二级指针，例如，double x[ROW][COL]被修改为 double**x。原来程序中的一维数组，在本例中被修改为普通指针，例如，double min[COL]被修改为 double*min。

关于如何使用 malloc 函数产生变长数组，参见下面的子任务 9。

【子任务 9】修改 loadData 函数。

源程序：

```
fscanf(fp,"%d%d%d",&ROW,&COL,&LABEL);                //读取行数、列数、分类数
```

```
//分配堆区内存
//给属性分配内存
data.x=malloc(sizeof(double*)*ROW);
for(i=0;i<ROW;++i){
    data.x[i]=malloc(sizeof(double)*COL);
}
//给标签分配内存
data.y=malloc(sizeof(char*)*ROW);
for(i=0;i<ROW;++i){
    data.y[i]=malloc(sizeof(char)*16);
}
//给预测标签分配内存
data.y1=malloc(sizeof(char*)*ROW);
for(i=0;i<ROW;++i){
    data.y1[i]=malloc(sizeof(char)*16);
}
//给属性最大值最小值分配内存
data.min=malloc(sizeof(double)*COL);
data.max=malloc(sizeof(double)*COL);
//给标签种类分配内存
data.label=malloc(sizeof(char*)*LABEL);
for(i=0;i<LABEL;++i){
    data.label[i]=malloc(sizeof(char)*16);
}
//给保存距离的 dist 分配内存
data.dist=malloc(sizeof(double*)*ROW);
for(i=0;i<ROW;++i){
    data.dist[i]=malloc(sizeof(double)*ROW);
}
```

解析：

使用本例代码替换原程序 loadData 函数中的这一行代码：

```
fscanf(fp,"%d%d%d",&i,&i,&i);                //读取前 3 个数抛弃不用
```

被替换掉的代码的功能是：从文件中读取数据集样本数、属性数和类别数后，存入变量 i，然后舍弃不用。这是因为在原程序中，Iris 数据集的样本数 150、属性数 4 和类别数 3 已经作为宏，被定义成了常量。本例则需要将文件中的数据存入变量 ROW、COL 和 LABEL。

接下来的代码是使用 malloc 分配堆区内存来代替普通数组。以 x 为例，原程序中 x 是一个 ROW×COL 的二维数组，而修改后代码中 x 的类型是 double**。在本例代码中，先让 x 指向一个长度为 ROW 的数组，数组中的每个元素都是 double*类型的指针。

```
data.x=malloc(sizeof(double*)*ROW);
```

然后使用循环语句，令每一个 x[i]分别指向长度为 COL 的 double 数组。

```
for(i=0;i<ROW;++i){
    data.x[i]=malloc(sizeof(double)*COL);
}
```

以上代码产生的堆区内存如图 11.3 所示。

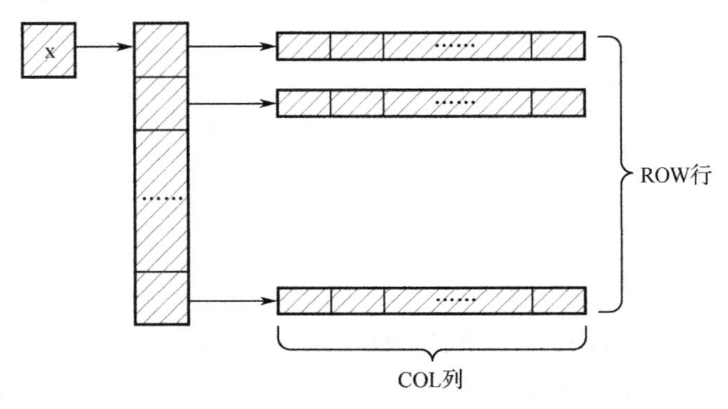

图 11.3　动态内存分配

【子任务 10】增加 destroy 函数。

源程序：

```
void destroy()
{
    int i;
    //释放 dist
    for(i=0;i<ROW;++i){
        free(data.dist[i]);
    }
    free(data.dist);
    //释放 label
    for(i=0;i<LABEL;++i){
        free(data.label[i]);
    }
    free(data.label);
    //释放 min 和 max
    free(data.max);
    free(data.min);
    //释放 y1
    for(i=0;i<ROW;++i){
        free(data.y1[i]);
    }
    free(data.y1);
    //释放 y
    for(i=0;i<ROW;++i){
        free(data.y[i]);
    }
    free(data.y);
    //释放 x
    for(i=0;i<ROW;++i){
        free(data.x[i]);
    }
    free(data.x);
}
```

解析：

在 loadData 函数中，使用 malloc 函数分配了大量的堆区内存，这些内存需要程序员手动调用 free 函数进行释放。因此，为程序增加 destroy 函数，该函数中释放本程序中使用的堆区内存。在 main 函数中 return 语句之前，应增加 destroy 函数的调用语句。

综合练习

编写函数 calculateDistance1 和 calculateDistance2，分别用于计算两个样本的曼哈顿距离和余弦距离，并在程序中使用这两个函数替换计算欧氏距离的函数 calculateDistance。关于曼哈顿距离和余弦距离的定义可在互联网中搜索。

拓展案例

人工智能改变生活

人工智能（Artificial Intelligence，简称 AI）技术是指利用计算机和其他技术模拟、扩展和增强人类的智能，从而实现自主学习、推理、决策、感知和交互等功能的一种新型技术。它的发展可以追溯到 20 世纪 50 年代，这个概念最早是由计算机科学家 John McCarthy 提出的。在 1956 年的达特茅斯会议上，他和其他研究者一起正式提出了"人工智能"（Artificial Intelligence）这个术语，并开始研究如何让机器模拟人类智能行为。从此，人工智能就成为了计算机科学、人工智能研究领域的一个重要方向。常见的人工智能技术包括以下几种。

- 机器学习：通过训练算法使计算机自主学习和适应不同的任务与环境，进而提高其预测、分类、识别等能力。
- 自然语言处理：将计算机与人类语言进行交互，以便计算机可以理解和生成语言。
- 计算机视觉：使用计算机对图像和视频进行分析与处理，从而实现目标检测、人脸识别、行为识别等功能。
- 机器人技术：使用计算机和机械设备来模拟和增强人类的物理能力与行为能力，从而实现自主移动、执行任务等功能。
- 智能决策：使用计算机对数据进行分析和处理，从而实现自主决策和规划，如智能交通系统、智能医疗系统等。

目前，人工智能已经广泛应用于各个领域，包括医疗、金融、交通、教育等。在图像识别、自然语言处理、机器翻译、智能问答等方面取得了显著的进展。我国的人工智能应用场景非常广泛，例如，北京地铁已经开始使用人工智能技术进行安检，防止携带危险品的旅客通过；上海交通大学附属医院引入了人工智能系统辅助医生进行肺部结节诊断等。随着深度学习技术的发展，人工智能在更加复杂和高级的任务上也有了更好的表现，比如自动驾驶、机器人控制等。

我国也发布了一系列支持人工智能发展的政策，例如《新一代人工智能发展规划》、《关于促进新一代人工智能产业发展的若干意见》等。这些政策为中国人工智能的发展提供了有力的支持。我国在人工智能技术方面已经取得了很多进展，并且有望在未来成为全球领先的人工智能技术创新中心之一。

附录 A

ASCII 码对照表

十进制	字符	解释	十进制	字符	十进制	字符	十进制	字符
0	NUL	空字符	32	(space)	64	@	96	`
1	SOH	标题开始	33	!	65	A	97	a
2	STX	正文开始	34	"	66	B	98	b
3	ETX	正文结束	35	#	67	C	99	c
4	EOT	传输结束	36	$	68	D	100	d
5	ENQ	请求	37	%	69	E	101	e
6	ACK	收到通知	38	&	70	F	102	f
7	BEL	响铃	39	'	71	G	103	g
8	BS	退格	40	(	72	H	104	h
9	HT	水平制表符	41	)	73	I	105	i
10	LF	换行键	42	*	74	J	106	j
11	VT	垂直制表符	43	+	75	K	107	k
12	FF	换页键	44	,	76	L	108	l
13	CR	回车键	45	-	77	M	109	m
14	SO	不用切换	46	.	78	N	110	n
15	SI	启用切换	47	/	79	O	111	o
16	DLE	数据链路转义	48	0	80	P	112	p
17	DC1	设备控制 1	49	1	81	Q	113	q
18	DC2	设备控制 2	50	2	82	R	114	r
19	DC3	设备控制 3	51	3	83	S	115	s
20	DC4	设备控制 4	52	4	84	T	116	t
21	NAK	拒绝接收	53	5	85	U	117	u
22	SYN	同步空闲	54	6	86	V	118	v
23	ETB	传输块结束	55	7	87	W	119	w
24	CAN	取消	56	8	88	X	120	x
25	EM	介质中断	57	9	89	Y	121	y
26	SUB	替补	58	:	90	Z	122	z
27	ESC	溢出	59	;	91	[	123	{
28	FS	文件分割符	60	<	92	\	124	|
29	GS	分组符	61	=	93	]	125	}
30	RS	记录分离符	62	>	94	^	126	~
31	US	单元分隔符	63	?	95	_	127	DEL

附录B

运算符优先级和结合性

<table>
<tr><th>优先级</th><th>运算符</th><th>结合性</th></tr>
<tr><td>15</td><td>++（后缀） --（后缀）()（函数调用） [] {} . -></td><td>从左至右</td></tr>
<tr><td>14</td><td>++（前缀） --（前缀）+ - ~ ! sizeof & * ()（类型转换）</td><td>从右至左</td></tr>
<tr><td>13</td><td>* / %</td><td>从左至右</td></tr>
<tr><td>12</td><td>+ -</td><td>从左至右</td></tr>
<tr><td>11</td><td><< >></td><td>从左至右</td></tr>
<tr><td>10</td><td>< > <= >=</td><td>从左至右</td></tr>
<tr><td>9</td><td>== !=</td><td>从左至右</td></tr>
<tr><td>8</td><td>&</td><td>从左至右</td></tr>
<tr><td>7</td><td>^</td><td>从左至右</td></tr>
<tr><td>6</td><td>|</td><td>从左至右</td></tr>
<tr><td>5</td><td>&&</td><td>从左至右</td></tr>
<tr><td>4</td><td>||</td><td>从左至右</td></tr>
<tr><td>3</td><td>?:</td><td>从右至左</td></tr>
<tr><td>2</td><td>= += -= *= /= %= <<= >>= &= ^= |=</td><td>从右至左</td></tr>
<tr><td>1</td><td>,</td><td>从左至右</td></tr>
</table>

附录 C

配套 PTA 题目集

1. 案例

章　节	分 享 码	题　目
项目 1	D8163E0EBBD4269F	1-1：输出"Hello,world!"
		1-2：输出“我爱你，中国！”
项目 2	2C74CCF1BEC9DC2E	案例 2-1：求输入的两个整数之和
		案例 2-5：以“时：分：秒”的格式输出时间
		案例 2-6：输出小明同学的基本信息
		案例 2-7：输入年龄、身高和体重信息
		案例 2-8：输入时使用空白符分隔数据
		案例 2-9：输入年龄和性别
		案例 2-10：输出系统格林威治时间
项目 3	A943C82F9F6E029F	案例 3-2：判断三边能否构成三角形
		案例 3-4：求输入的两个数的最大值
		案例 3-5：非递减序输出三个数
		案例 3-6：求解一元二次方程
		案例 3-7：比较两种方法获得的根号 2
		案例 3-8：使用条件运算符计算整数的绝对值
		案例 3-9：使用 if-else 完成成绩五等分
		案例 3-10：计算日期是平年中的第几天
		案例 3-11：使用 switch 完成成绩五等分
项目 4	8713B5DEED25D45D	案例 4-1：重要的事情说三遍
		案例 4-2：输出同学的成绩之和
		案例 4-3：输出一组数（不定个数）的和
		案例 4-4：翻转输出一个正整数
		案例 4-5：算数列 1、2、……、n 前 n 项和
		案例 4-6：计算数列 4.0/1、−4.0/3、4.0/5、4.0/7、……前 n 项和
		案例 4-7：物不知数题

续表

章 节	分 享 码	题 目
项目 4	8713B5DEED25D45D	案例 4-8：输入正整数 *n*，判断 *n* 是否是素数
		案例 4-9：输出 1 至 25 之间不能被 3 整除的数
		案例 4-10：输出由 hello 组成的 9×9 的方阵
		案例 4-11：打印乘法口诀表
		案例 4-12：一百块砖，一百个人搬，男搬 4 女搬 3，两个小孩 1 块砖。问男、女、小孩各若干？
项目 5	3CEF66FCC9C342E6	案例 5-1：使用数组计算并输出 4 名同学加分后的平均成绩
		案例 5-2：统计小明所在班级 C 语言成绩的最高分
		案例 5-3：使用数组存放斐波那契数列前 40 项，输出第 38 项和第 39 项的值，以及二者的商
		案例 5-4：为小明所在班级 C 语言成绩排升序
		案例 5-5：定义 4×3 的二维数组存入每月的天数，以每行一个季度的方式输出
		案例 5-6：使用 5×5 二维数组的左下三角部分存储杨辉三角的前 5 行
		案例 5-7：C 语言中表达式加上分号被称为语句
		案例 5-8：模拟某系统注册新用户
项目 6	02FF9481C902D2D7	案例 6-1：定义函数求两个整数的最大值
		案例 6-2：编写函数根据半径返回圆面积
		案例 6-3：输出两地之间花费的时间的和
		案例 6-4：求最大公约数
		案例 6-5：使用函数打印一个数组中的元素
		案例 6-6：编写函数实现数组的拷贝功能
		案例 6-7：编写函数将数组中字符串的小写字母替换成相应大写字母
		案例 6-8：递归-编写函数打印相关图形
		案例 6-9：编写递归函数翻转打印整数 *n*
		案例 6-10：编写代码，实现组合函数的求解
		案例 6-11：编写函数，要求函数可以打印 5 个连续的整数
项目 7	1F9DFCCE73742572	案例 7-3：编写函数交换函数外部两个变量的值
		案例 7-4：可怕的校园贷
		案例 7-5：借助数组完成两个变量值的交换
		案例 7-6：模仿 strcpy 编写函数，完成向字符数组拷贝字符串
项目 8	96D79E3258D4BA04	案例 8-1：定义类型 Student，定义函数 output 实现 Student 变量的输出
		案例 8-2：定义函数 input 实现 student 类型变量的输入
		案例 8-3：定义函数 inputArr 和 outputArr 分别实现 Student 数组的输入和输出
		案例 8-4：定义一个数据类型表示某同学选择的项目和成绩，并在主函数中测试
		案例 8-5：编写程序，使用链表方式存储用户输入的数据，并在打印数据元素后，将链表销毁
		案例 8-6：编写两个函数，分别实现为链表插入一个数据以及删除一个数据的功能

续表

章 节	分 享 码	题 目
项目 9	59DFAEE0AB6A132A	案例 9-1：编写函数从变量 *x* 中提取第 *i* 位上的值
		案例 9-2：编写两个函数分别用于设置一个变量某位上的值为 1，以及设置某位上的值为 0
		案例 9-3：编循环异或加密

2．练习

章 节	分 享 码	题 目
项目 2	13CA9A4402EA1C6F	练习 2-1：用 printf 输出今天的天气情况，需要输入
		练习 2-10：输出小明体重和身高信息，并保留 2 位小数
		练习 2-13：四舍五入输出整数部分
		练习 2-14：输入出生日期、身高和体重信息，并输出到屏幕上
		练习 2-19：使用 sizeof 运算符和 printf 函数，输出字节数
项目 3	CD44648A43E75300	练习 3-6：求两个浮点数的最小值
		练习 3-7：实现在值的降序输出
		练习 3-10：使用 if-else 语句输出两个整数的最大值
		练习 3-11：使用条件表达式输出两个整数的最大值
		练习 3-12：输入三个数，并输出三个整数的最大值
		练习 3-13：计算分段函数的值
		练习 3-14：使用嵌套 if-else 语句的方式实现月份对应的季度
		练习 3-15：使用 switch 语句的方式实现月份对应的季度
		练习 3-16：输出平年中月份的天数
项目 4	20D006CC3E67E49B	练习 4-1：计算“任意多个”同学成绩的和
		练习 4-2：实现求一组数平均数的功能
		练习 4-3：模拟“请输入密码并以#号键结束”
		练习 4-4：输入一个正整数，输出该数有几位
		练习 4-5：编写程序计算 *n* 的阶乘
		练习 4-7：判断一个数是否为素数
		练习 4-8：求最小的 *n*，满足 *n* 的阶乘大于 10000
		练习 4-9：不使用 continue 输出 1 至 25 之间不能被 3 整除的数
		练习 4-10：输入 *n*，打印下面图形的前 *n* 行
项目 5	49C05FD00AA0345A	练习 5-1：统计输出各个季度过生日的人数
		练习 5-2：初始化为平年中每个月的天数并输出
		练习 5-3：统计各个整数出现的次数
		练习 5-4：存储 0 至 9 的阶乘并输出
		练习 5-5：实现对数组元素排降序
		练习 5-6：杨辉三角中的各项与组合数相对应
		练习 5-7：存储身份证号码

续表

章　节	分享码	题　目
项目 5	49C05FD00AA0345A	练习 5-8：分别输入自己的学号和姓名
		练习 5-9：按要求完成用户注册
		练习 5-10：判断该字符串是否是回文
		练习 5-11：字符串内容翻转
项目 6	5AF6C1D773690975	练习 6-1：定义一个函数，用于求三个整数的最大值
		练习 6-2：定义函数根据底面半径和高，求圆柱体体积
		练习 6-3：求两数最小公倍数的函数 lcm
		练习 6-4：定义函数 int isPrime(int n)，判断参数 n 是否是素数，是则返回 1，否则返回 0
		练习 6-5：使用函数完成冒泡排序算法
		练习 6-6：编写函数将字符串中的大写字母替换为小写字母
		练习 6-8：使用递归函数实现辗转相除法求两整数的最大公约数
		练习 6-11：编写带参数的宏 ISDIGIT，判断一个字符是否是数字字符
		练习 6-12：编写带参数的宏 TOLOWER，为小写字母返回对应大写字母，其他字符返回本身
项目 7	689C6A3E6A28A41E	练习 7-3：编写函数实现三个整数排升序
		练习 7-4：利用指针，求解一元二次方程
项目 8	D34E76E8E4A4FD65	练习 8-5：实现对 person 类型的变量的输出和输入函数
		练习 8-6：实现对 person 类型的数组的输出和输入函数
项目 9	0CA0EBE1A48FC303	练习 9-3：编写函数实现翻转变量中某位上的值

3．综合

章　节	分享码	题　目
项目 2	DDE5188AD2A80AEB	综合 2-1：华氏温度转摄氏温度
		综合 2-2：摄氏温度转华氏温度
		综合 2-3：输出 2424 年元旦是星期几
		综合 2-4：输出 x 天后是星期几
项目 3	A896E8AA112E40E0	综合 3-1：输出该出生日期对应的星座
		综合 3-2：输出该日期是当年的第几天
		综合 3-3：输出本周的工资收入
		综合 3-4：以四舍五入的方式输出车费的整数部分
		综合 3-5：输入一个代表年份的整数，输出相应的天干和地支
		综合 3-6：求一元一次方程的解
项目 4	17CF8ADE29C2308A	综合 4-1：升序打印 1 到 100 之间所有能被 7 整除的数
		综合 4-2：降序打印 1 到 100 之间所有能被 7 整除的数
		综合 4-3：输入一个整数，输出其所有因数
		综合 4-4：输入两个非负整数，输出这两个整数的最大公约数

续表

章　节	分 享 码	题　目
项目 4	17CF8ADE29C2308A	综合 4-5：输出数列的和
		综合 4-6：编程打印所有的水仙花数
		综合 4-7：输入一个整数，输出该整数所有因数之和
		综合 4-8：输入一个合数 *n*，将 *n* 进行质因数分解
		综合 4-9：冰雹猜想
		综合 4-10：输入正整数 *n*，输出相关图案
		综合 4-11：哥德巴赫猜想
		综合 4-12：找出 2 至 10000 之间的所有完数
		综合 4-13：计算 2 到 100 之间所有素数的和
项目 5	82014B066C4456A1	综合 5-1：求一维数组中最小元素值
		综合 5-2：求一维数组中最小元素下标
		综合 5-3：输出数组中最大值出现的次数
		综合 5-4：将乘法口诀表的结果存储到 9×9 二维数组的左下三角部分
		综合 5-5：找到二维数组 a 每行中最小元素的下标，存入一维数组 b
		综合 5-6：统计字符串中每个字母出现的次数（不区分大小写）
		综合 5-7：电子邮箱合法性验证
		综合 5-8：原地翻转字符串
		综合 5-9：实现一个身份证号码验证程序
项目 6	6577231460F6EB24	综合 6-1：编写函数用于判断数字字符
		综合 6-2：计算出小于 *k* 的最大的 10 个能被 13 或 17 整除的自然数之和，要求（100<*k*<3000）
		综合 6-3：编写函数实现：根据年份和月份计算天数
		综合 6-4：编写函数 fun，交换一个数组中最大值和最小值的位置，其他元素的位置不变
		综合 6-5：实现一个统计整数中指定数字的个数的简单函数
		综合 6-6：编写函数 fun 其功能是：求一个大于 10 的 *n* 位整数 *w* 的后 *n*-1 位的数，并作为函数值返回
		综合 6-7：编写函数 fun，求给定正整数 *n* 以内的素数之积
		综合 6-8：编写递归函数返回斐波那契数列 1、1、2、3、5、……，第 *n* 项值
		综合 6-9：将择排序算法定义成函数
		综合 6-10：编写递归函数输出 *n* 层汉诺塔问题的解
项目 7	867FDB704D44AE45	综合 7-1：实现一个字符串逆序的简单函数
		综合 7-2：求解二元一次方程组
		综合 7-3：自编函数求字符串长度
		综合 7-4：自编函数实现字符串连接
		综合 7-5：编写函数 *f*，统计一个整型数组中 0 值出现的次数
项目 8	FB2EAE0D777F560E	综合 8-2：编写 2 个函数，分别实现单个“图书”类型变量的输入和输出
		综合 8-3：编写 2 个函数，分别实现“图书”类型数组的输入和输出
		综合 8-5：编写程序实现有序链表

续表

章　　节	分 享 码	题　　目
项目 9	9A555A2DE0EA77A0	综合 9-1：编写函数实现在一个 unsigned int 变量中，提取从 from 到 to 位上的数值
		综合 9-2：编写函数实现在一个 unsigned int 变量中，将从 from 到 to 位上的数值设置为 1
		综合 9-3：编写函数实现在一个 unsigned int 变量中，将从 from 到 to 位上的数值设置为 0
		综合 9-4：编写函数实现在一个 unsigned int 变量中，将从 from 到 to 位上的数值翻转
		综合 9-5：编写函数计算一个 unsigned int 变量 x 中，各个二进制位上 1 的个数

举报电话：（010）88254396；（010）88258888

传　　真：（010）88254397

E-mail：　dbqq@phei.com.cn

通信地址：北京市海淀区万寿路 173 信箱

　　　　　电子工业出版社总编办公室

邮　　编：100036